# 土壤肥料学实验实习教程

张保仁　曹　慧　主编

科学技术文献出版社
SCIENTIFIC AND TECHNICAL DOCUMENTATION PRESS
·北京·

**图书在版编目（CIP）数据**

土壤肥料学实验实习教程 / 张保仁，曹慧主编. —北京：科学技术文献出版社，2022.12（2025.2重印）
ISBN 978-7-5189-9982-8

Ⅰ.①土…　Ⅱ.①张… ②曹…　Ⅲ.①土壤肥力—实验—教材　Ⅳ.①S158-33

中国版本图书馆 CIP 数据核字（2022）第 242851 号

**土壤肥料学实验实习教程**

策划编辑：魏宗梅　　责任编辑：张　红　　责任校对：张　微　　责任出版：张志平

出 版 者　科学技术文献出版社
地　　址　北京市复兴路15号　邮编　100038
编 务 部　（010）58882938，58882087（传真）
发 行 部　（010）58882868，58882870（传真）
邮 购 部　（010）58882873
官方网址　www.stdp.com.cn
发 行 者　科学技术文献出版社发行　全国各地新华书店经销
印 刷 者　北京虎彩文化传播有限公司
版　　次　2022年12月第1版　2025年 2 月第2次印刷
开　　本　787×1092　1/16
字　　数　330千
印　　张　15.75　彩插2面
书　　号　ISBN 978-7-5189-9982-8
定　　价　58.00元

# 编写委员会


主　编　张保仁（潍坊学院）

　　　　曹　慧（潍坊学院）

副主编　崔　英（潍坊学院）

　　　　王思萍（潍坊职业学院）

　　　　秦　旭（山东农业工程学院）

　　　　韩瑞东（潍坊职业学院）

　　　　高文胜（山东省农业技术推广中心）

参　编　韩祥飞（潍坊学院）

　　　　高铭雪（潍坊学院）

　　　　王　芬（潍坊学院）

　　　　肖万里（潍坊科技学院）

# 前　言

高等教育大众化对高校人才培养提出新的挑战。地方高校要提高人才培养质量，更好地服务区域社会经济发展，应用型人才培养成为必然选择。

本教材是为植物生产类和自然保护与环境生态类专业本科学生所编写的，目的在于提高应用型人才所需的理论联系实际能力和运用所学知识解决生产实践问题的能力，以期学生毕业后能够更好地服务农业生产实践。本教材参编教师长期从事土壤肥料学及实验实习的教学、科研和生产实践工作，积累了丰富的理论知识和实践经验。在此基础上，结合近年来土壤肥料学科的发展和测试仪器与手段的改进，力求编写出适应现代农业发展和应用型人才培养需求的实验实习教材。

本教材共分为3篇：土壤学部分、肥料学部分和教学实习。土壤学部分可以帮助学生了解土壤学原理，掌握土壤学基本知识，同时可以培养学生对土壤物理性质、化学性质和生物学性质的测试分析能力。肥料学部分可以帮助学生明确单质化肥（氮、磷、钾肥）、复混肥料和有机肥料（包括生物有机肥）的基本性能及其对作物生产和地力培肥的作用，掌握肥料样品处理和肥料有效养分的测定分析技术。教学实习是对土壤学部分和肥料学部分的有益补充，通过教学实习，可以让学生明确土壤的发生与分布规律、土壤类型与肥力关系、有机肥资源现状与分布，掌握野外土壤样品采集与剖面挖掘、地力培肥、作物缺素症状识别、化学肥料定性鉴定等方法与技术，使学生能够理论联系实际，更快地适应农业生产的需求。教材中有些实验项目介绍了多种测定方法，可供不同的测定人员或实验室选择采用。本教材除供高校学生使用外，也可以供从事土壤科学和植物营养学研究的技术人员参考。

参加本教材编写的人员均为国内高校 / 科研院所从事土壤农业科研、教学及一线工作的教授、研究员等，理论知识深厚，实践经验丰富。同时，本教材参考引用了近年来国内外同行的大量论著及其他文献，在此致以深深的谢意。

由于土壤肥料学涉及学科多、范围广，配套实验实习教学内容广泛，现代土壤肥料学发展日新月异，分析测试技术方法更新速度快，加之编者水平有限，教材中难免有不足之处，诚望同行和广大读者批评指正。

编　者

2022年9月

# 目 录

## 第一篇 土壤学部分

## 第二篇　肥料学部分

## 第三篇　教学实习

# 第一篇　土壤学部分

# 第一章　土壤样品的制备

## 实验　土壤分析样品的制备和保存

### 一、目的意义

土壤分析样品的制备是土壤农化分析工作的重要环节。土壤农化分析样品制备的目的，一是剔除土壤以外的侵入体（如植物残茬、昆虫、石块等）和新生体（如铁锰结核和石灰结核等），以除去非土壤的组成部分；二是适当磨细，充分混匀，使分析时所称取的少量样品具有较高的代表性，以减少称样误差；三是使样品可以长期保存，不致因微生物活动而霉坏。只有正确制备土壤样品，后期测定样品的分析结果才能准确反映客观实际。

### 二、土壤样品处理

为了样品保存和工作方便，从野外采回的土样都先进行风干。但是，在风干过程中，有些成分如低价铁、铵态氮、硝态氮等会发生较大变化，这些成分的分析一般采用新鲜样品。也有一些成分如土壤 pH 值、速效养分，特别是速效磷、钾也有较大的变化。因此，土壤速效磷、钾的测定，用新鲜样品还是用风干样品，就成了一个备受争议的问题。有人认为，新鲜样品比较符合田间实际情况；也有人认为，新鲜样品是暂时的田间情况，它随着土壤中水分状况的改变而变化，不是一个可靠的常数，而风干样品测出的结果是一个平衡常数，比较稳定和可靠，而且新鲜样品称样误差较大，操作不方便。因此，在实验室测定土壤速效磷、钾时，仍以风干样品为宜。

#### （一）新鲜土样

测定亚铁、硝态氮、铵态氮、还原性硫等项目时，最好采用新鲜样品进行测定，尤其是水稻土。采用新鲜样品测定时，要将样品充分混匀、捏碎，最好通过 6 mm 筛孔。水稻土、下湿土可在采样后直接混匀测定。

## （二）风干土样

包括风干、去杂、磨细、过筛、混匀、装瓶、保存等步骤。

1. 取样及编号

将田间取回的土样进行编号。

2. 风干

将取回的土样放在木板或塑料布上，捏碎大块，摊成 2 cm 厚土层，置于室内阴凉、干燥、通风处。风干期间注意防尘、酸碱等污染，切忌在阳光下直接暴晒。应随时翻动，在土样半干时，须将大土块捏碎（尤其是黏性土壤），以免完全干后结成硬块，难以磨细。土样一般经过 3 ~ 5 d 后可达风干要求。样品风干后，应拣出枯枝落叶、植物根、残茬等，若土壤中有铁锰结核、石灰结核或石子过多，应细心拣出称重，记下所占的质量分数。特殊物质量分数（%）=（特殊物质质量/土样质量）× 100，若特殊物质量分数较小，可忽略不计。需长期保存的土样，将一半保持原样（土块小于黄豆粒大），装入广口瓶密封，贴好标签。

3. 研磨过筛

根据测定项目要求，将土样全部通过一定孔径的筛子（表 1－1）。

表 1－1　不同测定项目需要的土筛孔径

| 土筛号/目 | 土筛孔径/mm | 测定项目 |
|---|---|---|
| 10 | 2.0 | 盐碱土 |
| 18 | 1.0 | 黏粒、代换量、pH 值 |
| 35 | 0.5 | 速效氮、磷、钾 |
| 60 | 0.25 | 碳酸盐 |
| 100 | 0.15 | 有机质、全氮、全磷、全钾 |

将风干后的土样倒入钢玻璃底的木盘中，用木棍研细，使其全部通过 2 mm 孔径的筛子。充分混匀后用四分法分成两份，一份作为物理分析用，另一份作为化学分析用。作为化学分析用的土样还必须进一步研细，使其全部通过 1 mm 或 0.5 mm 孔径的筛子。全量分析的样品，包括 Si、Fe、Al、有机质、全氮等的测定则不受磨碎的影响，为了减少称样误差并使样品更易分解，需要将样品磨得更细。

同时要注意，土壤研细主要是使团粒或结粒破碎，这些结粒是由土壤黏土矿物或腐殖质胶结起来的，而不能破坏单个的矿物晶粒。因此，研碎土样时，只能用木棍滚压，不能用榔头捶打。因为矿物晶粒破坏后，会暴露出新的表面，增加有效养分的溶解。

具体处理方法如下：

（1）18 目（孔径 1.0 mm）土壤样品的处理：取适量风干土样（一般 100 ~ 200 g），平铺在木板或塑料板上，用木棒辗碎（不可用金属制品），然后通过 18 目筛，留在筛上的土重新研磨，如此反复多次，直到全部通过为止，不得抛弃或遗漏，石砾切勿压碎。留在筛上的石砾称重后须保存，以备称重计算使用。同时将过筛的全部土样称重，计算出石砾的质量分数。然后将土样充分混匀，装入广口瓶中，并贴上标签，作为土壤颗粒分析及土壤速效养分、交换性能及 pH 值等项目的测定样品。

（2）100 目（孔径 0.15 mm）土壤样品的处理：测定土壤有机质、全氮、全磷、全钾等项目的样品，需将通过 18 目筛的土样铺成薄层，划成许多方格，用药匙多点取出土壤样品约 20 g 磨细，使其全部通过 100 目筛；测定 Si、Al、Fe 的土壤样品，需要用玛瑙研钵研细，瓷研钵会影响 Si 的测定结果。混匀后，装入广口瓶，贴好标签。

## 三、土壤样品贮存

（1）一般将样品装入广口瓶中，通常保存半年至一年。

（2）瓶内外均有铅笔写的标签。标签上应有编号、采样地点、深度、日期、筛目数或孔径等。

（3）编号次序写在记录本上。

（4）样品放在干燥、阴凉的地方，尽量避免日光、高温、潮湿或酸碱气体等的影响，否则将影响分析结果的准确性。

## 四、注意事项

（1）土壤样品风干时，要放置在干燥、通风、无污染的地方进行，以防降尘或其他物质污染土壤样品。

（2）土壤样品在制备前要充分去杂，拣去其中的植物残体、砾石和侵入体等。

（3）土壤样品在过筛时应保证完全过筛，不能将难磨或难过筛的土样弃去。可在玛瑙研钵中研磨，小心谨慎防止沙粒蹦出研钵。

（4）研磨土样只能用木棍或塑料棍，不能用金属锤敲打。

（5）土样分析微量元素，特别是金属元素时，只能用尼龙筛过筛。

## 【思考题】

1. 土样研磨过筛、充分混匀的目的是什么？

2. 土壤样品制备包括哪些过程？你认为哪个过程最重要？

# 第二章　土壤物理性质

## 实验 2.1　土壤颗粒分析与质地鉴定

### 一、目的意义

土壤是由粒径不同的各粒级颗粒组成的，各粒级颗粒的相对含量即颗粒组成。土壤粒径分析过去也称机械分析。土壤基质是由不同比例、粒径粗细不一、形状和组成各异的颗粒（通称土粒）组成，世界各国大多按土粒粗细分为石砾、砂粒、粉粒和黏粒 4 个粒级，但具体界限和每个粒级的进一步划分有一定差异。我国借用美国、苏联和国际土壤学会通过的分级方案，其划分尺度如表 2－1 所示。

表 2－1　几种土壤粒级分级制

<table>
<tr><th>当量粒径/mm</th><th>中国制<br>（1987 年）</th><th colspan="3">卡庆斯基制（苏联）<br>（1957 年）</th><th>美国农业部制<br>（1951 年）</th><th>国际制<br>（1930 年）</th></tr>
<tr><td>3 ~ 2</td><td rowspan="2">石砾</td><td rowspan="2" colspan="3">石砾</td><td>石砾</td><td>石砾</td></tr>
<tr><td>2 ~ 1</td><td>极粗砂粒</td><td rowspan="4">粗砂粒</td></tr>
<tr><td>1 ~ 0.5</td><td rowspan="2">粗砂粒</td><td rowspan="8">物理性砂粒</td><td colspan="2">粗砂粒</td><td>粗砂粒</td></tr>
<tr><td>0.5 ~ 0.25</td><td colspan="2">中砂粒</td><td>中砂粒</td></tr>
<tr><td>0.25 ~ 0.2</td><td rowspan="3">细砂粒</td><td colspan="2" rowspan="3">细砂粒</td><td rowspan="2">细砂粒</td></tr>
<tr><td>0.2 ~ 0.1</td><td rowspan="3">细砂粒</td></tr>
<tr><td>0.1 ~ 0.05</td><td>极细砂粒</td></tr>
<tr><td>0.05 ~ 0.02</td><td rowspan="2">粗粉粒</td><td colspan="2" rowspan="3">粗粉粒</td><td rowspan="4">粉粒</td></tr>
<tr><td>0.02 ~ 0.01</td><td rowspan="3">粉粒</td></tr>
<tr><td>0.01 ~ 0.005</td><td>中粉粒</td></tr>
<tr><td>0.005 ~ 0.002</td><td>细粉粒</td><td rowspan="5">物理性黏粒</td><td colspan="2">中粉粒</td></tr>
<tr><td>0.002 ~ 0.001</td><td>粗黏粒</td><td colspan="2">细粉粒</td><td rowspan="4">黏粒</td><td rowspan="4">黏粒</td></tr>
<tr><td>0.001 ~ 0.0005</td><td rowspan="3">细黏粒</td><td rowspan="3">胶粒</td><td>粗黏粒</td></tr>
<tr><td>0.0005 ~ 0.0001</td><td>细黏粒</td></tr>
<tr><td>< 0.0001</td><td>胶质黏粒</td></tr>
</table>

粒径分析的目的是测定不同直径土壤颗粒的组成，进而确定土壤的质地。

农业实践表明，土壤质地直接影响土壤水、肥、气、热的保持和运动，并与作物的生长发育有密切的关系。土壤质地是认识土壤肥力性状，进行土壤分类，因土改良、因土种植、因土耕作、因土灌溉，合理利用土壤的重要依据。本实验采用比重计法测定土壤颗粒组成，同时练习手测质地方法。

## 二、手测法

### （一）方法原理

各粒级的土粒具有不同的黏性和可塑性。砂粒粗糙，无黏性，不可塑；粉粒光滑如粉，黏性与可塑性较弱；黏粒细腻，表现出较强的黏性与可塑性。不同质地的土壤，各粒级土粒的组成不同，表现出粗细程度和黏性、可塑性的差异。手测法就是在干、湿两种情况下，搓揉土壤，凭手指的感觉和听觉，根据土粒的粗细、滑腻和黏韧情况，判断土壤质地类型。

### （二）操作步骤

先取小块土样（比算盘珠略大）于掌中，用手指捏碎，并捡出细砾、粗有机质等新生体或侵入体。细碎均匀后，即可用以下方法测试。

1. 干试法

可凭土样干时搓揉的感觉，初步判断土壤属于哪一类质地。最后应以湿试法为准，特别是初学者更是如此。

砂质土：干燥状态下，松散易碎，感觉粗糙，砂粒可辨，搓揉时发出沙沙声。

粗砂土：很粗糙，沙声强，主要是粗砂粒。

细砂土：较粗糙，沙声弱，砂粒较细而匀。

壤质土：干燥状态下易捏碎，粗细适中，有均质感。

砂壤土：有较粗糙的感觉，易碎，但无沙声。

中壤土：粗细适中，不砂不黏，质地柔和。粉砂壤土则有细滑的感觉。

黏壤土：无粗糙感觉，均质，细而微黏。

黏质土：干燥时难以捏碎，形成坚硬土块，捏碎后土粒细腻均匀，有时细团聚体极难捏碎。

2. 湿试法

置少量土样（约 2 mg）于掌中，加水湿润，同时充分搓揉，使土壤吸水均匀，加水至土壤刚刚不黏手为止（最初时加水应稍过量，使土壤稍黏附于手掌，经搓揉后，土壤即不黏手，否则水分会不够）。将土样搓成 3 mm 粗的土条，并弯成直径为 3 cm 的圆圈，根据搓条弯圈过程中的表现，按表 2-2 中的标准确定质地分类。

表 2-2 野外土壤质地测定标准

| 质地分类 | 捏搓中的感觉、现象 |
| --- | --- |
| 砂土 | 不能搓成土条，并有粗糙的感觉 |
| 砂壤土 | 有粗糙的感觉，拆条时土条易断，不能搓成完整的土条，断的土条外部不光滑 |
| 轻松土 | 能搓成完整的土条，土条很光滑，弯曲成小圈时土条自然断裂，有滑感 |
| 中壤土 | 搓揉时易黏附手指，能搓成完整的土条，土条光滑，但弯成小圈时土条外圈有细裂纹 |
| 黏土 | 搓揉时有较强的黏附手指之感，能搓成完整的土条，变成完整的小圈，但压扁后有裂纹 |
| 重黏土 | 能搓成完整的土条，弯曲成完整的小圈，压扁小圈仍无裂纹 |

### （三）注意事项

（1）湿试法测定中，加水量是关键。对于黏性比较重的土壤，加水可稍多一些，因为在搓揉过程中，易失水变干降低质地等级，故动作要迅速。

（2）湿试法测定中，土条的粗细和圆圈的直径大小直接影响结果是否准确，必须严格按规定进行。

## 三、比重计速测法

### （一）方法原理

田间土壤往往是由许多大小不同的土粒相互胶结在一起而成团聚体存在的，因此必须加以分散处理，使其成为单粒状态，并按其粒径大小分成若干级，加以定量，从而求出土壤机械组成。对粒径较大的土粒（$>0.25$ mm），一般采用筛分法测定；对粒径较小的土粒（$<0.25$ mm），则采用静水沉降法来进行分级测定。此法是以司笃克斯定律（Stokes Law）为依据设计的。司笃克斯在 1851 年的研究结果指出，球体微粒在静水中沉降，其沉降速度与球体微粒的半径平方成正比，而与介质的黏滞系数成反比。其关系式如下：

$$V=\frac{2}{9}gr^2\frac{d_1-d_2}{\eta}。\tag{2-1}$$

式中：$V$——半径为 $r$ 的颗粒在介质中沉降的速度（$cm \cdot s^{-1}$）；

$g$——重力加速度（980 $cm \cdot s^{-2}$）；

$r$——沉降颗粒的半径（cm）；

$d_1$——沉降颗粒的比重（$g \cdot cm^{-3}$）；

$d_2$——介质的比重（$g \cdot cm^{-3}$）；

$\eta$——介质的黏滞系数［$g \cdot (cm \cdot s)^{-1}$］。

从公式中可知，当温度保持不变的情况下，$d_1$、$d_2$、$\eta$、$g$ 均为常数 K。

代入上式后得：$V = K \cdot r^{-2}$。

据此，用含有钠离子化合物的溶液作为分散剂（根据土壤酸碱度选用不同的分散剂），作用于土壤样品，把胶结土壤颗粒的物质去除，使土壤颗粒全部分散成单粒状态。将经过分散处理的土壤样品制成悬浊液，让土粒在一定高度的容器中自由沉降，可计算出某个粒径的土粒下沉至某一深度时所需要的时间（表 2-3）。在规定时间内，用特制土壤比重计测定某一深度内悬浊液的比重，即可得出该深度内土壤悬浊液中所含土粒（小于该粒径的土粒）的质量（表 2-4），从而算出土壤中粗细颗粒的比例，并可推算出土壤质地等级。

**表 2-3　小于某粒径土粒沉降所需时间**

| 温度/℃ | < 0.05 mm | | | < 0.01 mm | | | < 0.005 mm | | | < 0.001 mm | | |
|---|---|---|---|---|---|---|---|---|---|---|---|---|
| | h | min | s | h | min | s | h | min | s | h | min | s |
| 4 | | 1 | 32 | | 43 | | 2 | 55 | | 48 | | |
| 5 | | 1 | 30 | | 42 | | 2 | 50 | | 48 | | |
| 6 | | 1 | 25 | | 40 | | 2 | 50 | | 48 | | |
| 7 | | 1 | 23 | | 38 | | 2 | 45 | | 48 | | |
| 8 | | 1 | 20 | | 37 | | 2 | 40 | | 48 | | |
| 9 | | 1 | 18 | | 36 | | 2 | 30 | | 48 | | |
| 1 | | 1 | 18 | | 35 | | 2 | 25 | | 48 | | |
| 11 | | 1 | 15 | | 34 | | 2 | 25 | 1 | 48 | | |
| 12 | | 1 | 12 | | 33 | | 2 | 20 | 1 | 48 | | |
| 13 | | 1 | 10 | | 32 | | 2 | 15 | 1 | 48 | | |
| 14 | | 1 | 10 | | 31 | | 2 | 15 | 1 | 48 | | |
| 15 | | 1 | 8 | | 30 | | 2 | 15 | 1 | 48 | | |
| 16 | | 1 | 6 | | 29 | | 2 | 5 | 1 | 48 | | |
| 17 | | 1 | 5 | | 28 | | 2 | 0 | 1 | 48 | | |
| 18 | | 1 | 2 | | 27 | 30 | 1 | 55 | 1 | 48 | | |
| 19 | | 1 | 0 | | 27 | | 1 | 55 | 1 | 48 | | |
| 20 | | | 58 | | 26 | | 1 | 50 | 1 | 48 | | |
| 21 | | | 56 | | 26 | | 1 | 50 | 1 | 48 | | |
| 22 | | | 55 | | 25 | | 1 | 50 | 1 | 48 | | |
| 23 | | | 54 | | 24 | 30 | 1 | 45 | 1 | 48 | | |
| 24 | | | 54 | | 24 | | 1 | 45 | 1 | 48 | | |
| 25 | | | 53 | | 23 | 30 | 1 | 40 | 1 | 48 | | |

续表

| 温度 / ℃ | < 0.05 mm | | | < 0.01 mm | | | < 0.005 mm | | | < 0.001 mm | | |
|---|---|---|---|---|---|---|---|---|---|---|---|---|
| | h | min | s | h | min | s | h | min | s | h | min | s |
| 26 | | | 51 | | 23 | | 1 | 35 | 1 | 48 | | |
| 27 | | | 50 | | 22 | | 1 | 30 | 1 | 48 | | |
| 28 | | | 48 | | 21 | | 1 | 30 | 1 | 48 | | |
| 29 | | | 46 | | 21 | 30 | 1 | 30 | 1 | 48 | | |
| 30 | | | 45 | | 20 | | 1 | 28 | 1 | 48 | | |
| 31 | | | 45 | | 19 | | 1 | 25 | 1 | 48 | | |
| 32 | | | 45 | | 19 | 30 | 1 | 25 | 1 | 48 | | |
| 33 | | | 44 | | 19 | | 1 | 20 | 1 | 48 | | |
| 34 | | | 44 | | 18 | 30 | 1 | 20 | 1 | 48 | | |
| 35 | | | 42 | | 18 | | 1 | 20 | 1 | 48 | | |
| 36 | | | 42 | | 18 | | 1 | 15 | 1 | 48 | | |
| 37 | | | 40 | | 17 | | 1 | 15 | | 48 | | |
| 38 | | | 38 | | 17 | 30 | 1 | 15 | | 48 | | |
| 39 | | | 37 | | 17 | 30 | 1 | 15 | | 48 | | |

**表 2-4　甲种比重计温度校正值**

| 温度 / ℃ | 校正值 | 温度 / ℃ | 校正值 |
|---|---|---|---|
| 6.0 ~ 8.5 | -2.2 | 22.5 | 0.8 |
| 9.0 ~ 9.5 | -2.1 | 23.0 | 0.9 |
| 10.0 ~ 10.5 | -2.0 | 23.5 | 1.1 |
| 11.0 | -1.9 | 24.0 | 1.3 |
| 11.5 ~ 12.0 | -1.8 | 24.5 | 1.5 |
| 12.5 | -1.7 | 25.0 | 1.7 |
| 13.0 | -1.6 | 25.5 | 1.9 |
| 13.5 | -1.5 | 26.0 | 2.1 |
| 14.0 ~ 14.5 | -1.4 | 26.5 | 2.2 |
| 15.0 | -1.2 | 27.0 | 2.5 |
| 15.5 | -1.1 | 27.5 | 2.6 |
| 16.0 | -1.0 | 28.0 | 2.9 |
| 16.5 | -0.9 | 28.5 | 3.1 |
| 17.0 | -0.8 | 29.0 | 3.3 |
| 17.5 | -0.7 | 29.5 | 3.5 |
| 18.0 | -0.5 | 30.0 | 3.6 |
| 18.5 | -0.4 | 30.5 | 3.8 |
| 19.0 | -0.3 | 31.0 | 4.0 |
| 19.5 | -0.1 | 31.5 | 4.2 |
| 20.0 | 0 | 32.0 | 4.6 |
| 20.5 | 0.15 | 32.5 | 4.9 |
| 21.0 | 0.3 | 33.0 | 5.2 |
| 21.5 | 0.45 | 33.5 | 5.5 |
| 22.0 | 0.6 | 34.0 | 5.6 |

### （二）主要仪器

（1）土壤颗粒分析吸管仪、鲍氏土壤比重计（甲种）。
（2）搅拌棒（多孔圆盘搅拌器）。
（3）沉降筒：1000 mL 量筒，直径约 6 cm，高约 45 cm。
（4）土壤筛（孔径 0.25 mm 的漏斗筛）。
（5）三角瓶（500 mL）、漏斗（直径 7 cm）、有柄磁勺。
（6）天平（感量 0.0001 g 和 0.01 g 两种）。
（7）其他：电热板、计时钟、温度计（±0.1 ℃）、烘箱、250 mL 高型烧杯、50 mL 小烧杯、普通烧杯、小量筒、漏斗架、真空干燥器、小漏斗（内径 4 cm）等。

### （三）试剂

（1）软水：取 2% 碳酸钠 220 mL 加入 15 000 mL 自来水中，静置过夜，上部清液即软水。
（2）2% 碳酸钠溶液：称取 20.0 g 碳酸钠，加水溶解稀释至 1 L。
（3）0.25 mol·$L^{-1}$ 草酸钠溶液：称取 33.5 g 草酸钠，加水溶解稀释至 1 L。
（4）0.5 mol·$L^{-1}$ 氢氧化钠溶液：称取 20.0 g 氢氧化钠，加水溶解后，定容至 1 L 并摇匀。
（5）0.5 mol·$L^{-1}$ 六偏磷酸钠溶液：称取 51.0 g $(NaPO_3)_6$，加水溶解后，定容至 1 L，摇匀。
（6）其他：异戊醇、6% 过氧化氢、混合指示剂等。

### （四）操作步骤

1. 分散土粒

即采用物理和化学的方法破坏土壤复粒，使其分散成单粒，分散越彻底，测定结果越准确，这里介绍两种方法。

（1）称取通过 1 mm 筛孔的风干土 50 g（精确到 0.01 g），倾入 500 mL 三角瓶中，加入分散剂（石灰性土加 0.5 mol·$L^{-1}$ 六偏磷酸钠溶液 60 mL，酸性土加 0.5 mol·$L^{-1}$ 氢氧化钠溶液 40 mL，中性土加 0.25 mol·$L^{-1}$ 草酸钠溶液 20 mL），并加软水 250 mL，轻轻摇匀，插上小漏斗，置于电热板（或电炉）上，煮沸 1 h（注意，在煮沸过程中，应轻轻摇动 3 ~ 4 次，避免底部土壤结块烧焦）。然后稍冷，将悬液经过 0.25 mm 的漏斗筛，用软水冲洗入 1000 mL 的量筒中，一边冲洗，一边用橡皮头玻璃棒摩擦，直至筛下流水清亮为止，注意洗水量不要超过量筒刻度。

（2）称取通过 1 mm 筛孔的风干土 50 g（精确到 0.01 g），倾入有柄磁勺中，先以少量分散剂润湿土壤（分散剂的选择和用量同上法），并调至稍糊状，用橡皮塞研磨

10 ~ 15 min 后，加入软水 50 mL，再研磨 1 min，稍静置，将上部悬液经 0.25 mm 的漏斗筛倾入 1000 mL 的量筒中。残留的土样再加入剩余的分散剂研磨，如上法倾入漏斗筛，全部分散好的悬液都过漏斗筛移入量筒后，再用软水冲洗漏斗筛，边冲洗边用橡皮头玻璃棒轻轻摩擦，直至筛下流水清亮为止，注意洗水量不要超过量筒刻度。

2. 1.00 ~ 0.25 mm 粒级的颗粒处理

当转移悬液时，筛下流水清亮后，残留在漏斗筛上的土粒即 1.00 ~ 0.25 mm 粒级的颗粒，用洗瓶洗入已知重量的铝盒中，倾出过多的清水，先在电热板上蒸干，然后置于 105 ℃的烘箱中烘干称重，计算其占烘干土的质量分数。

3. 悬液中各级土粒密度的测定

将量筒内的悬液用软水稀释至 1000 mL，测量悬液的温度，根据当时的液温和待测粒级的各级粒径（< 0.05 mm、< 0.01 mm、< 0.005 mm、< 0.001 mm），查表选定比重计读数时间。用多孔圆盘搅拌以后，按每分钟上下 30 次的速度，迅速搅拌 1 min，应特别注意将底部的土粒搅起来，使土粒分散均匀，取出搅拌器便开始记录时间，此时即土粒沉降起始时间。如悬液产生较多的气泡，应滴加数滴异戊醇消泡，每次测定，应在读数时间前 30 s 轻轻放下比重计，提前 10 s 进行读数，准确读取液面刻度（液面弯月面上缘与比重计相切处），记录其读数，单位为 $g \cdot L^{-1}$。

4. 空白测定

为了消除分散剂和温度变化的影响，故在测定一批样品的同时，做一空白测定。取 1 只 1000 mL 的量筒，加入分散剂（按所测土壤加相同分散剂及数量），加软水至刻度，按悬液测定时间进行测定，读数为空白校正值。

### （五）结果计算

$$\text{校正后比重计读数} = \text{悬液比重计读数} - \text{空白读数}, \tag{2-2}$$

$$\text{粒径小于某定值的土粒含量（\%）} = \frac{\text{校正后比重计读数}}{\text{烘干土重}} \times 100。 \tag{2-3}$$

比重计法允许平行误差< 0.3%。将相邻两粒径的土粒含量百分数相减，即该两粒径范围内的粒级百分含量。

### （六）质地分类及定名

现行的土壤质地分类标准有国际制（图 2-1）、美国农业部制（图 2-2）、卡庆斯基制（苏联）（表 2-5）及中国制（表 2-6）。可根据实测结果进行选择查表，确定土壤质地名称，并注明所采用的分类制。

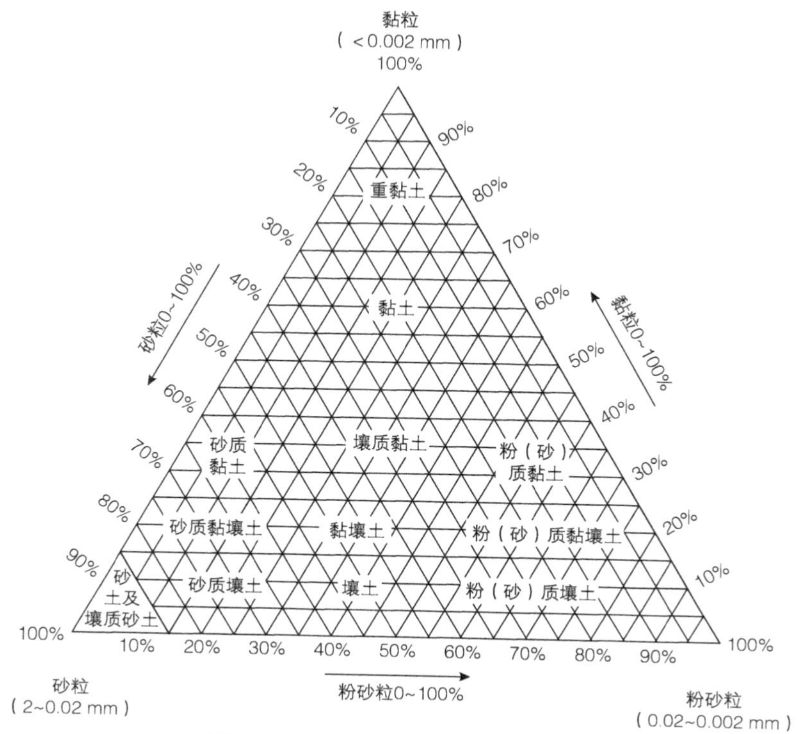


图 2-1 国际制土壤质地分类三角图

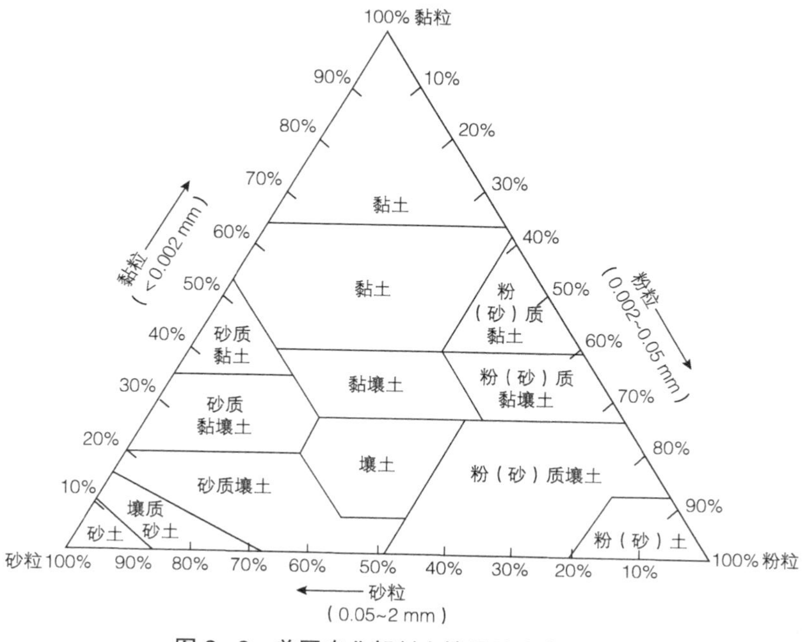


图 2-2 美国农业部制土壤质地分类三角图

表 2-5　卡庆斯基制土壤质地分类标准（1958 年）

| 质地分类 | | 物理性黏粒（< 0.01 mm）含量（%） | | | 物理性砂粒（>0.01 mm）含量（%） | | |
|---|---|---|---|---|---|---|---|
| 类别 | 名称 | 灰化土 | 草原土类及红壤类 | 碱化及强碱化土类 | 灰化土 | 草原土类及红壤类 | 碱化及强碱化土类 |
| 砂土 | 松砂土 | 0 ~ 5 | 0 ~ 5 | 0 ~ 5 | 100 ~ 95 | 100 ~ 95 | 100 ~ 95 |
| | 紧砂土 | 5 ~ 10 | 5 ~ 10 | 5 ~ 10 | 95 ~ 90 | 95 ~ 90 | 95 ~ 90 |
| 壤土 | 砂壤土 | 10 ~ 20 | 10 ~ 20 | 10 ~ 15 | 90 ~ 80 | 90 ~ 80 | 90 ~ 85 |
| | 轻壤土 | 20 ~ 30 | 20 ~ 30 | 15 ~ 20 | 80 ~ 70 | 80 ~ 70 | 85 ~ 80 |
| | 中壤土 | 30 ~ 40 | 30 ~ 45 | 20 ~ 30 | 70 ~ 60 | 70 ~ 55 | 80 ~ 70 |
| | 重壤土 | 40 ~ 50 | 45 ~ 60 | 30 ~ 40 | 60 ~ 50 | 55 ~ 40 | 70 ~ 60 |
| 黏土 | 轻黏土 | 50 ~ 65 | 60 ~ 75 | 40 ~ 50 | 50 ~ 35 | 40 ~ 25 | 60 ~ 50 |
| | 中黏土 | 65 ~ 80 | 75 ~ 85 | 50 ~ 65 | 35 ~ 20 | 25 ~ 15 | 50 ~ 35 |
| | 重黏土 | > 80 | > 85 | > 65 | < 20 | < 15 | < 35 |

表 2-6　中国土壤质地分类标准

| 质地分类 | | 颗粒组成（%） | | |
|---|---|---|---|---|
| 类别 | 名称 | 砂粒（1 ~ 0.05 mm） | 粗粉粒（0.05 ~ 0.01 mm） | 细黏粒（< 0.001 mm） |
| 砂土 | 极重砂土 | > 80 | | < 30 |
| | 重砂土 | 70 ~ 80 | | |
| | 中砂土 | 60 ~ 70 | | |
| | 轻砂土 | 50 ~ 60 | | |
| 壤土 | 砂粉土 | ≥ 20 | ≥ 40 | |
| | 粉土 | < 20 | | |
| | 砂壤 | ≥ 20 | < 40 | |
| | 壤土 | < 20 | | |
| 黏土 | 轻黏土 | | | 30 ~ 35 |
| | 中黏土 | | | 35 ~ 40 |
| | 重壤黏土 | | | 40 ~ 60 |
| | 极重黏土 | | | > 60 |

### （七）注意事项

（1）如土壤中含有机质较多，应预先用6%的过氧化氢处理，直至无气泡发生为止，以除去有机质，过量的过氧化氢可在加热中除去。

（2）如果土壤中含有大量的可溶性盐或碱性很强，应预先进行必要的淋洗，以脱除盐类或碱类。

（3）为了保证颗粒独立匀速沉降，必须充分分散，搅拌时上下速度要均匀，不应有涡流产生；悬液的浓度最好< 3%，最大不能超过5%，过浓则互相碰撞的机会多。

（4）由于介质的密度、黏滞系数及比重计浮泡的体积均受温度的影响，最好在恒温下操作。

## 【思考题】

1. 为什么分散剂都用钠盐溶液？
2. 为什么用于研磨土样的玻璃棒要带橡皮头？
3. 土粒悬液搅拌前为什么要测量温度？沉降期间为什么不能搬动沉降筒？
4. 做空白校正的目的是什么？

## 四、吸管法

### （一）实验目的

吸管法（pipette method）是目前土壤颗粒分析的主要方法之一。此方法是以司笃克斯定律为基础，利用土粒在静水中的沉降规律，将不同直径的土壤颗粒按不同粒级分开，加以收集、烘干、称重并计算各级颗粒百分含量。

### （二）方法原理

土壤颗粒分析就是用各种方法把土粒按其粒径大小分成若干粒级，定量测出每一种粒级的百分含量，从而求出土壤的颗粒组成。对粒径较粗的土粒（> 0.25 mm）一般采用筛分法，逐级分离出来；对粒径较细的土粒（< 0.1 mm）需要先把土粒充分分散，然后让土粒在一定容积的水中自由沉降，凭借粒径越大沉降越快的原理，根据司笃克斯定律计算出某一粒径的土粒沉降至某一深度需要的时间。在规定时间内用吸管在该深度处吸取一定体积的悬液，该悬液中所含土粒的直径必然都小于计算所确定的粒级直径。将吸出的悬液烘干、称重，计算百分含量。根据需要的各粒径依此进行沉降、计时、吸液、烘干、称重、计算等操作，就可把不同粒级的质量测定出来，再通

过换算，计算出土壤中各粒级土粒的百分含量，确定土壤的颗粒组成，进行土壤质地鉴定。

### （三）主要仪器

（1）移液枪。

（2）搅拌棒，下端装有带孔铜片或厚胶板。

（3）沉降筒，即 1000 mL 量筒。

（4）土壤筛（孔径为 1 mm、0.5 mm）、洗筛（直径 6 cm，孔径为 0.5 mm、0.25 mm）。

（5）三角瓶（500 mL）、漏斗（直径 7 cm）。

（6）天平（感量 0.0001 g）。

（7）烘箱、真空干燥器、漏斗架。

### （四）试剂

（1）0.5 $mol \cdot L^{-1}$ 氢氧化钠溶液（酸性土壤）：20 g 氢氧化钠，加水溶解后稀释至 1000 mL。

（2）0.5 $mol \cdot L^{-1}$ 六偏磷酸钠溶液（石灰性土壤）：51 g 六偏磷酸钠溶于水，加水溶解后稀释至 1000 mL。

（3）0.5 $mol \cdot L^{-1}$ 草酸钠溶液（中性土壤）：33.5 g 草酸钠溶于水，加水溶解后稀释至 1000 mL。

（4）异戊醇。

### （五）操作步骤

1. 样品处理

称取通过 2 mm 筛孔的 10 g（精确至 0.001 g）风干土样 1 份，测定吸湿水，另称 3 份，其中一份测定洗失量（指需要去除有机质或碳酸盐的样品），另外两份作为制备颗粒分析悬液用。

去除有机质：对于含大量有机质又需去除的样品，则用过氧化氢去除有机质。其方法是：将上述 3 份样品分别移入 250 mL 高型烧杯中，加蒸馏水约 20 mL，使样品湿润，然后加 6% 的过氧化氢，其用量（20 ~ 50 mL）视有机质多少而定，并经常用玻璃棒搅拌，使有机质和过氧化氢接触，以利氧化。当过氧化氢剧烈氧化有机质时，产生大量气泡，会使样品溢出容器，需滴加异戊醇消泡，避免样品损失。当剧烈反应结束后，若土色变淡，即表示有机物已完全分解，若发现未完全分解，可追加过氧化氢。剧烈反应后，在电热恒温水浴锅（图 2-3）上加热 2 h 去除多余的过氧化氢。

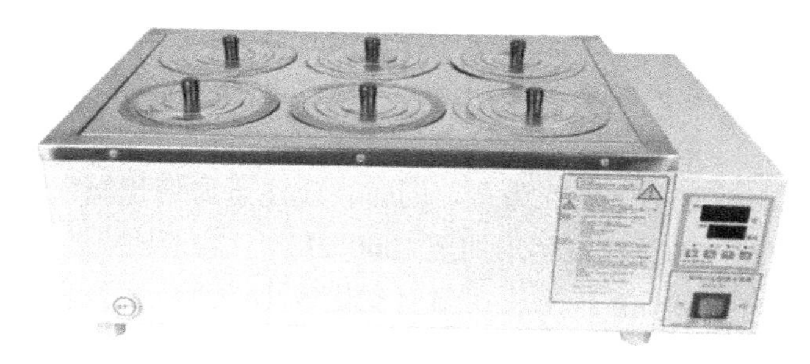

图 2-3　电热恒温水浴锅

去除有机质完毕后，其中一份样品洗入已知重量的烧杯中，放在可调温电热板（图 2-4）上蒸干后，放入烘箱，在 105 ~ 110 ℃下烘干 6 h，取出后置于干燥器内冷却、称重，计算洗失量。

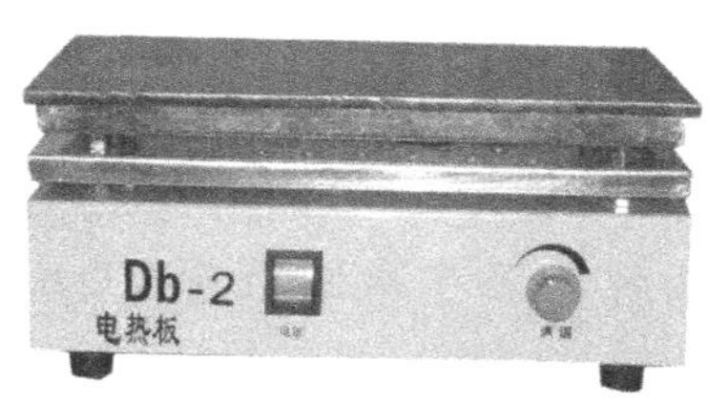


图 2-4　可调温电热板

2. 制备悬液

将上述处理后的另两份样品分别洗入 500 mL 三角瓶中，（根据土壤 pH 值）加入 10 mL 0.5 mol · $L^{-1}$ 的氢氧化钠溶液，并加蒸馏水至 250 mL，充分摇匀，盖上小漏斗，于电热板上煮沸。煮沸过程中需经常摇动三角瓶，以防土粒沉积于瓶底成硬块。煮沸后需保持 1 h，使样品充分分散。

土壤颗粒分级标准如表 2-7 所示，大于 0.25 mm 粒级颗粒用筛分法测定，小于 0.25 mm 粒级颗粒用静水沉降法测定。

表 2-7　土壤颗粒分级标准（美国农业部制）

| 颗粒直径/mm | 颗粒分级命名 | 颗粒直径/mm | 颗粒分级命名 |
|---|---|---|---|
| 2.0 ~ 1.0 | 极粗砂粒 | 0.1 ~ 0.05 | 极细砂粒 |
| 1.0 ~ 0.5 | 粗砂粒 | 0.05 ~ 0.002 | 粉粒 |
| 0.5 ~ 0.25 | 中砂粒 | < 0.002 | 黏粒 |
| 0.25 ~ 0.1 | 细砂粒 | | |

在 1000 mL 量筒上放置一个大漏斗，将孔径 0.25 mm 洗筛放置在大漏斗内。待悬浮液冷却后，充分摇动锥形瓶中的悬浮液，通过 0.25 mm 洗筛，用水洗入量筒中。将留在锥形瓶内的土粒用水全部洗入洗筛内，洗筛内的土粒用橡皮头玻璃棒轻轻洗擦并用水冲洗，直到滤下的水不再混浊为止。同时，应注意勿使量筒内的悬浮液体积超过 1000 mL，最后将量筒内的悬浮液用水加至 1000 mL。

将盛有悬浮液的 1000 mL 量筒放在温度变化较小的平稳实验台上，避免振动，避免阳光直接照射。

将留在洗筛内的砂粒洗入已知质量（精确至 0.001 g）的 50 mL 烧杯中，将烧杯置于低温电热板上蒸去大部分水分，然后放入烘箱中，于 105 ℃烘 6 h，再在干燥器中冷却后称至恒量（精确至 0.001 g）。将 0.25 mm 以上的砂粒通过 1 mm 和 0.5 mm 的土壤筛，并将分级出的砂粒分别放入烘箱中，于 105 ℃烘干 2 h，再在干燥器中冷却后称至恒量（精确至 0.001 g）。

同时，取温度计悬挂在盛有 1000 mL 水的 1000 mL 量筒中，并将量筒与待测悬浮液量筒放在一起，记录水温（℃），即代表悬浮液的温度。

3. 样品悬液吸取

测定悬液温度后，计算各粒级在水中沉降 10 cm 所需的时间，即吸液时间（表 2−8）。

表 2−8 土壤质地分析各级土粒吸液时间（土粒相对密度 2.65）

| 土粒直径/mm | | < 0.05 | | < 0.05 | | < 0.01 | | < 0.005 | | | < 0.001 | | |
|---|---|---|---|---|---|---|---|---|---|---|---|---|---|
| 取样深度/cm | | 25 | | 10 | | 10 | | 10 | | | 10 | | |
| 时间 | | min | s | min | s | min | s | h | min | s | h | min | s |
| 温度/℃ | 5 | 2 | 50 | 1 | 3 | 28 | 9 | 1 | 52 | 37 | 46 | 55 | 19 |
| | 6 | 2 | 44 | 1 | 6 | 27 | 18 | 1 | 49 | 12 | 45 | 30 | 3 |
| | 7 | 2 | 39 | 1 | 4 | 26 | 28 | 1 | 45 | 52 | 44 | 6 | 39 |
| | 8 | 2 | 34 | 1 | 2 | 25 | 41 | 1 | 42 | 45 | 42 | 48 | 48 |
| | 9 | 2 | 30 | 1 | 0 | 24 | 57 | 1 | 39 | 47 | 41 | 34 | 40 |
| | 10 | 2 | 25 | | 58 | 24 | 15 | 1 | 36 | 58 | 40 | 24 | 15 |
| | 11 | 2 | 21 | | 57 | 23 | 33 | 1 | 34 | 14 | 39 | 15 | 40 |
| | 12 | 2 | 17 | | 55 | 22 | 54 | 1 | 31 | 38 | 38 | 10 | 48 |
| | 13 | 2 | 14 | | 54 | 22 | 18 | 1 | 29 | 11 | 37 | 9 | 38 |
| | 14 | 2 | 10 | | 52 | 21 | 42 | 1 | 26 | 49 | 36 | 10 | 20 |

续表

| 土粒直径/mm | | < 0.05 | | < 0.05 | | < 0.01 | | < 0.005 | | | < 0.001 | | |
|---|---|---|---|---|---|---|---|---|---|---|---|---|---|
| 取样深度/cm | | 25 | | 10 | | 10 | | 10 | | | 10 | | |
| 时间 | | min | s | min | s | min | s | h | min | s | h | min | s |
| 温度/℃ | 15 | 2 | 7 | | 51 | 21 | 8 | 1 | 24 | 31 | 35 | 12 | 52 |
| | 16 | 2 | 4 | | 49 | 20 | 35 | 1 | 22 | 22 | 34 | 19 | 7 |
| | 17 | 2 | 0 | | 48 | 20 | 4 | 1 | 20 | 17 | 33 | 27 | 14 |
| | 18 | 1 | 57 | | 47 | 19 | 34 | 1 | 18 | 17 | 32 | 37 | 11 |
| | 19 | 1 | 55 | | 46 | 19 | 5 | 1 | 16 | 22 | 31 | 49 | 0 |
| | 20 | 1 | 52 | | 45 | 18 | 38 | 1 | 14 | 30 | 31 | 2 | 40 |
| | 21 | 1 | 49 | | 44 | 18 | 11 | 1 | 12 | 44 | 30 | 18 | 11 |
| | 22 | 1 | 47 | | 43 | 17 | 45 | 1 | 11 | 1 | 29 | 35 | 22 |
| | 23 | 1 | 44 | | 42 | 17 | 21 | 1 | 9 | 23 | 28 | 54 | 24 |
| | 24 | 1 | 42 | | 41 | 16 | 57 | 1 | 7 | 46 | 28 | 54 | 24 |
| | 25 | 1 | 39 | | 40 | 16 | 34 | 1 | 6 | 15 | 27 | 36 | 23 |
| | 26 | 1 | 37 | | 39 | 16 | 12 | 1 | 4 | 46 | 26 | 59 | 19 |
| | 27 | 1 | 35 | | 38 | 15 | 50 | 1 | 3 | 21 | 26 | 23 | 44 |
| | 28 | 1 | 33 | | 37 | 15 | 30 | 1 | 1 | 59 | 25 | 49 | 26 |

记录开始沉降时间和各级吸液时间。用搅拌棒搅拌悬液 1 min（一般速度为上下各 30 次），搅拌结束时即开始沉降时间，在吸液前就将吸管放于规定深度处，再按所需粒径预先计算好的吸液时间提前 5 s 开始吸取悬液 25 mL。吸取 25 mL 约 10 s，速度不可太快，以免影响颗粒沉降规律。将吸取的悬液移入有编号的已知重量的50 mL烧杯中，并用蒸馏水洗尽吸管内壁附着的土粒。

将盛有悬液的小烧杯放在电热板上蒸干，然后放入烘箱，在 105 ~ 110 ℃烘 6 h 至恒重，取出后置于真空干燥器内，冷却 20 min 后称重。

### （六）结果计算

1. 小于某粒径颗粒含量百分数的计算

$$X(\%)=\frac{g_v}{g}\times\frac{1000}{V}\times 100。\qquad (2\text{-}4)$$

式中：$X$——小于某粒径颗粒含量百分数（%）；

$g_v$——25 mL 吸液中小于某粒径颗粒重量（g）；

$g$——分析样品的烘干重（g）；

$V$——吸管容积（mL）。

2. 分散剂质量校正

加入的分散剂在计算时必须予以校正。各粒级含量是由小于某粒级含量依次相减而得。由于小于某粒级含量中都包含着等量的分散剂，实际上在依次相减时已将分散剂量扣除，分散剂量只需在最后一级黏粒（< 0.002 mm）含量中减去。分散剂占烘干土质量的百分数按下式计算：

$$A\,(\%) = \frac{C \times V \times 0.04}{m} \times 100。 \quad (2\text{-}5)$$

式中：$A$——分散剂氢氧化钠占烘干土质量（%）；

$C$——分散剂氢氧化钠溶液浓度（$mol \cdot L^{-1}$）；

$V$——分散剂氢氧化钠溶液体积（mL）；

$m$——烘干土质量（g）；

0.04——氢氧化钠分子的摩尔质量（$g \cdot mmol^{-1}$）。如采用六偏磷酸钠分散剂，则其摩尔质量为 0.102 $g \cdot mmol^{-1}$；如采用草酸钠分散剂，则其摩尔质量为 0.067 $g \cdot mmol^{-1}$，计算时适当选择。

3. 允许差

样品进行两份平行测定，取其算术平均值，取一位小数。两份平行测定结果允许差为黏粒级< 1%，粉（砂）粒级< 2%。

## 实验 2.2　土壤比重、土壤容重和孔隙度测定

### 一、目的意义

土壤比重又称土粒密度，是指单位容积的固体土粒（不包括粒间孔隙）的质量与 4 ℃时同体积的水质量之比，反映了土壤颗粒的性质，其大小与土壤中矿物质的组成和有机质的数量有关；土壤容重（土壤密度）是指单位容积土体（包括粒间孔隙在内的原状土）干土质量，是土壤颗粒和土壤孔隙状况的综合反映；孔隙度是指单位容积土壤中空隙所占的百分率，可由土壤比重和土壤容重求出，其大小与土壤团聚体直径、土壤质地及土壤总有机质含量有关。土壤比重、土壤容重和孔隙度是反映土壤固体颗粒和空隙状况最基本的参数，它们对土壤中的水、肥、气、热状况和农业生产具有重要影响。

## 二、土壤比重测定

### （一）方法原理

通常使用比重瓶法，根据排水称重的原理，将已知重量的土样放入容积一定的盛水比重瓶中，完全除去空气后，固体土粒所排出的水体积即土粒的体积，以此去除土粒干重即得土壤比重。

### （二）主要仪器

（1）比重瓶（容积 50 mL）。
（2）天平（感量 0.001 g）。
（3）电砂浴或电热板。
（4）滴管、小漏斗、无空气的蒸馏水等。

### （三）操作步骤

（1）称取通过 1 mm 筛孔相当于 10 g 烘干土的风干土样，倒入比重瓶中，再注入少量蒸馏水（约为比重瓶的 1/3），轻轻摇动使水土混匀，再放在沙浴上煮沸，不时摇动比重瓶，以驱除土样和水中的空气。

（2）煮沸半小时后取下冷却，加煮沸后的冷蒸馏水，充满比重瓶上端的毛细管，在感量为 0.001 g 的天平上称重。

（3）将比重瓶内的土倒出，洗净。然后将煮沸的冷蒸馏水注满比重瓶，盖上瓶塞，擦干瓶外水分，称重。

### （四）结果计算

$$\rho_s=\frac{m_s}{m_s+m_{bw1}-m_{bws1}}\times\rho_{w1}\text{。}\qquad(2\text{–}6)$$

式中：$\rho_s$——土壤比重（$g\cdot cm^{-3}$）；
$\rho_{w1}$——$t_1$ 时蒸馏水密度（$g\cdot cm^{-3}$）；
$m_s$——烘干土样质量（g）；
$m_{bw1}$——$t_1$ 时比重瓶 + 水质量（g）；
$m_{bws1}$——$t_1$ 时比重瓶 + 水 + 样品质量（g）。

不同温度下水的密度如表 2–9 所示。

表 2-9　不同温度下水的密度

| 温度 / ℃ | 密度 / ($g \cdot cm^{-3}$) | 温度 / ℃ | 密度 / ($g \cdot cm^{-3}$) | 温度 / ℃ | 密度 / ($g \cdot cm^{-3}$) |
|---|---|---|---|---|---|
| 0 ~ 1.5 | 0.9999 | 20.5 | 0.9981 | 30.5 | 0.9955 |
| 2.0 ~ 6.5 | 1.0000 | 21.0 | 0.9980 | 31.0 | 0.9954 |
| 7.0 ~ 8.0 | 0.9999 | 21.5 | 0.9979 | 31.5 | 0.9952 |
| 8.5 ~ 9.5 | 0.9998 | 22.0 | 0.9978 | 32.0 | 0.9951 |
| 10.0 ~ 10.5 | 0.9997 | 22.5 | 0.9977 | 32.5 | 0.9949 |
| 11.0 ~ 11.5 | 0.9996 | 23.0 | 0.9976 | 33.0 | 0.9947 |
| 12.0 ~ 12.5 | 0.9995 | 23.5 | 0.9974 | 33.5 | 0.9946 |
| 13.0 | 0.9994 | 24.0 | 0.9973 | 34.0 | 0.9944 |
| 13.5 ~ 14.0 | 0.9993 | 24.5 | 0.9972 | 34.5 | 0.9942 |
| 14.5 | 0.9992 | 25.0 | 0.9971 | 35.0 | 0.9941 |
| 15.0 | 0.9991 | 25.5 | 0.9969 | 35.5 | 0.9939 |
| 15.5 ~ 16.0 | 0.9990 | 26.0 | 0.9968 | 36.0 | 0.9937 |
| 16.5 | 0.9989 | 26.5 | 0.9967 | 36.5 | 0.9935 |
| 17.0 | 0.9988 | 27.0 | 0.9965 | 37.0 | 0.9934 |
| 17.5 | 0.9987 | 27.5 | 0.9964 | 37.5 | 0.9932 |
| 18.0 | 0.9986 | 28.0 | 0.9963 | 38.0 | 0.9930 |
| 18.5 | 0.9985 | 28.5 | 0.9961 | 38.5 | 0.9928 |
| 19.0 | 0.9984 | 29.0 | 0.9960 | 39.0 | 0.9926 |
| 19.5 | 0.9983 | 29.5 | 0.9958 | 39.5 | 0.9924 |
| 20.0 | 0.9982 | 30.0 | 0.9957 | 40.0 | 0.9922 |

## 三、土壤容重测定（环刀法）

### （一）方法原理

利用一定容积的环刀（一般为 100 $cm^3$）切割未搅动的自然状态的土样，使土样充满其中，称量后计算单位体积的烘干土样质量，即容重。本法适用于一般土壤，坚硬、易碎及含有大量碎石块的土壤不适用。

### （二）主要仪器

环刀（容积 100 $cm^3$）、环刀托、削土刀、小铁铲、蒸发皿、铝盒、烘箱、木板、天平（感量 0.1 g 和 0.01 g）、干燥箱。

### （三）操作步骤

（1）检查环刀（图 2-5）与上下盖和环刀托是否配套，用草纸擦干环刀上的油污，记下环刀的编号，并称重（准确至 0.1g）。同时，将事先洗净、烘干的铝盒称重、编号，带上环刀、铝盒、削土刀、小铁铲到田间取样。

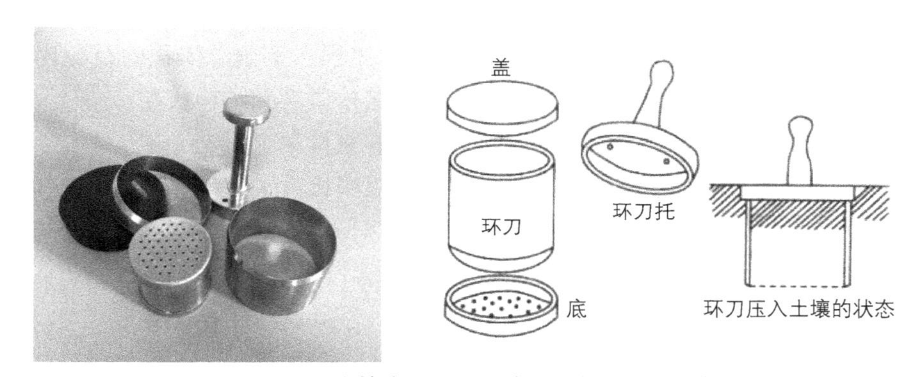


图 2-5　土壤容重取土器（环刀）及测定示意

（2）在田间选择有代表性的地点，先用铁铲铲平，将环刀托套在环刀无刃口一端，把环刀垂直压入土中，至环刀全部充满土壤为止（注意保持土样的自然状态）。

（3）用铁铲将环刀周围的土壤挖去，在环刀下方切断，取出环刀，用土铲把环刀挖出来，用小刀细心地刮去黏在环刀外壁上的泥土，而后仔细地把环刀两端削平，使土样与环刀容积相等，立即盖上环刀盖，迅速带回实验室准确称重。

（4）将称好的盛土环刀置于瓷蒸发皿中，放在烘箱里，于 105 ℃条件下连续烘烤 6 ~ 8 h，冷却后称重，测定土壤含水量（或在田间同地同时取 10 g 土样，或从环刀内取 10 g 土样于已知重量的铝盒中，用酒精燃烧法测定土壤含水量），计算干土重量。

### （四）结果计算

$$\rho_b=\frac{(M-G)\times 100}{V(100+W)}。\qquad (2\text{-}7)$$

式中：$\rho_b$——土壤容重（$g \cdot cm^{-3}$）；

$M$——环刀及湿土重（g）；

$G$——环刀重（g）；

$V$——环刀容积（$cm^3$）；

$W$——土壤含水量（%）。

或

$$\rho_b=\frac{\text{干土重}}{\text{环刀容积}}。\quad (2\text{-}8)$$

此法测定应不少于 3 次重复，允许绝对误差＜ 0.03 $g \cdot cm^{-3}$，取算数平均值。

## 四、土壤总孔隙度的测定（计算法）

土壤总孔隙度是指自然状态下，土壤中孔隙的体积占土壤总体积的百分比。土壤孔隙度不仅影响土壤的通气状况，而且能够反映土壤松紧度和结构状况。

土壤总孔隙度一般不直接测定，而是用比重和容重计算求得。

$$\text{土壤孔隙度 } P_1(\%) =（1- \text{土壤容重}/\text{土壤比重}）\times 100。\quad (2\text{-}9)$$

如果未测定土壤比重，可采用土壤比重的平均值 2.65 来计算，也可直接用土壤容重（$\rho_b$）通过经验公式计算出土壤的孔隙度。

经验公式：

$$\text{土壤孔隙度 } P_1(\%) =93.947-32.995 \times \rho_b, \quad (2\text{-}10)$$

$$\text{土壤毛管孔隙度 } P_2(\%) =\text{土壤田间持水量}(\%) \times \text{土壤容重}, \quad (2\text{-}11)$$

$$\text{土壤非毛管孔隙度 } P_3(\%) =P_1-P_2。\quad (2\text{-}12)$$

### 【思考题】

1. 测定土壤容重时为什么要保持土样的自然状态?
2. 测定土壤容重时应注意哪些问题?
3. 为什么不同质地的土壤，其容重和总孔度不同?
4. 土壤中大、小孔隙比例对土壤的水分、空气状况有何影响?

# 实验 2.3　土壤水稳性团聚体组成分析

## 一、目的意义

土壤结构体是土粒互相排列和团聚成为一定形状和大小的土块或土团，泡水时不致分散的性质称为水稳性。农学上，通常以直径为 0.25 ~ 10 mm 水稳性团聚体的含量来判别土壤的结构，此结构体越多越好，并据此鉴别某种改良措施的效果。土壤团聚体直径和含量适宜的土壤具有良好的结构性和耕层结构，耕作管理省力而易获作物高产。因此，分析测定水稳性团聚体的组成及含量，可以判断土壤的结构状况及对土壤水、肥、气、热的调节能力。本实验的目的在于掌握使用电动团粒分析器测定土壤水稳性团聚体的方法。

## 二、方法原理

该实验通过电动团粒分析器分析土壤水稳性团聚体的组成。它依靠电动机由快速转变为慢速而带动套筛组，使之振动于盛水的小圆铁桶中。套筛是由筛孔孔径从大到小的 5 个筛子所组成，孔径分别为 5 mm、2 mm、1 mm、0.5 mm、0.25 mm。

待测的土样置于最上层的大孔径筛子上，土样经过浸水及振动后即分离成各种不同粒径的水稳性团聚体，分别留存在各个筛子上，然后将它们取出，分别放在蒸发皿或铝盒中烘干，称重后再换算成各级团聚体组成的百分含量及团聚体总量。

## 三、主要仪器

电动团粒分析器（图 2-6）、取土器、分析天平、洗瓶、玻璃棒、蒸发皿、铝盒、烘箱、坩埚钳、干燥器等。

图 2-6　电动团粒分析器

## 四、操作步骤

1. 使用前检查仪器是否正常

首先检查机械变速器与马达（电动机）的连接，并在连杆接头处、滑板及加油孔加注润滑油，然后发动马达，检查仪器运转是否正常。

实验时，每套铜筛按大孔径在上，小孔径在下，依次重叠并固定在筛架上，再置放于小圆铁桶中（使下端与桶底相距 5 ~ 8 cm）并与主架振动连杆相连。桶中水量以使整套筛子均浸没于水中并在运动时顶筛也不露出水面为宜。

2. 土样准备

从田间采回原状土样，按其自然裂缝剥制成20 mm 以下的小土块，或将土样放在阴凉处风干处理后，用天平称取均匀土样 50 g。

3. 分离过筛烘干、称重

将 50 g 土样均匀撒在顶部筛子上，然后发动马达，使套筛在水中上下振动 30 min 后取出套筛，将各级筛子中的团聚体分别洗集于各个编号的蒸发皿或铝盒中，放在低温电热板上烘干，再冷却，称重各乘以 2，即得各级团聚体含量百分数。

4. 结果分析

留于 5 mm 孔径筛子上者为直径＞ 5 mm 团聚体的百分含量；

留于 2 mm 孔径筛子上者为直径 5 ~ 2 mm 团聚体的百分含量；

留于 1 mm 孔径筛子上者为直径 2 ~ 1 mm 团聚体的百分含量；

留于 0.5 mm 孔径筛子上者为直径 1 ~ 0.5 mm 团聚体的百分含量；

留于 0.25 mm 孔径筛子上者为直径 0.5 ~ 0.25 mm 团聚体的百分含量；

其总和即直径＞ 0.25 mm 团聚体的百分含量（也称团聚体总量）。

## 五、注意事项

（1）使用电动团粒分析器之前，一定要检查各组件连接是否正常。

（2）套筛大孔径在上，小孔径在下，不可颠倒顺序，底筛不与桶底接触。

（3）桶中水量适度，整套筛子浸没于水中，运动时顶筛不出水面。

（4）使用完毕后，小圆铁桶和筛子随即冲净晾干，以防锈蚀损坏。

（5）主架部分经常保持清洁干燥，加油孔、连杆接头处及滑板处经常加注润滑油使之润滑。

# 实验 2.4　土壤结构形状的观察及微团聚体测定

## 一、土壤结构形状的观察

土壤颗粒往往不是分散单独存在的，而是以不同原因相互团聚成大小、形状和性质不同的土团、土块或土片，称为土壤结构。土壤结构影响土壤孔性，从而影响土壤水、气、肥状况和土壤耕性。因此，鉴定土壤结构是观察土壤剖面的一个重要项目，也是分析土壤肥力的一项指标。本实验的目的为观察土壤结构标本，为野外土壤剖面观察记载打好基础。

### （一）土壤结构类型

土壤结构类型的划分如表 2–10 所示。

表 2–10　土壤结构类型及大小的区分

| 类型 | 形状 | 结构单位 | 大小 |
| --- | --- | --- | --- |
| 1. 结构体沿长、宽、高三轴平衡发育 | 1. 块状：棱角不明显，形状不规则；界面与棱角不明显 | 大块状结构<br>小块状结构 | 直径<br>> 100 mm<br>100 ~ 50 mm |
| | 2. 团块状：棱面不明显，形状不规则，略呈圆形，表面不平 | 大团块状结构<br>团块状结构<br>小团块状结构 | 50 ~ 30 mm<br>30 ~ 10 mm<br>< 10 mm |
| | 3. 核状：形状大致规则，有时呈圆形 | 大核状结构<br>核状结构<br>小核状结构 | > 10 mm<br>10 ~ 7 mm<br>7 ~ 5 mm |
| | 4. 粒状：形状大致规则，有时呈圆形 | 大粒状结构<br>粒状结构<br>小粒状结构 | 5 ~ 3 mm<br>3 ~ 1 mm<br>1 ~ 1.5 mm |
| 2. 结构体沿垂直轴发育 | 5. 柱状：形状规则，明显的光滑垂直侧面，横断面形状不规则 | 大柱状结构<br>柱状结构<br>小柱状结构 | 横断面直径<br>> 50 mm<br>50 ~ 30 mm<br>< 30 mm |
| | 6. 棱柱状：表面平整光滑，棱角尖锐，横断面略呈三角形 | 大棱柱状结构<br>棱柱状结构<br>小棱柱状结构 | > 50 mm<br>50 ~ 30 mm<br>< 30 mm |
| 3. 结构体沿水平轴发育 | 7. 片状：有水平发育的节理平面 | 板状结构<br>片状结构 | 厚度<br>> 3 mm<br>< 3 mm |
| | 8. 鳞片状：结构体小、局部有弯曲的节理平面 | 鳞片状结构 | |
| | 9. 透镜状：结构上、下部均为球面 | 透镜状结构 | |

### （二）观察方法

在野外观察土壤结构时，必须挖出一大块土体，用手顺其结构之间的裂隙轻轻掰开，或轻轻摔于地上，使结构体自然散开，然后观察结构体的形状、大小，与

表 2-10 对照，确定结构体类型。再用放大镜观察结构体表面有无黏粒或铁锰淀积形成的胶膜，并观察结构体的聚集形态和孔隙状况。观察完后用手指轻压结构体，看其散开后的内部形状或压碎的难易程度，也可将结构体浸泡于水中，观察其散碎的难易程度和散碎的时间，以了解结构体的水稳性。

## 二、土壤微团聚体分析

### （一）目的意义

土壤中< 0.25 mm 的团聚体称为微团聚体，它是构成土壤团聚体的颗粒单位，并决定土壤团聚体的质量特征。因此，在进行土壤农业评价时，除了解土壤质地外，还需测定土壤微团聚体，并根据土壤有效微团聚体测定结果与土壤颗粒分析结果中< 0.001 mm 部分的含量，可计算出土壤的分散系数和结构系数，它们都是影响土壤肥力状况的重要物理性质。分散系数越高，表明土壤微结构的水稳性越低，保水保肥能力会受到很大影响。在农业生产中，可以采取增施有机肥、砂黏互掺、施入结构改良剂等措施，以提高土壤结构性能。

通过微团聚体的测定，掌握土壤微团聚体测定方法，了解微团聚体在土壤中的作用，学会分散系数及结构系数的计算方法。

### （二）方法原理

土壤微团聚体分析原理及操作过程基本上与颗粒分析相同，只是土样分散处理不同。前者只采用物理机械分散法（振荡），而不加化学分散剂处理土样。

### （三）主要仪器

振荡机（图 2-7）、0.25 mm 孔径洗筛、振荡瓶（250 mL）、沉降筒（1000 mL 量筒）、2 mm 孔径土壤筛、搅拌棒。

图 2-7　多功能调速振荡机

### （四）操作步骤

（1）称取通过 1 mm 筛孔的风干土样 10 g（重壤土 10 g，壤土 15 g，轻壤土 20 g，砂壤土 25 g，砂土 30 g），精确到 0.01 g。

（2）将土样倒入 250 mL 振荡瓶中，加蒸馏水至 150 mL 左右，静置浸泡 24 h，另称 10 g 样品，用烘干法测定吸湿水。

（3）振荡瓶用橡皮塞塞紧，放于水平振荡机中并固定，以防振荡过程中容器破裂，样品损失。开启振荡机（200 次/min），振荡 2 h。

（4）将筛孔直径为 0.25 mm 的筛子放在漏斗上，将漏斗放在 1000 mL 的量筒上。把振荡瓶中的土壤悬液全部倾倒在筛子上，筛出大于 0.25 mm 的微团聚体，并加水使过筛后的土壤悬液至 1000 mL 刻度线。在过筛时，切忌用带橡皮头的玻璃棒搅拌或擦洗，以免破坏样品的微结构，大于 0.25 mm 的微团聚体洗入铝盒，烘干称重并计算百分数。

（5）将制备好的悬液置于吸管架的小桌子上（和吸管法一样，需置于免受阳光直射、昼夜温差小的地方），测量液温。计算各级微团聚体的吸液时间。

（6）使沉降筒内悬液分布均一的方法和吸管法不同。此法不用搅拌棒，而是将橡皮塞塞紧沉降筒口，然后将沉降筒上下颠倒 1 min（上下各约 30 次），使悬液均匀分布。再按所需的粒级及相应的沉降时间，用吸管吸取各级悬液 25 mL 并移入 50 mL 烧杯中，开启蒸馏水管活塞，用蒸馏水冲洗吸管，使附着于管壁的悬液全部移入 50 mL 烧杯中。

（7）将盛有悬液的 50 mL 烧杯放于电热板上，蒸干后放入烘箱（105 ℃）中烘至恒重，冷却后称重（精确到 0.0001 g）。

### （五）结果计算

1. 小于某粒径微团聚体含量百分数

小于某粒径微团聚体含量百分数按下式计算：

$$X（\%）=\frac{g_0}{g}\times\frac{1000}{V}\times 100。\qquad（2\text{-}13）$$

式中：$X$——小于某粒径微团聚体含量百分数（%）；

$g_0$——25 mL 吸液中小于某粒径微团聚体重量（g）；

$g$——样品烘干重（g）；

$V$——吸管容积（25 mL）。

2. 土壤分散系数、结构系数及团聚度换算

（1）分散系数的换算

土壤分散系数用来表示土壤团聚体在水中被破坏的程度，是以微团聚体分析的黏粒（＜ 0.001 mm 颗粒）与机械分析黏粒（＜ 0.001 mm 颗粒）的比例关系求得的。

$$K(\%)=\frac{a}{b}\times 100。\quad(2-14)$$

式中：$K$——土壤分散系数；

$a$——土壤微团聚体分析时的黏粒百分含量；

$b$——土壤机械分析时的黏粒百分含量。

土壤分散系数越大，则团聚体的水稳性越低，如黏质黑钙土的分散系数小于10%，而碱土柱状层的分散系数可达80%。

（2）结构系数的换算

土壤结构系数与分散系数的概念相反，用来表示土壤形成水稳性团聚体的程度，结构系数小，说明土壤分散度高，耕性不良。

$$K_0(\%)=\frac{b-a}{b}\times 100=1-分散系数(\%)。\quad(2-15)$$

式中：$K_0$——土壤结构系数；

$a$——土壤微团聚体分析时的黏粒百分含量；

$b$——土壤机械分析时的黏粒百分含量。

需要说明的是，分散系数与结构系数这两项指标及其计算公式并非完善，只能供研究和鉴定土壤形成水稳性团聚体的能力和土壤团聚体稳定性时参考。这些计算公式只适用于壤土组至黏土组等重质地土壤，而在砂土组中，土壤结构系数在一定程度上是无实际意义的。

（3）土壤团聚度的换算

土壤团聚度表示团聚体的水稳性。

$$K'(\%)=\frac{a'-b'}{a'}\times 100=1-分散系数(\%)。\quad(2-16)$$

式中：$K'$——土壤团聚度；

$a'$——土壤团聚体分析时＞0.05 mm稳固性微团聚体的含量；

$b'$——土壤颗粒分析时＞0.05 mm粒级的含量。

由公式可见，团聚度的增加将意味着微团聚体水稳性的改善。

### （六）注意事项

（1）一般认为，土壤微团聚体分析过程中称样的数量要因质地而异：黏土10 g，壤土15 g，轻壤土20 g，砂壤土25 g，砂土30 g。

（2）盐化土壤和碱土类型土壤样品的微团聚体分析时，不能使用蒸馏水，因为会引起土样的分散，致使测定结果中粉粒和黏粒含量显著偏高，所以，必须用分析样品的水浸提液代替蒸馏水作为沉降颗粒的介质。分析样品的水浸提取液一般应用水土比为25∶1为宜。制备方法：在称样时同时称取＜1 mm的样品40 g，倒入1000 mL量筒内，加蒸馏水定容到 1000 mL，用橡皮塞塞紧沉降筒，上下颠倒摇动 10 min，然后静置 24 h。上部的透明清液即所需的水浸提取液。

## 【思考题】

1. 在观察土壤结构时，能否强行用力将大土块分开？
2. 在分析土壤的微团聚体时，为什么分散处理时不加化学分散剂而采用振荡？
3. 请评价土壤微团聚体与土壤团聚体在土壤肥力上的贡献。
4. 利用文字表达解释分散系数、结构系数、团聚度的概念。

# 实验 2.5　土壤水分含量测定

## 一、目的要求

土壤水分是土壤的重要组成部分，也是重要的土壤肥力因素。进行土壤水分的测定有两个目的：一是了解田间土壤的水分状况，为土壤耕作、播种、合理排灌等提供依据；二是在室内分析工作中，测定风干土的水分，把风干土重换算成烘干土重，可作为各项分析结果的计算基础。

本实验要求掌握烘干法和酒精燃烧法测定土壤水分的原理和方法，能较准确地测定土壤的水分含量。

## 二、测定方法

测定土壤中水分含量的方法很多，常用的有烘干法和酒精燃烧法。烘干法是目前测定土壤水分的标准方法，其测定结果比较准确，适合大批量样品的测定，但这种方法需要的时间较长。酒精燃烧法测定土壤水分快但精确度较低，只适合田间速测。

## 三、土壤吸湿水的测定（烘干法）

### （一）目的意义

吸湿水是土壤样品颗粒表面分子对气态水分吸附的结果。这种水对植物生长是无效的，但其测定在土壤分析中是一项必要的工作。因为只有在一致的水分基础上，各样品的成分及每次分析的结果才具有一致性。分析时一般用风干土，但计算时用烘干土作为计算的基础，根据吸湿水含量换算成烘干土。所以，要测定样品吸湿水的含量。通过本实验，目的是掌握测定吸湿水含量的方法——烘干法。

### （二）方法原理

风干样品中仅含吸湿水，这种水被土壤颗粒表面分子牢固吸附，只有变成气态时才能被移去。因此，常将风干样品放于 105 ~ 110 ℃烘箱中烘干。此温度下，吸湿水能被除去，而土壤结构水不致破坏，土壤有机质也不致分解。烘干时间应以达到恒重（重量几乎固定不变，前后重量差值小于 0.3 mg）为准。取出冷却后称量，计算。

### （三）主要仪器

烘箱、铝盒（带盖）、天平、干燥器、记号笔、牛角勺。

### （四）方法步骤

1. 称铝盒

取洗净编有号码的小型铝盒放于 105 ℃恒温箱（或烘箱）中烘约 2 h，用坩埚钳取出移入干燥器内冷却至室温，在数字分析天平上称重，准确至 0.0001 g。反复操作至恒重，记录其质量（$W_1$），并进行编号。

2. 称土

用牛角勺将风干土样拌匀，取出约 5 g 风干样品放入铝盒中（可事先用称量纸在台秤上粗称 5 g 风干样品），均匀铺平，盖好，在数字分析天平上准确称重（$W_2$）。

3. 烘干

将铝盒盖揭开，放在盒底下，置于已预热至（105 ± 2）℃的烘箱中烘 8 h。

4. 称烘干土重

烘 8 h 后，用坩埚钳将铝盒取出，盖好铝盒盖，迅速移入干燥器内冷却至室温（约需 20 min），取出称重。

打开铝盒盖子，放入恒温箱中，在（105 ± 2）℃下再烘 2 h，冷却，称重至恒重（$W_3$）。

### （五）结果计算

（1）样品吸湿水：

$$P（\%）=\frac{W_2-W_3}{W_3-W_1}\times 100。\quad（2\text{–}17）$$

式中：$P$——样品吸湿水百分含量（%）；

$W_1$——铝盒质量（g）；

$W_2$——（铝盒 + 风干土）质量（g）；

$W_3$——（铝盒 + 烘干土）质量（g）。

（2）平行测定结果用算术平均值表示，保留小数点后两位。
（3）水分小于5%的风干土样，平行测定结果差值不得超过0.2%。

### （六）土样吸湿水含量应用

若分析某成分时称取的风干样品重量为$\rho$，已知该土样吸湿水含量为$P$，则称样所相当的烘干样重$X$可按下式计算：

$$X=\frac{\rho}{1+P\ (\%)}。\qquad (2\text{-}18)$$

### （七）注意事项

（1）本实验方法适用于除石膏性土壤和有机质土壤（耕层有机质含量20%以上的土壤）以外的各类土壤的吸湿水含量测定。

（2）烘箱温度为105～110 ℃，可在（105±2）℃变动。对有机质较高的（＞80 $g\cdot kg^{-1}$）土样，不应超过105 ℃，温度过高时有机质容易碳化，致使测定结果偏高。

（3）烘干时间为8 h。这是人为规定的一个烘干时间，这样测得的水分含量精密度能达到土壤分析的要求。

（4）风干土烘好后，盖上盖子，迅速移入干燥器中，以减少烘干样吸收空气中的水分。

## 【思考题】

1. 说明测定土壤吸湿水含量的意义。
2. 干燥器里的干燥剂需经常检查和处理吗？为什么？

## 四、土壤自然含水量的测定

土壤水分是土壤肥力的重要因素，是植物和微生物生命活动不可缺少的，同时，土壤中的养料也必须通过水溶解后才能为植物所利用。因此，了解土壤水分状况，定期测定土壤含水量，可为提高作物产量提供科学依据。

土壤含水量是指田间土壤在自然状况下含水的量，通常以百分数来表示，即100 g烘干土中含有多少克水。常用的测定方法有以下几种。

### （一）烘干法

1. 方法原理

土壤中所含的水分在105～110 ℃条件下能气化，变成水蒸气而脱离土壤。

2. 主要仪器

烘箱、铝盒、取土钻（图 2-8）、天平（感量 0.01 g）。

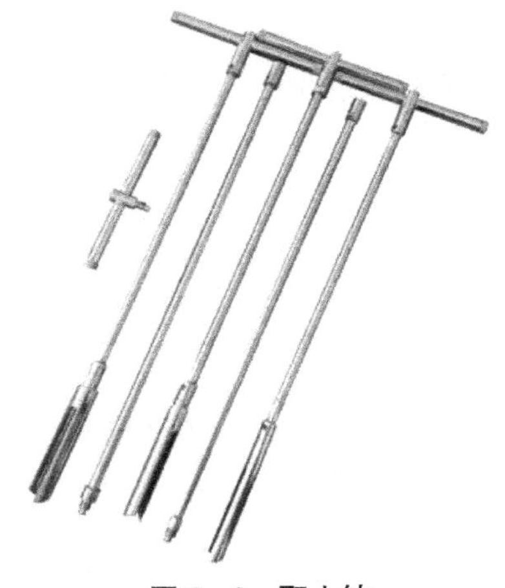

图 2-8　取土钻

3. 操作步骤

（1）将铝盒擦净，烘干冷却，称重。

（2）田间取土 15 ~ 20 g，装入已知质量的铝盒中，到室内称重，于 105 ~ 110 ℃烘 6 ~ 8 h，冷却后称重。再烘 4 h 后称重，要求两次为一定值，允许误差< 1%。

4. 结果计算

$$\text{土壤含水量（\%）}=\frac{\text{（铝盒重+湿土重）-（铝盒重+干土重）}}{\text{（铝盒重+干土重）-铝盒重}}\times 100$$

$$=\frac{\text{水分重}}{\text{干土重}}\times 100。\qquad (2\text{-}19)$$

烘干法的优点是简单、直观；缺点是采样时干扰田间土壤水的连续性，取样后在田间留下的取样孔（可填实）会切断作物的某些根，影响土壤水分的运动，且烘至恒重需时长，耗费电能多。烘干法的另一个缺点是代表性差。田间取样的变异系数为 10%或更大，造成如此大的变异，主要是由于土壤水在田间分布不均匀。尽管如此，烘干法还是被用作测定土壤水分含量的经典方法。

### （二）酒精燃烧法

此法快捷，但缺点为准确性不如烘干法。有机质质量分数高于 30 $g\cdot kg^{-1}$ 以上的土壤不适用，因为有机质被燃烧后会发生碳化，不能较准确地测定土壤含水量。

1. 方法原理

本方法是利用酒精在土壤样品中燃烧释放出的热量，使土壤水分蒸发干燥，通过燃烧前后的质量差计算出土壤含水量的百分数。酒精燃烧在火焰熄灭前几秒，即火焰下降时，土温才迅速上升到 180 ~ 200 ℃，然后温度很快降至 85 ~ 90 ℃，再缓慢冷却。由于高温阶段时间短，样品中有机质及盐类损失很少，故此法测定土壤水分含量有一定的参考价值。

2. 主要仪器

天平（感量 0.01 g）、铝盒、量筒（10 mL）、镊子。

3. 操作步骤

首先将采回的土样混合均匀，用镊子把湿土中的植物根、碎石块等杂物拣掉。用已称重的铝盒称土 10 g 左右。

用量筒量取酒精 10 mL，并将 7 mL 酒精倒入装有湿土的铝盒中，转动铝盒，使酒精与其混合均匀。

点燃酒精，在即将燃烧完时用小刀或玻璃棒轻轻翻动土样，以助其燃烧。待火焰熄灭样品冷却后，再加入剩余 3 mL 酒精，继续点燃 1 次，冷却后称重。一般情况下，要经过 3 ~ 4 次燃烧后，土样才能达到恒重。

4. 结果计算

与烘干法相同。

### （三）野外测定法

通过眼看、手捏等方法观测土壤颜色及湿润程度、湿后变形情况，根据不同土壤在质地上的表现不同划分为 5 级，测定标准如表 2-11 所示。

**表 2-11　野外土壤含水量测定标准**

| 质地 | 干（干土） | 稍润（灰墒） | 润（黄墒） | 潮（褐墒） | 湿（黑墒） |
| --- | --- | --- | --- | --- | --- |
| 砂土类 | 无湿的感觉，干块可成单粒，水分＜5% | 稍有凉意，土块一触即散，水分 5% ~ 10% | 土块发凉，手捏成团，滚动不易散，扔之散碎，水分 10% ~ 15% | 手捏成团，扔之碎成大块，手中可留下湿痕，土色发暗，水分 15% ~ 20% | 手捏有渍水现象，可勉强成球或条，土色暗黑，水分 20% ~ 25% |
| 壤土类 | 无湿的感觉，水分 5% 左右 | 稍有凉意，呈现半润半干之灰色，水分 10% 左右 | 土块发凉，手指可捏成薄片，扔之散碎，土色发黄，水分 15% 左右 | 有可塑性，能成球或条，但有裂纹，土色发褐，水分 25% 左右 | 较黏手，可成团，扔之不碎，土色暗黑，水分 30% |
| 黏土类 | 无湿的感觉，土块坚硬，水分 5% ~ 10% | 稍有凉意，土块用力捏碎，手指感到痛，水分 10% ~ 15% | 土块发凉，手指可捏成碎片，水分 15% ~ 20% | 有可塑性，能成球或条，但有裂纹，土色发褐，水分 25% ~ 30% | 黏手，可捏很好的球或条，无裂缝，土色暗黑，水分 35% 左右 |

# 实验 2.6 土壤最大吸湿量、田间持水量和毛管持水量测定

本实验测定的 3 种土壤水分含量均是重要的土壤水分性质，是反映土壤水分状况的重要指标，与土壤保水供水有密切关系。

## 一、土壤最大吸湿量测定

### （一）目的意义

最大吸湿量即土壤在几乎饱和水汽的（相对湿度为 94%）空气中吸附气态水的最大数量。这样吸收的水分包括全部紧结合水和若干松结合水，以及部分由于毛管凝结作用产生的水环，其数量主要取决于土壤的机械组成，尤其是黏粒的含量。此外，腐殖质的含量对其也有影响。土壤水分含量在最大吸湿量的情况下，有效性极低，不能为植物所利用。最大吸湿量的 1.25 ~ 2.00 倍，相当于凋萎系数。凋萎系数的测定较难，故可由最大吸湿量间接计算而得，一般常利用最大吸湿量乘以 1.5 来计算植物的凋萎系数。土壤最大吸湿量也可以用来估计土壤比表面的大小。

### （二）方法原理

将风干土样置于相对湿度 94% ~ 97% 的大气中（一般用 10% 的 $H_2SO_4$ 或饱和的 $K_2SO_4$ 溶液来维持），使土壤吸湿水汽至恒重，烘干计算出含水量，即最大吸湿量。

风干土样所吸附的水汽称为吸湿水。土壤吸湿水的含量与空气相对湿度有关，当空气相对湿度接近饱和时，土壤吸湿水达到最大量，称为最大吸湿量或吸湿系数。

### （三）主要仪器

水分皿、干燥器、分析天平。

### （四）试剂

（1）10% 的 $H_2SO_4$（可用工业硫酸配制）。

（2）饱和 $K_2SO_4$ 溶液：称取 100 g $K_2SO_4$ 溶于 1 L 蒸馏水中，溶液应见白色未溶的 $K_2SO_4$ 晶体，否则要适当增加 $K_2SO_4$ 量。

### （五）操作步骤

（1）称取通过 1 mm 筛孔的风干土样 5 ~ 20 g（黏土和有机质多的土壤 5 ~ 10 g，壤土 10 ~ 15 g，砂土 15 ~ 20 g），平铺于已称重的干燥水分皿底部。

（2）将水分皿打开盖子放入干燥器中的有孔磁板上，另用小烧杯盛饱和 $H_2SO_4$ 溶液，按每克土样大约 2 mL 计算，同样放入干燥器内。最好用带有细管的真空干燥器，可以将空气抽空，这样可以加速干燥器内水汽饱和的速度，干燥器要放在温度固定的地方。

（3）将干燥器放在温度保持在 20 ℃的地方，让土壤吸湿。

（4）土样吸湿一周左右，取出称重，再将其放入干燥器内使其继续吸水，以后每隔 2 ~ 3 d 称一次，直至土样达恒重（前后两次重量之差不超过 0.005 g），计算时取其大者。

（5）达恒重的土样置于 105 ~ 110 ℃烘箱内烘至恒重，按一般计算土壤含水量的方法计算出土壤最大吸湿量。

### （六）注意事项

（1）如果用的是真空干燥器，则每次称重前首先平衡干燥器的压力。小心地通过盛有浓 $H_2SO_4$ 的瓶子，向干燥器内放入空气，然后取下干燥器的盖子，取出水分皿，称重。

（2）每次称重时，必须更换 $H_2SO_4$ 溶液，否则浓度会有变化。

（3）测定最大吸湿量时，不在 100% 饱和的空气中测定，主要是因为在相对湿度 100% 的情况下，毛管凝结作用过盛，不易达到稳定，且测定结果较高。在相对湿度 94% ~ 97% 的情况下，吸湿时毛管凝结水量较少，土壤吸附气态水的能力易达到稳定。

## 二、土壤田间持水量测定

土壤田间持水量是指地下水位较深时，土壤所能保持的最大含水量。因此，它是表征田间土壤保持水分能力的指标，也是计算土壤灌溉量的指标。

### （一）野外测定

1. 方法原理

通过灌水、渗漏，使土壤在一定时间内达到毛管悬着水的最大量，取土测定水分含量，此时的土壤水分含量即土壤田间持水量。

2. 操作步骤

（1）选地：在田间地块选一具有代表性的测试地段，先将地面处理平整，使灌水时水不致积聚于低洼处而影响水分均匀下渗。

（2）筑埂：测试地段面积一般为 4 $m^2$，四周筑起一道土埂（从埂外取土筑埂），埂高 30 cm，底宽 30 cm。然后在其中央放上方木框，入土深度 25 cm。框内面积 1 $m^2$，为测试区。若无木框，可再筑一内埂代替，埂内面积仍为 1 $m^2$。木框或内埂外的部分为保护区，以防止测试区内的水外流。

（3）计算灌水量：从测试点附近取土，测定 1 m 内土层的含水量，计算其蓄水量。按土壤的孔隙度（总孔隙度）计算使 1 m 内土层全部孔隙充水时的总灌水量，减去土壤现有蓄水量，差值的 1.5 倍即需要补充的灌水量。

如果缺少土壤孔隙度的实测数据，可以按表 2-12 数据计算。

表 2-12　不同质地土壤的经验孔隙度

| 土壤质地 | 经验孔隙度/% |
|---|---|
| 黏土及重壤土 | 50 ~ 45 |
| 中壤土及轻壤土 | 45 ~ 40 |
| 砂壤土 | 40 ~ 35 |
| 砂土 | 35 ~ 30 |

例如，假设 1 m 土层的平均孔隙度为 45%，为使其全部孔隙充满水分，需要的水量是：1000 mm × 45% = 450 mm。

假设土层现有蓄水量为 150 mm，则应增加的水量即灌水量为：（450 mm − 150 mm）× 1.5 = 450 mm。

计算测试区 1 $m^2$ 的灌水量为：1 $m^2$ × 0.45 m = 0.45 $m^3$。

保护区面积 =（4 − 1）$m^2$ = 3 $m^2$，所需灌水量为：450 L × 3 = 1350 L。

测试区和保护区共需灌水量 1800 L。

（4）灌水：灌水前在地面铺放一薄层干草，避免灌水时冲击，破坏表土结构。然后灌水，先灌保护区，迅速建立 5 cm 的水层，同时向测试区灌水，同样建立 5 cm 的水层，直至用完计算的全部灌水量。

（5）覆盖：灌完水后，在测试区和保护区再覆盖 50 cm 的草层，避免土壤水分蒸发损失。为了防止雨水渗入的影响，在草层上覆盖塑料薄膜。

（6）取土测定水分：灌水后，砂壤土和轻壤土经 1 ~ 2 个昼夜，重壤土和黏土经 3 ~ 4 个昼夜，取土测定含水量，取土后仍将地面覆盖好。取回的土样称取 20.0 g，用酒精燃烧法测定其水分含量，即土壤的田间持水量。

### （二）室内测定

（1）按容重测定中采土的方法用环刀在野外采取原状土，放于盛水的搪瓷盘内，有孔盖（底盖）一端朝下，盘内水面较环刀上缘低 1 ~ 2 mm，勿使环刀上面淹水，让水分饱和土壤。

（2）同时在相同土层采土，风干后磨细过 1 mm 筛孔，装入环刀中（或用石英砂代替干土），装时要轻拍击实，并稍微装满一些。

（3）将水分饱和 1 昼夜的装有原状土的环刀取出，打开底盖（有孔盖），将其连滤纸一起放在装有干土（或石英砂）的环刀上。为紧密接触，可用砖压上（一对环刀用两块砖压）。

（4）经过 8 h 吸水后，从环刀内取出 15 ~ 20 g 原状土测定含水量，此值接近于该土壤的田间持水量。

（5）结果计算：

$$\text{土壤田间持水量（重量\%）}=\frac{\text{湿土重}-\text{干土重}}{\text{干土重}}\times 100, \tag{2-20}$$

$$\text{土壤相对含水量（\%）}=\frac{\text{土壤自然含水量（\%）}}{\text{土壤田间持水量（\%）}}\times 100。 \tag{2-21}$$

根据土壤比重、容重、总孔隙度和田间持水量，可计算土壤在田间持水量时的固、液、气三相体积：

$$\text{土壤固相体积（\%）}=\frac{\text{土壤容重}}{\text{土壤比重}}\times 100, \tag{2-22}$$

$$\text{土壤液相体积（\%）}=\text{田间持水量（重量\%）}\times\text{容重}, \tag{2-23}$$

$$\text{土壤气相体积（\%）}=\text{总孔隙度（\%）}-\text{土壤液相体积}。 \tag{2-24}$$

## 三、土壤毛管持水量测定

毛管持水量是土壤中所能保持的毛管上升水的数量，其中包括全部紧结合水和松结合水，以及毛管上升水。当地下水位较高（1.5 ~ 3 m）时，毛管持水量所含水分对植物是有效的。地下水位过低时，植物根系不能达到。土壤毛管持水量是土壤的一项重要的水分常数，可根据其数值换算土壤的毛管孔隙度和通气孔隙度（或非毛管孔隙度）。

### （一）测定原理

用容重采土器采取保持自然状态的土壤，下端置于具有水源的盘中，逐渐使土样中的毛管孔隙充水，然后测定其含水量。这种方法比较简便，但是只能测定处于地下水面以上的毛管持水量。毛管水活动层下部的毛管持水量随着高度的增加有所降低，因此，最准确的方法是获得整个毛管水活动层中的水分分布曲线，然后根据该曲线求出毛管水活动层中任何一层的毛管持水量。本实验只练习前面的简便方法。

### （二）主要仪器

容重采土器、纱布、瓷盘、铝盒、台秤。

### （三）操作步骤

（1）按测定土壤容重的采土方法，在田间用环刀采取原状土，带回室内放于盛有 2 ~ 3 mm 水层的瓷盘中，让土壤毛细管吸水。

（2）吸水时间：砂土 4 ~ 6 h，黏土 8 ~ 12 h 或更长。然后取出环刀，除去多余的自由水。

（3）从环刀中取出 4 ~ 5 g 湿土测定含水量，即毛管持水量。亦可根据测定容重时环刀内的干土重换算求得，即

$$\text{土壤毛管持水量（\%）} = \frac{\text{环刀内湿土重} - \text{环刀内干土重}}{\text{环刀内干土重}} \times 100。 \quad (2\text{-}25)$$

### （四）土壤毛管孔隙度和通气孔隙度的计算

$$\text{土壤毛管孔隙度（\%）} = \text{土壤毛管持水量（\%）} \times \text{土壤容重}， \quad (2\text{-}26)$$

$$\text{土壤通气孔隙度（\%）} = \text{土壤总孔隙度（\%）} - \text{土壤毛管孔隙度（\%）}。 \quad (2\text{-}27)$$

**【思考题】**

1. 测定最大吸湿量时，让土壤在特定的温度（20 ℃）和相对湿度 98% 条件下吸湿，为什么？

2. 室内测定田间持水量和毛管持水量的方法有何不同？二者结果在反映土壤水分状况上有何重要意义？

## 实验 2.7　土壤水吸力测定

### 一、目的意义

土壤水吸力是反映土壤水分能量状态的指标，它是水分在一定土壤吸力状况下的能量状态，以土壤对水的吸力来表示。植物从土壤中吸水，必须以更大的吸力来克服土壤对水的吸力。因此，土壤水吸力可以直接反映土壤的供水能力及土壤水分的运动，相较于单纯用土壤含水量反映土壤水分状况更有实际意义。测定土壤水吸力是控制土壤水分状况、调节植物吸收水分和养分的一种重要手段。

## 二、方法原理

本实验采用土壤湿度计（又名张力计或负压计）测定土壤水吸力。当充满水、密封的土壤湿度计插入水分不饱和的土壤后，由于土壤具有吸力，会通过湿度计的陶土管壁“吸”水。陶土管是不透气的，故此时仪器内部会产生一定的真空，使负压表指示出负压力。当仪器与土壤吸力达到平衡时，此时的负压力即土壤水吸力。

## 三、主要仪器

土壤湿度计（图 2–9）由下列部件组成：

（1）陶土管：是土壤湿度计的感应部件，上面有许多细小而均匀的孔隙。当陶土管完全被水浸润后，其孔隙间的水膜能让水或溶液通过而不让空气通过。

（2）负压表：是土壤湿度计的指示部件，一般为汞柱负压表或弹簧管负压表。

（3）集气管：用来收集仪器里的空气。

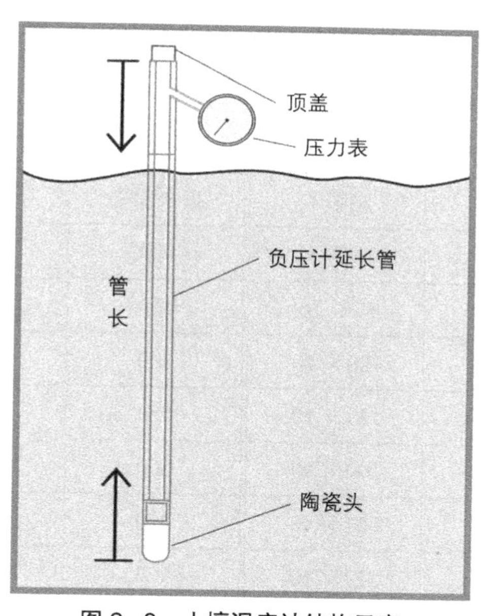


图 2–9　土壤湿度计结构示意

## 四、操作步骤

1. 仪器的准备

在使用土壤湿度计之前，为使仪器达到最大灵敏度，必须把仪器内部的空气除尽，方法为：除去集气管的盖和橡皮塞，将仪器倾斜，注入经煮沸后冷却的无气水，注满后将仪器直立，让水将陶土管湿润，并见有水从表面滴出。在注水口塞入一个插有注射针的橡皮塞，进行抽气，此时可见真空表指针移至400毫米汞柱左右，并有气泡从真空表中逸出，逐渐聚集在集气管中，拔出塞子则真空表指针返回原位。继续将仪器注满无气水，同上抽气，重复3～4次，仪器系统中的空气便可除尽，盖好橡皮塞和集气管盖，仪器即可使用。

2. 安装

在需测量的田块上选择有代表性的地方，以钻孔器开孔到待测深度，将湿度计插入。为了使陶土管与土壤接触紧密，开孔后可撒入少量碎土于孔底，然后插入仪器，再填入少量碎土，将仪器上下移动，使陶土管与周围土壤紧密接触。最后再填入其余的土壤。

3. 观测

仪器安装好以后，一般需2～24 h方能与土壤吸力平衡，平衡后便可观测读数。读数时可轻轻敲击负压表，以消除读盘内的摩擦力，使指针达到应指示的吸力刻度。一般在早晨读数，以避免土温变化的影响。毫米汞柱、毫巴与帕斯卡的对应关系如表2-13所示。

表2-13　毫米汞柱、毫巴与帕斯卡的对应关系

| 毫米汞柱 | 毫巴 | 帕斯卡 | 毫米汞柱 | 毫巴 | 帕斯卡 |
| --- | --- | --- | --- | --- | --- |
| 1 | 1.33329 | $1.333\,29 \times 10^2$ | 400 | 533 | $533 \times 10^2$ |
| 50 | 67 | $67 \times 10^2$ | 450 | 600 | $600 \times 10^2$ |
| 75 | 100 | $100 \times 10^2$ | 500 | 666 | $666 \times 10^2$ |
| 100 | 133 | $133 \times 10^2$ | 550 | 733 | $733 \times 10^2$ |
| 150 | 200 | $200 \times 10^2$ | 600 | 800 | $800 \times 10^2$ |
| 200 | 267 | $267 \times 10^2$ | 650 | 866 | $866 \times 10^2$ |
| 250 | 333 | $333 \times 10^2$ | 700 | 933 | $933 \times 10^2$ |
| 300 | 400 | $400 \times 10^2$ | 750 | 1000 | $1000 \times 10^2$ |
| 350 | 467 | $467 \times 10^2$ | | | |

4. 检查

在使用仪器过程中，定期检查集气管中的空气容量，如空气容量超过集气管容积的2/3，必须重新加水。可直接打开盖子和塞子，注入无气水，再加盖和塞密封。若这样加水搅动陶土管与土壤接触，则需拔出重新开孔埋设。

埋在土中的陶土管至地面负压表之间有一段距离，在仪器充水时对陶土管产生一静水压力，负压表读数实际上包括这一静水压力在内。因此，在读数中应减去一校正值（零位校正），即陶土管中部至负压表的距离。一般测量表层时，此校正值忽略不计。

## 五、注意事项

（1）该方法只能测定土壤水吸力在$8.5\times10^4$ Pa以下。超出这个范围就会因空气进入陶土管而失效。田间植物可吸收土壤水大部分在湿度计可测范围内，所以能直接在田间测量，用来指示灌溉，应用比较广泛。

（2）湿度计内的水柱不能有气泡，整个仪器必须密封，保持真空，不能与大气相通。因此，湿度计在安装之前必须进行校正。

（3）使用时，必须使陶土管与周围土壤紧密接触。

（4）读数必须进行零位校正，以免出现误差。

（5）当土壤温度降至冰点时，要将仪器撤离，避免冻坏。

## 【思考题】

1. 为什么要排出仪器内的空气，是使仪器达到最大灵敏度的必要措施吗？

2. 一天之中不同时间所测得的土壤水吸力是否相同？为什么？

3. 水吸力的单位——毫米汞柱、毫巴、帕斯卡是怎样互相换算的？

4. 比较实验时土壤田间持水量、毛管持水量与同一土壤类型 10 kPa 时的土壤含水量，思考其相互关系。

# 第三章　土壤化学性质

## 实验 3.1　土壤有机质测定（重铬酸钾容量法——外加热法）

### 一、目的意义

土壤有机质是土壤重要组成物质之一，它在土壤中的含量为 5 ~ 20 $g \cdot kg^{-1}$，对土壤物质性（水、气、热等）各种肥力因素起着重要的调节作用，为土壤微生物活动提供能源，对土壤结构、耕性也有重要影响，还含有各种营养元素，由此可知测定土壤有机质的意义重大。本实验的目的是了解土壤有机质的测定原理，初步掌握测定有机质含量的方法及注意事项，能比较准确地测出有机质的含量。

### 二、方法原理

在加热条件下，用过量的重铬酸钾硫酸溶液来氧化土壤的有机质，剩余的重铬酸钾用标准硫酸亚铁溶液滴定，根据所消耗的重铬酸钾量，计算出有机碳和有机质含量，其反应式如下：

（1）重铬酸钾硫酸对有机碳的分解

$$2K_2Cr_2O_7 + 3C + 8H_2SO_4 \rightarrow 2K_2SO_4 + 2Cr_2(SO_4)_3 + 3CO_2\uparrow + 8H_2O$$

（2）硫酸亚铁对重铬酸钾的滴定

$$K_2Cr_2O_7 + 6FeSO_4 + 7H_2SO_4 \rightarrow K_2SO_4 + Cr_2(SO_4)_3 + 3Fe_2(SO_4)_3 + 7H_2O$$

（3）指示剂

以邻菲罗啉亚铁溶液为指示剂。邻菲罗啉（$C_{12}H_8N_2$）3 个分子与 1 个亚铁离子络合，形成砖红色的邻菲罗啉亚铁络离子，遇强氧化剂则变为淡蓝色的正铁络合物，其反应式如下：

$$\underset{\text{红色}}{Fe(C_{12}H_8N_2)_3^{++}} \xleftrightarrow{\text{氧化还原}} \underset{\text{淡蓝色}}{Fe(C_{12}H_8N_2)_3^{+++}} + e^-$$

指示颜色变化时的标准电位 E 为 1.14 伏，要求酸度为 4 ~ 6 $mol \cdot L^{-1}$，在滴定时颜色由橙黄色→绿色→灰绿色或淡兰红色→砖红色，表示到达终点。

## 三、主要仪器

硬质试管（18 ~ 180 mm）、油浴锅（图 3-1）、铁丝笼、温度计（0 ~ 200 ℃）、分析天平、控温电炉（0 ~ 2000 W）、滴定管、移液管（5 mL）、小漏斗、三角瓶（250 mL）、量筒、草纸或卫生纸。

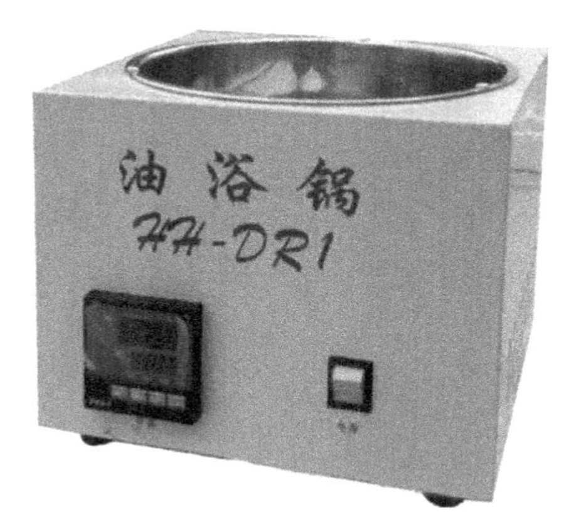


图 3-1　油浴锅

## 四、试剂

（1）0.8000 mol · $L^{-1}$（1/6 $K_2Cr_2O_7$）重铬酸钾标准溶液：称取经过 130 ℃烘 3 ~ 4 h 的分析纯重铬酸钾 39.2245 g，溶解于 400 mL 蒸馏水中，必要时可加热溶解，冷却后加蒸馏水定容至 1 L，摇匀备用。

（2）0.2 mol · $L^{-1}$ $FeSO_4$ 溶液：称取硫酸亚铁（$FeSO_4 \cdot 7H_2O$）55.60 g，溶于蒸馏水中，加浓硫酸 5 mL，稀释至 1 L。

（3）邻菲罗啉指示剂：称取硫酸亚铁 0.695 g 和分析纯邻菲罗啉 1.485 g，溶于 100 mL 蒸馏水中，贮于棕色瓶中备用。

（4）石蜡（固体）或磷酸或植物油 2.5 kg。

（5）浓硫酸：密度 1.84 g · $mL^{-1}$。

## 五、操作步骤

（1）准确称取通过 0.149 mm（100 目）筛的风干土样 0.1000 ~ 1.0000 g（称取的量依据有机质含量而定），放入干燥的硬质试管中，用移液管准确加入 0.8000 mol · $L^{-1}$ 重铬酸钾标准溶液 5.00 mL（如果土壤中含有氯化物，需先加入 $Ag_2SO_4$ 0.1 g），再用量筒加入浓硫酸 5 mL，小心充分摇匀。

（2）将试管插入铁丝笼中（每笼中均有 1 ~ 2 个空白试管），放入预先加热至 185 ~ 190 ℃的油浴锅内，要求放入后油浴锅温度下降至 170 ~ 180 ℃，以后必须控制电炉，使油浴锅内温度始终维持在 170 ~ 180 ℃。自试管内大量出现气泡开始计时，保持溶液沸腾 5 min，取出铁丝笼，待试管稍冷却后，用草纸擦净试管外部油液，放凉。

（3）经冷却后，将试管内容物洗入 250 mL 三角瓶中，使溶液的总体积达 60 ~ 80 mL，酸度为 2 ~ 3 mol · $L^{-1}$，加入邻菲罗啉指示剂 2 ~ 3 滴，摇匀，此时溶液呈棕红色。

（4）用标准硫酸亚铁溶液滴定，溶液颜色由橙黄色、蓝绿色变为砖红色即终点，记取 $FeSO_4$ 滴定毫升数（$V$）。

（5）在滴定样品的同时，必须做 2 次空白实验，即取 0.500 g 粉状二氧化硅代替样品，其他步骤与试样测定相同。记取 $FeSO_4$ 滴定毫升数（$V_0$），取其平均值。

## 六、结果计算

$$\text{土壤有机碳}(g \cdot kg^{-1}) = \frac{\frac{c \times 5}{V_0} \times (V_0 - V) \times 10^{-3} \times 3.0 \times 1.1}{m \times (1+P)^{-1}} \times 1000, \quad (3\text{–}1)$$

$$\text{土壤有机质}(g \cdot kg^{-1}) = \text{土壤有机碳}(g \cdot kg^{-1}) \times 1.724。 \quad (3\text{–}2)$$

式中：$c$——0.8000 mol · $L^{-1}$（1/6 $K_2Cr_2O_7$）重铬酸钾标准溶液的浓度；

5——重铬酸钾标准溶液加入的体积（mL）；

$V_0$——空白滴定消耗 $FeSO_4$ 的体积（mL）；

$V$——样品滴定消耗 $FeSO_4$ 的体积（mL）；

3.0——1/4 碳原子的摩尔质量（g · $mol^{-1}$）；

$10^{-3}$——将毫升换算为升；

1.1——氧化校正系数（按平均回收率 92.6% 计算）；

$m$——风干土重（g）；

$P$——样品吸湿水百分含量（%）；

1.724——由土壤有机碳换算成有机质的换算系数（有机质含碳量平均为 58%，即 58 g 碳相当于 100 g 有机质，1 g 碳相当于 $X$ g 有机质，$X=\frac{100 \times 1}{58}=1.724$，因此，1 g 碳相当于 1.724 g 有机质）。

## 七、注意事项

（1）含有机质高于 50 g · $kg^{-1}$ 的，称土样 0.1 g；含有机质为 20 ~ 30 g · $kg^{-1}$ 的，称土样 0.3 g；少于 20 g · $kg^{-1}$ 的，称土样 0.5g 以上。若待测土壤有机质含量大于

150 g·$kg^{-1}$，则氧化不完全，不能得到准确结果。因此，应用固体稀释法进行弥补，方法为：将 0.1 g 土样与 0.9 g 经高温灼烧已除去有机质的土壤混合均匀，再进行有机质测定，按取样 1/10 计算结果。

（2）将土样装入试管或三角瓶时，应注意勿使土粒黏附于管口和瓶壁，以免消化不完全使结果偏低。

（3）必须严格控制温度（170 ~ 180 ℃）和瓶内容物的沸腾时间（5 min），否则都会影响氧化有机碳的效果。

（4）测定石灰性土壤样品时，必须慢慢加入浓 $H_2SO_4$，以防止由于 $CaCO_3$ 分解而引起的激烈发泡。

（5）土壤中氯化物的存在可使结果偏高，因为氯化物能被重铬酸钾所氧化，因此，盐土中有机质的测定必须防止氯化物的干扰，少量氯可加少量 $Ag_2SO_4$，使氯离子沉淀下来（生成 AgCl）。$Ag_2SO_4$ 的加入不仅能沉淀氯化物，而且有促进有机质分解的作用。据研究，当使用 $Ag_2SO_4$ 时，校正系数为 1.04，不使用 $Ag_2SO_4$ 时，校正系数为 1.1。$Ag_2SO_4$ 的用量不能超过 0.1 g，否则会生成 $Ag_2Cr_2O_7$，影响滴定。当氯离子含量较高时，可用一个氯化物近似校正系数 1/12（此校正系数在 Cl ∶ C 比为 5 ∶ 1 以下时适用）来校正。

（6）对于水稻土、沼泽土和长期渍水的土壤，由于土壤中含有较多的 $Fe^{2+}$、$Mn^{2+}$ 及其他还原性物质，它们也消耗 $K_2Cr_2O_7$，使测定结果偏高，这些样品必须在测定前充分风干。

（7）最好不采用植物油，因其可以被重铬酸钾氧化而可能带来误差。而矿物油或石蜡对测定无影响。当环境温度很低时，油浴锅预热温度应高一些（约 200 ℃）。铁丝笼应带脚，使试管不与油浴锅底部接触。

（8）用矿物油虽对测定无影响，但空气污染严重，最好采用铝块（有试管插座的）加热自动控温的方法来代替油浴法。

（9）消煮好的溶液颜色，一般应是黄色或黄色中稍带绿色，如果以绿色为主，则说明重铬酸钾用量不足。在滴定时，若消耗硫酸亚铁量小于空白用量的 1/3，说明有氧化反应不完全的可能，应弃去重做。

## 【思考题】

1. 测定土壤有机质时，加入 $K_2Cr_2O_7$ 和 $H_2SO_4$ 的作用是什么？
2. 为什么重铬酸钾溶液需要用移液管准确加入，而浓 $H_2SO_4$ 则可用量筒量取？
3. 试述滴定时溶液的变色过程。为什么会出现这样的颜色变化？

# 实验 3.2 土壤腐殖质的分离及各组分性状观察

## 一、目的意义

土壤腐殖质是土壤有机质的重要组成部分，是经微生物作用而合成的性质相近、分子大小不同的一类高分子化合物的混合物，其分子结构比较复杂，性质稳定而不易分解，多数与黏粒矿物密切结合成复合体，要研究其性质，必须把它从土壤中分离提取出来。土壤学中，主要依据腐殖质的颜色和酸、碱溶解性将腐殖质分为 3 个组分：富啡酸（黄腐酸）、胡敏酸（褐腐酸）和胡敏素（黑褐素）。不同组分的性质不同，在土壤肥力上的作用也不同。因此，了解土壤腐殖质的提取及分组过程，并对黄腐酸和褐腐酸的主要性质进行观察和比较，建立对土壤腐殖质的感性认识，了解土壤腐殖质的组成及其特性，有助于指导改土施肥。

## 二、方法原理

富啡酸、胡敏酸和胡敏素 3 个组分中，富啡酸溶于水、稀酸、稀碱，胡敏酸不溶于水和稀酸，但溶于稀碱，而胡敏素既不溶于稀酸，也不溶于稀碱。理想的腐殖质提取剂是能将腐殖质分离得完全彻底而又不改变其成分、结构及物理和化学性质。然而，至今仍未找到最理想的土壤腐殖质提取剂，NaOH 稀溶液仍是目前最常用的提取剂。因此，先用 NaOH 稀溶液处理土样，不溶解的腐殖质为胡敏素，富啡酸和胡敏酸则溶解在溶液中，将溶液和沉淀分离，暗褐色溶液再用 HCl 或 $H_2SO_4$ 处理，沉淀物质为胡敏酸，溶液中为富啡酸。

土壤腐殖质被提取出来后，制成腐殖酸溶液，观察不同电解质对褐腐酸絮凝的作用大小及各种褐腐酸盐类的溶解度，来了解腐殖质各组分的主要性质。

## 三、主要仪器

三角瓶（100 mL）、滤纸、漏斗、移液管（5 mL）、小试管、离心机、研钵、1 mm（20 目）标准筛、天平。

## 四、试剂

（1）0.1mol · $L^{-1}$ NaOH 溶液：称取分析纯 NaOH 4 g，加少量蒸馏水使其溶解，定容至 1000 mL。

（2）1 mol · $L^{-1}$ 和 0.5 mol · $L^{-1}$ 的 $H_2SO_4$ 硫酸溶液。

（3）1 mol · $L^{-1}$ NaCl 溶液：称取分析纯 NaCl 29 g，溶于少量蒸馏水中，定容至 500 mL。

（4）1/2 mol · $L^{-1}$ $CaCl_2$ 溶液：称取分析纯 $CaCl_2 \cdot 2H_2O$ 36.7 g，溶于少量蒸馏水中，定容至 500 mL。

（5）1/3 mol · $L^{-1}$ $AlCl_3$ 溶液：称取分析纯 $AlCl_3 \cdot 6H_2O$ 40.2 g，溶于水中，定容至 500 mL。

## 五、操作步骤

1. 土样制备

将含较多腐殖质的土壤（如黑土）风干，并拣去植物根屑等未分解的有机物，研细，过 1 mm（20 目）筛备用。

2. 浸提腐殖质

称取过 1 mm 筛的风干土样 8.00 g，放在 100 mL 三角瓶中，加入 0.1 mol · $L^{-1}$ NaOH 溶液 40 mL，瓶口加塞，置于振荡机中振荡 30 min（180 r/min），以加速浸提作用。将三角瓶内的浸提物转入 100 mL 离心管中，放入离心机离心 5 min（4000 r/min），然后将离心管上部的离心液装入干净的三角瓶中备用。

3. 各组分腐殖质的性状观察

（1）观察稀碱液浸提出的腐殖质溶液的颜色。

（2）用 10 mL 刻度试管取滤液 8 mL 于锥形离心管中，加入 1.0 mol · $L^{-1}$ $H_2SO_4$ 约 1.5 mL（使滤液 pH 值约为 1.5），摇匀后放在小离心机（3000 r/min）上离心 5 min，然后观察沉淀物（褐腐酸）和清液（黄腐酸）的颜色。

（3）吸掉上述试管内的清液，保留沉淀物，加入 0.1 mol · $L^{-1}$ NaOH 3 mL 溶解后，用蒸馏水稀释到 10 mL。用 0.05 mol · $L^{-1}$ $H_2SO_4$ 调 pH 值约为 8，分装在 3 支试管内，并在各试管内分别逐滴加入 1/3 mol · $L^{-1}$ $AlCl_3$、1/2 mol · $L^{-1}$ $CaCl_2$ 和 1 mol · $L^{-1}$ NaCl，每加一滴后观察胶体是否出现凝聚，如果 1 mol · $L^{-1}$NaCl 超过 20 滴仍未凝聚，可加固体 NaCl 测试，并记录凝聚时所用电解质溶液的滴数。

## 六、注意事项

（1）延长土壤样品用 NaOH 稀溶液浸提的时间，可溶解出更多的腐殖酸，如果时间允许，可延长浸提时间至 1 昼夜。

（2）在观察胡敏酸溶液加入电解质产生的凝聚现象时，将试管对着日光灯观察，更容易发现凝聚现象。

（3）土壤浸提液离心后，如离心管中的溶液仍然浑浊，应适当延长离心时间或提高离心机转速，保证离心液清澈。

（4）本实验中对腐殖质的提取与分组只是一个简化方法，主要为了观察腐殖质的特性。标准的土壤腐殖质提取和分组方法请参考国际腐殖酸学会推荐的方法或其他方法。

**【思考题】**

1. 溶解在 0.1 mol·$L^{-1}$ NaOH 溶液中的腐殖质是哪几类？ 0.1 mol·$L^{-1}$NaOH 提取液是什么颜色，是否透明？经酸化沉淀后，溶液是什么颜色？主要是哪类腐殖质？在酸中沉淀的是哪类腐殖质？

2. 通过本实验，你认为各种腐殖质及其盐类对土壤结构性可能有何影响？

# 实验 3.3　土壤腐殖质组成测定

## 一、目的意义

土壤腐殖质是土壤有机质的主要组成成分。一般来讲，它主要是由胡敏酸（HA）和富啡酸（FA）所组成。不同的土壤类型，其 HA/FA 比值有所不同，该比值与土壤肥力也有一定关系。因此，测定土壤腐殖质组成对于鉴别土壤类型和了解土壤肥力均有重要意义。

## 二、方法原理

用 0.1 mol·$L^{-1}$ 焦磷酸钠和 0.1 mol·$L^{-1}$ 氢氧化钠混合液处理土壤，能将土壤中难溶于水和易溶于水的结合态腐殖质络合成易溶于水的腐殖质钠盐，从而比较完全地将腐殖质提取出来。焦磷酸钠还起到脱钙的作用，反应图示如下：

$$2R\left[\begin{matrix}COO \\ COO\end{matrix}\right\rangle Ca \quad \left.\begin{matrix}COO \\ COO\end{matrix}\right\rangle Mg + 2Na_4P_2O_7 \rightarrow 2R\left[\begin{matrix}COONa \\ COONa \\ COONa \\ COONa\end{matrix}\right. + Ca_2P_2O_7 + Mg_2P_2O_7$$

提取的腐殖质用重铬酸钾容量法测定。

## 三、主要仪器

三角瓶（250 mL）、三角瓶（150 mL）、水浴锅、漏斗、滴定管、移液管、小烧杯、玻璃棒、滤纸、注射筒。

## 四、试剂

（1）0.1 mol·$L^{-1}$焦磷酸钠和0.1 mol·$L^{-1}$氢氧化钠的混合液：称取分析纯焦磷酸钠44.6 g和氢氧化钠4 g，加水溶解，稀释至1 L，溶液pH值为13，使用时现配现用。

（2）3 mol·$L^{-1}$ $H_2SO_4$：在300 mL蒸馏水中加浓硫酸167.5 mL，再稀释至1 L。

（3）0.01 mol·$L^{-1}$ $H_2SO_4$：取3 mol·$L^{-1}$ $H_2SO_4$溶液5 mL，再稀释至1.5 L。

（4）0.02 mol·$L^{-1}$ NaOH：称取0.8 g NaOH，加水溶解并稀释至1 L。

## 五、操作步骤

1. 样品处理

称取过0.25 mm筛相当于2.50 g烘干重的风干土样，置于250 mL三角瓶中，用移液管准确加入0.1 mol·$L^{-1}$焦磷酸钠和0.1 mol·$L^{-1}$氢氧化钠的混合液50.00 mL，振荡5 min，将橡皮塞套进瓶口，静置13 ~ 14 h（控制温度在20 ℃左右），随即摇匀进行干过滤，收集滤液（一定要清亮）。

2. 胡敏酸和富啡酸总碳量的测定

吸取滤液5.00 mL，移入150 mL三角瓶中，加3 mol·$L^{-1}$ $H_2SO_4$溶液调节pH值为7（约5滴），至溶液出现浑浊为止，置于水浴锅上蒸干。加0.8000 mol·$L^{-1}$（1/6 $K_2Cr_2O_7$）标准溶液5.00 mL，用注射筒迅速注入浓硫酸5 mL，盖上小漏斗，在沸水浴中加热15 min，冷却后加蒸馏水50 mL稀释，加邻菲罗啉指示剂3滴，用0.1 mol·$L^{-1}$硫酸亚铁滴定，同时做空白实验。

3. 胡敏酸（碳）量测定

吸取上述滤液20.00 mL于小烧杯中，置于沸水浴上加热，在玻璃棒搅拌下滴加3 mol·$L^{-1}$ $H_2SO_4$溶液酸化（约30滴），至有絮状沉淀析出为止，继续加热10 min，使胡敏酸完全沉淀。过滤，以0.01 mol·$L^{-1}$的$H_2SO_4$溶液洗涤滤纸和沉淀，洗至滤液无色为止（富啡酸完全洗去）。以热的0.02 mol·$L^{-1}$ NaOH溶液溶解沉淀，溶解液收集于150 mL三角瓶中（切忌使溶解液损失），如前法酸化，蒸干，测碳。（此时的土样重量相当于1 g。）

## 六、结果计算

（1）腐殖质（胡敏酸和富啡酸）总碳量（%）：

$$腐殖质（胡敏酸和富啡酸）总碳量（\%）=\frac{0.8\times5\times(V_0-V_1)\times\frac{0.003\times1.1}{V_0}}{W}\times100。\quad(3\text{–}3)$$

式中：$V_0$——5.00 mL 标准重铬酸钾溶液空白实验滴定的硫酸亚铁溶液体积（mL）；

$V_1$——待测液滴定用去的硫酸亚铁溶液体积（mL）；

$W$——吸取滤液相当的土样重（g）；

5——空白所用 $K_2Cr_2O_7$ 溶液体积（mL）；

0.8——1/6 $K_2Cr_2O_7$ 标准溶液的浓度；

0.003——碳毫摩尔质量 0.012 被反应中电子得失数 4 除得 0.003；

1.1——氧化校正系数（按平均回收率 92.6% 计算）。

（2）胡敏酸碳（%）：按上式计算。

（3）富啡酸碳（%）=腐殖质总碳（%）–胡敏酸碳（%）。

（4）HA/FA=胡敏酸碳（%）/富啡酸碳（%）。

## 七、注意事项

（1）在中和调节溶液 pH 值时，只能用稀酸，并不断用玻璃棒搅拌溶液，然后用玻璃棒蘸少许溶液放在 pH 试纸上，看其颜色，从而达到严格控制 pH 值。

（2）蒸干前必须将 pH 值调至 7，否则会引起碳损失。

（3）用本法提取的腐殖酸只包括胡敏酸和富啡酸的绝大部分，还有少量紧结态腐殖酸存在于残渣中，因此会使测得的腐殖酸总碳量偏低。

## 【思考题】

1. 土样消煮时为什么必须严格控制温度和时间？

2. 有机质由有机碳换算，为什么腐殖质用碳表示而不换算？

3. 测定腐殖质总量和胡敏酸时，都是蒸干后用 $K_2Cr_2O_7$ 氧化消煮进行测定，可否不蒸干测定？怎样测定？

# 实验 3.4　土壤阳离子交换量测定

## 一、目的意义

阳离子交换量（Cation Exchange Capacity，CEC）是指土壤胶体所能吸附的各种阳离子的总量，其数值以每千克土壤的厘摩尔数表示（$cmol \cdot kg^{-1}$）。阳离子交换量可作为评价土壤保肥能力的指标。阳离子交换量是土壤缓冲性能的主要来源，是改良土壤和合理施肥的重要依据。

本实验主要练习测定不同土壤的阳离子交换量。

## 二、乙酸铵法（适合于酸性和中性土壤）

### （一）方法原理

用乙酸铵溶液［$c$（$CH_3COONH_4$）=1.0 $mol \cdot L^{-1}$，pH 值为 7.0］反复处理土壤，使土壤成为 $NH_4^+$饱和土，然后用淋洗法或离心法将多余的乙酸铵用 95% 乙醇或 99% 异丙醇洗去后，用水将土壤洗入开氏瓶中，加固体氧化镁蒸馏。蒸馏出来的氨用硼酸吸收，然后用盐酸标准液滴定。根据 $NH_4^+$的量计算土壤阳离子交换量。

### （二）主要仪器

电动离心机（图 3-2）、开氏瓶（150 mL）、蒸馏装置。

图 3-2　电动离心机

### （三）试剂

（1）乙酸铵溶液：用水溶解 77.09 g 乙酸铵，加水稀释至近 1 ∶ 1（重量比），用氨水或稀乙酸调节 pH 值至 7.0，然后加水稀释至 1 L。

（2）95% 乙醇溶液或 99% 异丙醇溶液。

（3）液状石蜡。

（4）甲基红－溴甲酚绿混合指示剂：称取 0.099 g 溴甲酚绿和 0.066 g 甲基红于玛瑙研钵中，加入少量 95% 乙醇溶液，研磨至指示剂完全溶解为止，最后加 95% 乙醇溶液至 1 L。

（5）硼酸指示剂：20 g 硼酸溶于 1 L 水中。每升硼酸溶液中加入甲基红－溴甲酚绿混合指示剂 20 mL，并用稀酸或稀碱调至紫红色（葡萄酒色），此时该溶液的 pH 值为 4.5。

（6）0.05 mol · $L^{-1}$ 盐酸标准液：每升水中加入 4.5 mL 浓盐酸，充分混匀，用硼砂标定。

（7）pH 值 = 10 的缓冲液：67.5 g 氯化铵溶于无二氧化碳水中，加入新开瓶的浓氨水 570 mL，用水稀释至 1 ∶ 1，贮存于塑料瓶中，并注意防止吸入空气中的二氧化碳。

（8）KB 指示剂：0.5 g 酸性铬蓝钾和 1.0 g 萘酚绿 B，与 100 g 于 105 ℃烘过的氯化钠一同研细磨匀，贮于棕色瓶中。

（9）固体氧化镁：将氧化镁放在镍蒸发皿内，在 500 ~ 600 ℃高温电炉中灼烧 30 min，冷却后贮藏在密闭的玻璃皿中。

（10）纳氏试剂：134 g 氢氧化钾溶于 450 mL 水中，20 g 碘化钾溶于 50 mL 水中，加入约 3 g 碘化汞，使其溶解至饱和状态，然后将两溶液混合即成。

### （四）操作步骤

称取过 0.25 mm 筛的粉干土样 2.00 g（质地轻的土壤称取 5.00 g），放入 100 mL 离心管中，沿离心管加入少量乙酸铵溶液，用橡皮头玻璃棒搅拌土样，使其成为均匀的泥浆状态。再加入乙酸铵溶液，至总体积约 60 mL，并充分搅拌均匀，然后用乙酸铵溶液洗净橡皮头玻璃棒，溶液收入离心管内，3000 ~ 4000 r/min 离心 3 ~ 5 min，用乙酸铵溶液处理沉淀物，再次离心，如此处理 3 ~ 5 次（分离的上清液可用于测定交换性盐基）。

向载土的离心管中加入少量乙醇或异丙醇，用橡皮头玻璃棒搅拌土样，使其成为泥浆状态，再加乙醇或异丙醇约 60 mL，用橡皮头玻璃棒充分搅匀，以洗去土粒表面多余的乙酸铵，然后 3000 ~ 4000 r/min 离心 3 ~ 5 min，弃去乙醇或异丙醇。如此反复 3 ~ 4 次，直至最后一次乙醇或异丙醇溶液中无 $NH_4^+$ 为止，用纳氏试剂检查。

向离心管中加入少量水，并搅拌成糊状，用水把泥浆洗入 150 mL 开氏瓶中，并用橡皮头玻璃棒擦洗离心管内壁，使全部土壤转入开氏瓶内，加 2 mL 液状石蜡和 1 g 氧化镁，立即把开氏瓶装在蒸馏装置上。

将盛有 25 mL 硼酸指示剂吸收液的锥形瓶（250 mL）用缓冲管连接在冷凝管下端。通入蒸汽，随后摇动开氏瓶内容物使其混合均匀。蒸馏约 20 min，当馏出液约 80 mL 后，用纳氏试剂检查蒸馏是否完全（向馏出液内加 1 滴纳氏试剂，如无黄色反应，即表示蒸馏完全）。

将缓冲管连同锥形瓶内的吸收液一起取下，用水冲洗缓冲管的内外壁（洗入锥形瓶内），然后用盐酸标准液滴定。同时做空白实验。

### （五）结果计算

$$CEC\left(\mathrm{cmol}\cdot\mathrm{kg}^{-1}\right)=\frac{C\times\left(V-V_0\right)\times10^{-1}}{m}\times1000。\qquad(3\text{–}4)$$

式中：$CEC$——土壤阳离子交换量（$\mathrm{cmol}\cdot\mathrm{kg}^{-1}$）；

$c$——盐酸标准溶液的浓度（$\mathrm{mol}\cdot\mathrm{L}^{-1}$）；

$V$——盐酸标准溶液的用量（mL）；

$V_0$——空白实验盐酸标准溶液的用量（mL）；

$m$——土样的质量（g）；

$10^{-1}$——将 mmol 换算成 cmol 的系数；

1000——换算成每千克土的交换量。

### （六）允许偏差

土壤交换性能测定结果允许偏差如表 3－1 所示。

**表 3－1　土壤交换性能测定结果允许偏差（中华人民共和国国家标准，1987 年）**

| 测定值/（$\mathrm{cmol}\cdot\mathrm{kg}^{-1}$） | 绝对偏差/（$\mathrm{cmol}\cdot\mathrm{kg}^{-1}$） | 相对偏差/% |
|---|---|---|
| 30 ~ 20 | < 1 | 3 ~ 4 |
| 20 ~ 10 | < 0.8 | 4 ~ 5 |
| 10 ~ 5 | < 0.5 | 5 ~ 6 |
| 5 ~ 1 | < 0.3 | 6 ~ 9 |
| < 1 | < 0.1 | 9 ~ 15 |

### （七）注意事项

（1）如果没有离心机，也可改用淋洗法。

（2）检查钙离子的方法：取最后一次乙酸铵浸出液 5 mL 于试管中，加 pH 值=10 的缓冲液 1 mL，加少许 KB 指示剂。如溶液呈蓝色，表示无钙离子；如呈紫红色，表示有钙离子，需用乙酸铵继续浸提。

## 三、氯化钡–硫酸镁法（适用于高度风化酸性土壤）

### （一）方法原理

用 $Ba^{2+}$饱和土壤复合体，经 $Ba^{2+}$饱和的土壤用稀氯化钡液洗去大部分交换剂后，离心，再用定量的 $MgSO_4$ 标准溶液交换土壤复合体中的 $Ba^{2+}$。

$$x\text{土壤}Ba + yBaCl_2\text{（残留量）} + zMgSO_4 \rightleftharpoons x\text{土壤}Mg + yMgCl_2 + (z-x-y)MgSO_4 + (x+y)BaSO_4\downarrow$$

测定交换离心后上清液 $Mg^{2+}$的浓度，即可知 $Mg^{2+}$的残留量，用加入 $Mg^{2+}$的总量减去残留量即该样品的阳离子交换量。

### （二）主要仪器

原子吸收分光光度计、离心机、电导率仪。

### （三）试剂

（1）0.1 $mol \cdot L^{-1}$ 氯化钡交换剂：24.4 g $BaCl_2 \cdot 2H_2O$ 溶于水中，定容至 1 L。

（2）0.2 $mol \cdot L^{-1}$ 氯化钡平衡液：0.4889 g $BaCl_2 \cdot 2H_2O$ 溶于水中，定容至 1 L。用氢氧化钡或盐酸调节溶液 pH 值到 7 或规定 pH 值。

（3）0.01 $mol \cdot L^{-1}$ 1/2 $MgSO_4$ 溶液：1.232 g $MgSO_4 \cdot 7H_2O$ 溶于水中，定容至 1 L。

（4）0.003 $mol \cdot L^{-1}$ 1/2 $MgSO_4$ 离子强度参比溶液：0.3700 g $MgSO_4 \cdot 7H_2O$ 溶于水中，定容至 1 L。

### （四）操作步骤

称取 2.00 g 过 0.25 mm 筛的风干土样于已知重量的离心管中，加入 20 mL 氯化钡交换剂，用胶塞塞紧，振荡 2 h，离心，弃去上清液，连续 3 次用 20 mL 氯化钡平衡液平衡土壤，每次应使样品充分分散后振荡 1 h，离心，弃去上清液（尽量倒干并吸干外壁水滴），在感量 0.01 g 天平上称重，加入 10.00 mL 硫酸镁溶液，轻微振荡 1 h。在实验条件下，用硫酸镁溶液或蒸馏水调节悬浊液的电导率（以离子强度液作为参比），在轻微振荡下过夜。如果必要，可再次测定并调节电导率。准确称离心管（包括内容物）的重量，以确定加入硫酸镁离子强度参比液或水的体积。离心，收集清液，测定溶液的 pH 值，用原子吸收分光光度计测定 $Mg^{2+}$的浓度。

### （五）结果计算

（1）如果用水调节电导率：

$$CEC\ (\mathrm{cmol}\cdot\mathrm{kg}^{-1})=\frac{(0.1-c_1V_2)\times10^{-1}}{m}\times1000。\qquad(3\text{-}5)$$

（2）如果用硫酸镁调节电导率：

$$CEC\ (\mathrm{cmol}\cdot\mathrm{kg}^{-1})=\frac{(0.01V_1-c_1V_2)\times10^{-1}}{m}\times1000。\qquad(3\text{-}6)$$

式中：$CEC$——土壤阳离子交换量（$\mathrm{cmol}\cdot\mathrm{kg}^{-1}$）；

0.1——$10.00\ \mathrm{mL}\times0.005\ \mathrm{mol}\cdot\mathrm{L}^{-1}\times2$；

$c_1$——测得上清液 $Mg^{2+}$的浓度（$\mathrm{mol}\cdot\mathrm{L}^{-1}$）；

$V_1$——加入硫酸镁的体积和调节离子强度时加入硫酸镁的体积之和（mL）；

$V_2$——上清液最后的体积（mL）；

0.01——$0.005\ \mathrm{mol}\cdot\mathrm{L}^{-1}\times2$；

$m$——土样的质量（g）。

### （六）允许偏差

同乙酸铵法。

### （七）注意事项

（1）由于固定了平衡溶液 pH 值和离子强度，土液比例从 1∶5 至 1∶20 时，不会改变阳离子交换量。因此，可根据阳离子交换量决定称样重量。

（2）用称出的总重量减去离心管和样品的重量即可求出 $0.002\ \mathrm{mol}\cdot\mathrm{L}^{-1}$ 氯化钡的残留量及 $0.005\ \mathrm{mol}\cdot\mathrm{L}^{-1}$ 硫酸镁稀释后的体积。

（3）使用非缓冲的氯化钡和硫酸镁溶液是因为它们的离子强度（$\mu=0.006$）与高度风化的土壤溶液相似，可根据土壤的不同而改变溶液的离子强度。

（4）为使 $Mg^{2+}$能完全取代 $Ba^{2+}$，平衡过夜是必要的。

## 四、氯化铵–乙酸铵法（适用于石灰性土壤）

### （一）方法原理

土壤样品首先用氯化铵溶液加热处理，分解除去土壤中的碳酸钙，然后用乙酸铵交换法测定阳离子交换量。用氯化铵处理土壤时，对吸收复合体没有破坏作用，只破坏了碳酸钙。

### （二）主要仪器

电炉，其余仪器同乙酸铵法。

### （三）试剂

（1）氯化铵溶液：53.5 g 氯化铵溶于水中，稀释至 1 L。
（2）其他试剂同乙酸铵法。

### （四）操作步骤

称取过 0.25 mm 筛的风干土样 5.00 g，放入 200 mL 烧杯中，加入氯化铵溶液约 50 mL，盖上表面皿，放在电炉上低温煮沸，直到无氨味为止（如烧杯中剩余溶液较少而仍有氨味时，则补加一些氯化铵溶液继续煮沸）。烧杯内的土壤用氯化铵液洗入 100 mL 离心管中，3000 ~ 4000 r/min 离心 3 ~ 5 min，弃去上清液，以下操作同乙酸铵法。

### （五）结果计算

同乙酸铵法。

### （六）允许偏差

同乙酸铵法。

## 五、乙酸钠–火焰光度法（适用于石灰性土壤和盐碱土）

### （一）方法原理

用乙酸钠处理土壤，使土壤为 $Na^+$饱和，用 95% 乙醇或 99% 异丙醇洗去多余的乙酸钠，然后以 $NH_4^+$将交换性 $Na^+$交换下来，用火焰光度计测定溶液中 $Na^+$的浓度即可计算阳离子交换量。

### （二）主要仪器

离心机、火焰光度计（图 3–3）。

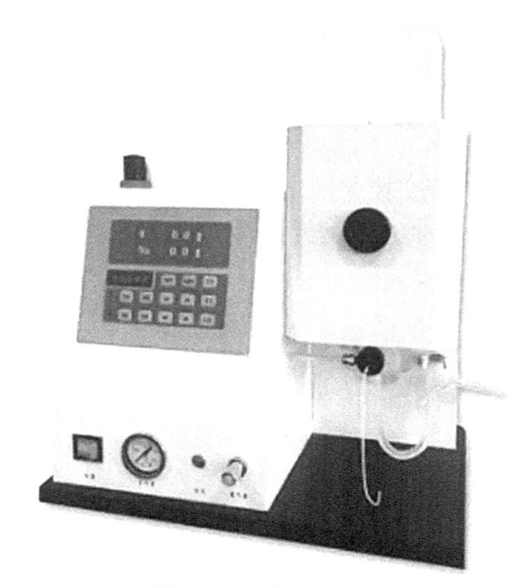

图 3-3 火焰光度计

## （三）试剂

（1）1 mol · $L^{-1}$ 乙酸钠溶液：称取 136 g $CH_3COONa \cdot 3H_2O$ 用水溶解，稀释至 1 L。此溶液 pH 值为 8.2，否则用稀 NaOH 溶液或乙酸调节 pH 值至 8.2。

（2）95% 乙醇溶液或 99% 异丙醇溶液。

（3）1 mol · $L^{-1}$ 乙酸铵溶液：77.09 g 乙酸铵用水溶解，稀释至近 1 ∶ 1（重量比），用氨水或稀乙酸调节 pH 值至 7.0，然后稀释至 1 L。

（4）钠标准液：称取 2.5423 g 氯化钠，用乙酸铵溶液溶解，定容至 1 L，即 1000 mg · $L^{-1}$ 钠标准液，然后用乙酸铵溶液分别稀释成 3、5、10、20、30、50 mg · $L^{-1}$ 标准液，贮于塑料瓶中。

## （四）操作步骤

称取过 0.25 mm 筛的风干土样 4.00 ~ 6.00 g（黏土 4.00 g，砂土 6.00 g）于 50 mL 离心管中，加乙酸钠溶液 33 mL，使各管重量一致，塞住管口，振荡 5 min，离心，弃去上清液。重复用乙酸钠提取 4 次，然后以同样方法用乙醇或异丙醇洗涤样品 3 次，最后依次尽量除尽洗涤液。

将上述土样加入乙酸铵 33 mL，用玻璃棒搅成泥浆，振荡 5 min，离心，将上清液小心倒入 100 mL 容量瓶中，按同样方法用乙酸铵溶液交换洗涤 2 次。收集的清液最后用乙酸铵溶液定容至 100 mL。用火焰光度计测定溶液中 $Na^+$ 的浓度，记录检流计读数，然后从工作曲线上查得钠的浓度，根据钠的浓度计算阳离子交换量。

### （五）结果计算

$$CEC（cmol \cdot kg^{-1}）= \frac{\rho \times V}{m \times 23.0 \times 10\,000} \times 1000。\quad（3-7）$$

式中：$CEC$——土壤阳离子交换量（$cmol \cdot kg^{-1}$）；

$\rho$——从工作曲线上查得的钠的浓度（$mg \cdot L^{-1}$）；

$V$——测读液的体积（mL）；

23.0——钠离子的摩尔质量（$g \cdot mol^{-1}$）；

$m$——土样的质量（m）。

### （六）允许偏差

同乙酸铵法。

### （七）注意事项

（1）由于盐碱土既含有石灰质又含有可溶性盐，在交换前必须称取可溶性盐。具体方法是：于载土样的离心管中加入一定量 50 ℃左右的 50% 乙醇溶液，搅拌样品，离心弃去清液，反复数次至用氯化钡检查时仅有微量 $SO_4^{2-}$ 为止，说明 $Na_2SO_4$ 已被洗净，仅剩 $CaSO_4$，对测定无碍。

（2）用乙酸钠溶液提取 4 次，第 4 次提取的钙和镁已很少，第 4 次液的 pH 值为 7.9 ~ 8.2，表示提取过程已基本完成。

## 实验 3.5　土壤水溶性盐总量测定

### 一、目的意义

土壤水溶性盐是盐碱土的一个重要属性，是限制作物生长的障碍因素。土壤水溶性盐含量过高会降低溶液的渗透势，抑制植物对水分的吸收，同时会产生离子毒害或营养失调。因此，土壤水溶性盐总量是判别土壤盐渍化程度及植物生长适应性的重要依据，也可以作为盐碱土分类和利用改良的依据。通过测定土壤水溶性盐分，可为在盐碱土开垦利用过程中进行盐害诊断和落实改良措施提供重要依据。

## 二、电导法

### （一）方法原理

将土壤中的水溶性盐以一定的水土比浸提到水中，而后测定浸出液的浓度。纯水是电流的一个极不良的导体，而土壤水溶性盐溶解在水中，离解成离子，则能导电。土壤水浸液中盐分浓度越大，溶液的导电能力也越大。导电能力用电导率表示。土壤水浸液中盐分的浓度与该溶液的电导率呈正相关。因此，可用已知土壤的含盐量与其相应的电导率做标准曲线，然后用电导仪测定未知土壤浸液的电导率，查标准曲线，即可得未知土壤的盐分含量。

### （二）主要仪器

电导仪（图 3-4）、天平、振荡机、500 mL 三角瓶、100 mL 三角瓶、500 mL 量筒、漏斗、滤纸。

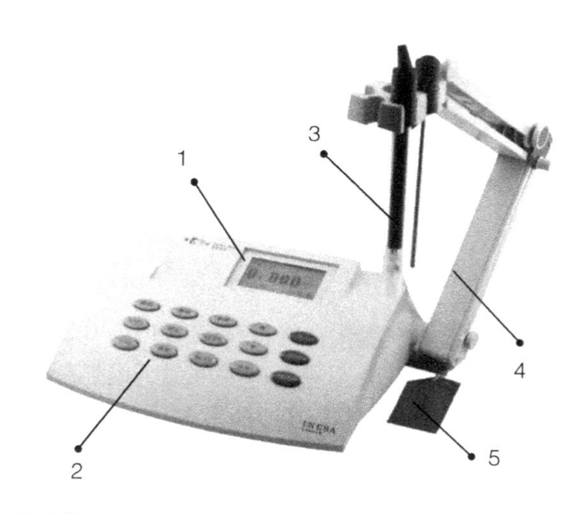


1. 显示屏；2. 键盘；3. 电极；4. 多功能电极架；5. 合格证。

图 3-4　电导仪

### （三）试剂

（1）0.01 mol · $L^{-1}$ 氯化钾溶液：称取一级纯氯化钾（KCl）0.7455 g，溶于蒸馏水中，并在 25 ℃时加水至 1000 mL。该溶液是参比溶液，在 25 ℃时其电导率为 1.413 mS · $cm^{-1}$。

（2）5% 氯化钾溶液：称取一级纯氯化钾（KCl）5 g，溶于 100 mL 蒸馏水中。

### （四）操作步骤

1. 浸提液的制备

用天平称取通过 1 mm 筛的风干土样 60 g，放入 500 mL 干净的三角瓶中，加入蒸馏水 300 mL，加塞，振荡 3 min，倒入漏斗中过滤，或用布氏漏斗（图 3－5）抽滤，滤液承接于干燥的三角瓶中（若有混浊，必须重复过滤直至清亮为止），至全部滤完（若土样黏性过强难以过滤，可加入 4% 明胶 5 mL，使土壤胶粒凝聚，加快过滤速度）。并将滤液摇匀，留供以下测定。

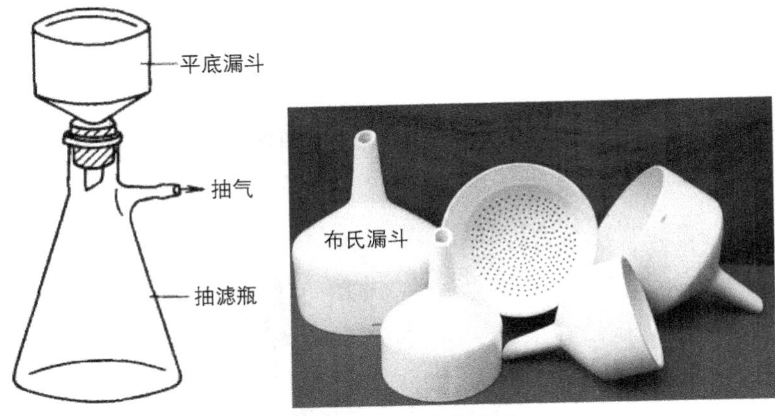


图 3－5　减压过滤装置

2. 水溶性盐浓度的测定

（1）绘制标准曲线：以标准 5% 氯化钾溶液配制 0.1%、0.2%、0.3%、0.4%、0.5%、1%、2%、3%、4%、5% 系列溶液，分别测量电导率值，绘制标准曲线。

（2）待测液的测定：用电导仪测量待测液的电导率值，然后通过标准曲线查得待测液的盐分含量 。

### （五）注意事项

（1）在测定样品时，每个样品的读数必须重复 2 ~ 3 次，一个样品测完，将电极用蒸馏水洗净，然后用下一个样品的浸出液洗涤，再进行测量。

（2）测量时如电极常数未知，则用以下方法测得：选用 0.01 mol · $L^{-1}$ KCl 标准溶液，溶液温度为 25 ℃，设置高周档，把量程开关扳至 $10^3$ 红线处，选测量开关，把电极常数调至 1.0 位置，调节调节器使红字读数（下刻度）在 1.41 处，把测量开关扳至校正位置，调节电极常数使电表指示于满度，记下电极常数指示的读数，即该电极的电极常数（每一小格为 0.02）。

（3）水 ∶ 土 =5 ∶ 1。

### （六）结果计算

$$土壤全盐量（\%）=水浸出液盐分含量（\%）\times 水土比例。 \quad (3-8)$$

## 【思考题】

1. 土壤水溶性盐分主要指哪些？
2. 用电导法测定土壤水溶性盐总量时的注意事项有哪些？

## 三、残渣烘干法

### （一）方法原理

土壤样品与水按一定的水土比例（5 ：1）混合，经过一定时间（3 min）振荡后，将土壤中的水溶性盐分提取到溶液中，然后将水土混合液进行过滤，滤液可作为水溶性盐分测定的待测液。吸取一定量的待测液放在瓷蒸发皿中，在水浴上蒸干，用过氧化氢去除有机质后，放在 105 ~ 110 ℃烘箱中烘干，称重，即得烘干残渣质量，然后计算出土壤水溶性盐的含量。

### （二）主要仪器

电子天平、烘箱、水浴锅、振荡机、500 mL 三角瓶（或大口塑料瓶）、陶瓷蒸发皿、真空泵、布氏漏斗、250 mL 三角瓶、250 mL 量筒、漏斗、滤纸。

### （三）试剂

（1）150 $g \cdot L^{-1}$ $H_2O_2$（15% $H_2O_2$）：市售的一般是 30% 的过氧化氢，15% 的过氧化氢近似为 1 ：1，精确的话要考虑 30% 过氧化氢的密度（约 1.1 $g \cdot cm^{-3}$）。大体上，1 份水加 0.91 份 30% 的过氧化氢，混合均匀即可。

（2）无 $CO_2$ 蒸馏水：将蒸馏水煮沸 10 min 左右，密封后再冷却至室温即可。必须在使用前配制，不宜放置太久。

### （四）操作步骤

（1）浸提液的制备：称取通过 1 mm 筛孔的风干土样 50 g，放入 500 mL 干净的三角瓶（或大口塑料瓶）中，准确加入 250 mL 无 $CO_2$ 蒸馏水，加塞，振荡机振荡或用手摇 3 min。

（2）振荡后立即抽气过滤，滤液承接于干燥的三角瓶中（若有混浊，必须重复过滤直至清亮为止），开始滤出的10 mL滤液弃去，至全部滤完后，将滤液摇匀，加塞备用。

（3）用万分之一天平称量事先已烘干过的100 mL陶瓷蒸发皿的质量（$m_0$）。吸取土壤浸出液20 ~ 50 mL（根据盐分质量取样，一般应使盐分质量在0.02 ~ 0.2 g）放在100 mL陶瓷蒸发皿内，在水浴上蒸干（亦可用砂浴），近干时如发现有黄褐色物质，不必取下蒸发皿，用滴管沿蒸发皿四周滴加150 g · $L^{-1}$ $H_2O_2$，使残渣湿润，继续蒸干，如此反复用 $H_2O_2$ 处理，使有机质完全氧化，直至残渣完全变白为止。

（4）用滤纸擦干瓷蒸发皿外部，放入105 ~ 110 ℃烘箱中烘干4 h，然后移至干燥器中冷却到室温（20 ~ 30 min），称重，记下质量（$m_1$）。

（5）将蒸发皿和残渣再次放入烘箱烘干2 h，取出至干燥器中冷却到室温（20 ~ 30 min），称重，直至前后两次质量之差不大于0.3 mg，记下质量（$m_1$）。

## （五）结果计算

$$\text{土壤水溶性盐总量}（g \cdot kg^{-1}）= \frac{(m_1 - m_0) \times ts}{m} \times 100。 \quad (3\text{-}9)$$

式中：$m_1$——蒸发皿+残渣的烘干质量（g）；

$m_0$——蒸发皿的烘干质量（g）；

$m$——风干土质量（g）；

$ts$——分取倍数（浸提液总体积与吸取浸出液体积之比）；

1000——换算成每千克含盐量。

我国滨海盐土的分级标准如表3-2所示。

表3-2　我国滨海盐土的分级标准

| 盐分总量/（g · $kg^{-1}$） | 盐土类型 |
|---|---|
| 1.0 ~ 2.0 | 轻度盐化土 |
| 2.0 ~ 4.0 | 中度盐化土 |
| 4.0 ~ 6.0 | 强度盐化土 |
| > 6.0 | 盐土 |

## （六）注意事项

（1）吸取土壤浸出液的多少，应以含盐量多少而定。含盐量> 5.0 g · $kg^{-1}$，吸取25 mL；含盐量< 5.0 g · $kg^{-1}$，吸取50 mL或100 mL，保持盐分量在0.02 ~ 0.2 g。过多会因某些盐类吸水，不易称至恒重，过少则误差太大。

（2）水土比例直接影响土壤水溶性盐分的提取，因此，提取的水土比例不要随便更改，否则分析结果无法对比。通常采用水土比例为 5 ∶ 1。

（3）加 $H_2O_2$ 去除有机质时，只要达到残渣湿润即可，这样可以避免由于 $H_2O_2$ 分解时泡沫过多，使盐分溅失，因此，必须少量多次地反复处理，直至残渣完全变白为止。但溶液中有铁存在而出现红色氧化铁时，不可误认为是有机质的颜色。

（4）由于盐分（特别是镁盐）在空气中容易吸水，故应在相同的时间和条件下冷却、称重。

（5）经实验证明，水土作用 2 min 后，即可使土壤中可溶性的氯化盐、碳酸盐与硫酸盐等全部溶入水中，如果延长作用时间，将有硫酸钙和碳酸钙等进入溶液。因此，建议采用振荡 3 min 立即过滤的方法，振荡和放置时间越长，对水溶性盐的分析结果误差也越大。

（6）空气中的 $CO_2$ 及蒸馏水中溶解的 $CO_2$ 都会影响碳酸钙、碳酸镁和硫酸钙的溶解度，相应地影响着水浸出液的盐分含量。因此，必须使用无 $CO_2$ 蒸馏水来提取样品。

（7）待测液不能放置过长时间（一般不得超过 1 d），否则会影响钙、碳酸根和重碳酸根的测定。

（8）蒸干时的温度不能过高，否则会因沸腾而使溶液遭到损失，特别当接近蒸干时，更应注意。在水浴上蒸干可避免这种现象。

（9）因水溶性盐分组成比较复杂，在 105 ~ 110 ℃烘干后，由于钙、镁的氯化物吸湿水解，以及钙、镁的硫酸盐中仍含结晶水，因此不能得出较正确的结果。如遇此种情况，可加入 10 mL 2% ~ 4% 的碳酸钠溶液，以便在蒸干过程中使钙、镁的氯化物及硫酸盐都转变为碳酸盐及氯化钠、硫酸钠等，这样蒸干后在 150 ~ 180 ℃下烘干 2 ~ 3 h 即可称至恒重。所加入的碳酸钠量应从盐分总量中减去。

## 【思考题】

1. 吸取土壤浸出液的多少应以盐分的多少而定，如果含盐量＞ 5.0 $g \cdot kg^{-1}$，吸取多少土壤浸出液？

2. 加 $H_2O_2$ 去除有机质时，只要达到残渣湿润即可，必须少量多次地反复处理，直至什么时候为止？

3. 残渣烘干法测定土壤水溶性盐总量时的水土比是多少？

4. 为什么必须使用无 $CO_2$ 蒸馏水来提取土壤样品？

5. 蒸干瓷蒸发皿里的待测液时，温度为什么不能过高？

# 实验 3.6　土壤水溶性盐组分测定

## 一、目的意义

土壤水溶性盐对作物生长的影响大小，不仅与土壤水溶性盐总量有关，还与盐分组成的类型有关。土壤水溶性盐主要由 8 种阴、阳离子组成，其中 4 种阳离子是 $Ca^{2+}$、$Mg^{2+}$、$K^{+}$、$Na^{+}$，4 种阴离子是 $Cl^{-}$、$SO_4^{2-}$、$CO_3^{2-}$、$HCO_3^{-}$。盐分的离子组成不同，对作物的危害程度也不同。在不同盐分中，以 $Na_2CO_3$ 的危害最大，其次是氯化物，氯化物又以 $MgCl_2$ 的毒害作用较大，另外，$Cl^{-}$和 $Na^{+}$的作用也不一样。就作物本身而言，不同的作物及同一种作物不同生育期的耐盐能力也不一样。因此，在盐渍土的改良、利用规划、保苗及作物正常生长中，除了要经常和定期测定土壤和地下水中的含盐量外，还要测定盐分的组成。

## 二、钙和镁的测定

$Ca^{2+}$和 $Mg^{2+}$的测定主要采用原子吸收光谱法。国内 $Ca^{2+}$和 $Mg^{2+}$的测定中也普遍应用EDTA 滴定法，它可不经分离而同时测定钙、镁含量，符合准确和快速分析的要求。同时，该方法也可以和硫酸根离子的测定（EDTA 间接络合滴定法）配合使用。

### （一）EDTA 滴定法

1. 方法原理

EDTA 能与许多金属，如 Mn、Cu、Zn、Ni、Co、Ba、Sr、Ca、Mg、Fe、Al 等的离子起配合反应，形成微离解的无色稳定性配合物。但在土壤水溶液中，除 $Ca^{2+}$和 $Mg^{2+}$外，能与 EDTA 络合的其他金属离子的数量极少，可不考虑，因而可用 EDTA 在 pH 值 = 10 时直接测定 $Ca^{2+}$和 $Mg^{2+}$的数量。

干扰离子加掩蔽剂消除，待测液中 Mn、Fe、Al 等金属含量多时，可加三乙醇胺溶液掩蔽。1 ∶ 5 的三乙醇胺溶液 2 mL 能掩蔽 5 ~ 10 mg Fe、10 mg Al 和 4 mg Mn。

当待测液中含有大量 $CO_3^{2-}$或 $HCO_3^{-}$时，应预先酸化，加热除去 $CO_2$，否则用 NaOH 溶液调节待测溶液至 pH 值 = 12 以上时会有 $CaCO_3$ 沉淀形成，用 EDTA 滴定时，会由于 $CaCO_3$ 逐渐离解而使滴定终点拖长。

单独测定 $Ca^{2+}$时，如果待测液含 $Mg^{2+}$超过 $Ca^{2+}$的 5 倍，用 EDTA 滴 $Ca^{2+}$时应先稍加过量的 EDTA，使 $Ca^{2+}$先和 EDTA 配合，防止碱化时形成的 $Mg(OH)_2$ 沉淀对 $Ca^{2+}$吸附。最后再用 $CaCl_2$ 标准溶液回滴过量 EDTA。

单独测定 $Ca^{2+}$时，使用的指示剂有紫脲酸铵、钙红指示剂（NN）或酸性铬蓝 K 等。测定 $Ca^{2+}$、$Mg^{2+}$含量时，使用的指示剂有铬黑 T、酸性铬蓝 K 等。

2. 主要仪器

磁力搅拌器、10 mL 半微量滴定管。

3. 试剂

（1）4 mol・$L^{-1}$ 的氢氧化钠溶液：溶解氢氧化钠 40 g 于水中，稀释至 250 mL，贮于塑料瓶中备用。

（2）铬黑 T 指示剂：溶解铬黑 T 0.2 g 于 50 mL 甲醇中，贮于棕色瓶中备用，此液每月配制 1 次；或者溶解铬黑 T 0.2 g 于 50 mL 二乙醇胺中，贮于棕色瓶中，这样配制的溶液比较稳定，可用数月；或者称铬黑 T 0.5 g 与干燥分析纯 NaCl 100 g 共同研细，贮于棕色瓶中，用毕即刻盖好，可长期使用。

（3）酸性铬蓝 K 和萘酚绿 B 混合指示剂（KB 指示剂）：称取酸性铬蓝 K 0.5 g 和萘酚绿 B 1 g，与干燥分析纯 NaCl 100 g 共同研磨成细粉，贮于棕色瓶或塑料瓶中，用毕即刻盖好，可长期使用。或者称取酸性铬蓝 K 0.1 g 和萘酚绿 B 0.2 g，溶于 50 mL 水中备用，此液每月配制 1 次。

（4）浓 HCl（化学纯，$\rho$=1.19 g・$mL^{-1}$）。

（5）1 ∶ 1 HCl（化学纯）：取 1 份盐酸加 1 份水。

（6）pH 值=10 缓冲液：称取氯化铵（化学纯）67.5 g 溶于无 $CO_2$ 的水中，加入新开瓶的浓氨水（化学纯，密度 0.9 g・$mL^{-1}$，含氨 25%）570 mL，用水稀释至 1 L，贮于塑料瓶中，并注意防止吸收空气中的 $CO_2$。

（7）0.01 mol・$L^{-1}$ Ca 标准溶液：准确称取在 105 ℃下烘 4 ~ 6 h 的分析纯 $CaCO_3$ 0.5004 g，溶于 25 mL 0.5 mol・$L^{-1}$ HCl 中，煮沸除去 $CO_2$，用无 $CO_2$ 蒸馏水洗入 500 mL 量瓶，并稀释至刻度。

（8）0.01 mol・$L^{-1}$ EDTA 标准溶液：取 EDTA 二钠盐 3.720 g 溶于无 $CO_2$ 的蒸馏水中，微热溶解，冷却定容至 1000 mL。用标准 $Ca^{2+}$溶液标定，贮于塑料瓶中备用。

4. 测定步骤

（1）钙的测定。吸取 1 ∶ 5 土壤浸出液或水样 10 ~ 20 mL（含 Ca 0.02 ~ 0.2 mol）放在 150 mL 烧杯中，加 1 ∶ 1 HCl 2 滴，加热 1 min，除去 $CO_2$，冷却，将烧杯放在磁力搅拌器上，杯下垫一张白纸，以便观察颜色变化。

向此液中加入 3 滴 4 mol・$L^{-1}$ 的 NaOH，用以中和 HCl，然后每 5 mL 待测液再加 1 滴 NaOH 和适量 KB 指示剂，搅动以便 $Mg(OH)_2$ 沉淀。

用 EDTA 标准溶液滴定，其终点由紫红色至蓝绿色。当接近终点时，应放慢滴定速度，5 ~ 10 s 加 1 滴。如果无磁力搅拌器时应充分搅动，谨防滴定过量，否则会得不到准确终点。记下 EDTA 用量（$V_1$）。

（2）$Ca^{2+}$和 $Mg^{2+}$含量的测定。吸取土壤浸出液或水样 10 ~ 20 mL（每份含 Ca 和 Mg 0.01 ~ 0.1 mol）放在 150 mL 烧杯中，加 1 ∶ 1 HCl 2 滴摇动，加热至沸 1 min，除去 $CO_2$，冷却。加 3.5 mL pH 值=10 缓冲液，加 1 ~ 2 滴铬黑 T 指示剂，用 EDTA 标准

溶液滴定，终点颜色由深红色至天蓝色，如加 KB 指示剂，则终点颜色由紫红色至蓝绿色，记录消耗的 EDTA 用量（$V_2$）。

5. 结果计算

$$土壤水溶性钙（1/2\ Ca^{2+}）含量（cmol·kg^{-1}）=\frac{c（EDTA）\times V_1\times 2\times ts}{m}\times 100，\quad（3-10）$$

$$土壤水溶性钙（Ca^{2+}）含量（g·kg^{-1}）=\frac{c(EDTA)\times V_1\times 2\times ts\times 0.04}{m}\times 1000，\quad（3-11）$$

$$土壤水溶性镁（1/2\ Mg^{2+}）含量（cmol·kg^{-1}）=\frac{c（EDTA）\times（V_2-V_1）\times 2\times ts}{m}\times 100，\quad（3-12）$$

$$土壤水溶性镁（Mg^{2+}）含量（g·kg^{-1}）=\frac{c（EDTA）\times（V_2-V_1）\times 2\times ts\times 0.0244}{m}\times 1000。\quad（3-13）$$

式中：$V_1$——滴定 $Ca^{2+}$时所用的 EDTA 的体积（mL）；

$V_2$——滴定 $Ca^{2+}$、$Mg^{2+}$含量时所用的 EDTA 的体积（mL）；

$c$（EDTA）——EDTA 标准溶液的浓度（$mol·L^{-1}$）；

$ts$——分取倍数；

$m$——烘干土样的质量（g）。

6. 注意事项

（1）以钙红为指示剂滴定 $Ca^{2+}$时，溶液的 pH 值应维持在 12 ~ 14，这时 $Mg^{2+}$已沉淀为 $Mg(OH)_2$，不会妨碍 $Ca^{2+}$的滴定。所用的 NaOH 中不可含有 $Na_2CO_3$，以防 $Ca^{2+}$被沉淀为 $CaCO_3$。待测液碱化后不宜久放，滴定必须及时进行，否则溶液会吸收 $CO_2$ 以至析出 $CaCO_3$ 沉淀。

（2）当 $Mg^{2+}$较多时，往往会使 $Ca^{2+}$测定结果偏低，因为 $Mg(OH)_2$ 沉淀时会携带一些 $Ca^{2+}$，被吸附的 $Ca^{2+}$在到达变色点后又能逐渐进入溶液而自行恢复红色。遇此情况应补加少许 EDTA 溶液，并计入 $V_1$ 中，加入蔗糖能阻止 $Ca^{2+}$随 $Mg(OH)_2$ 沉淀，可获得较好的结果。

（3）如有大量 $Mg^{2+}$存在时（$Mg^{2+}:Ca^{2+}>5$），为准确滴定 $Ca^{2+}$，应先加稍过量的 EDTA，使其与 $Ca^{2+}$形成配位化合物，然后碱化，这样就只有纯 $Mg(OH)_2$ 沉淀而不

包藏 $Ca^{2+}$。此后再用 $CaCl_2$ 标准液回滴过剩的 EDTA，由 EDTA 净用量计算 $Ca^{2+}$量。

（4）如果土壤浸出液中所含 Mn、Fe、Al、Ti 等金属的离子浓度很低，一般可不必使用掩蔽剂。如果 Mn 离子稍多，在碱性溶液中指示剂易被氧化褪色，加入盐酸羟胺或抗坏血酸等还原剂可防止其氧化；如果 Fe、Al 等离子稍多，它们能封闭指示剂，可用三乙醇胺等掩蔽。

（5）以铬黑 T 为指示剂滴定 $Ca^{2+}$、$Mg^{2+}$ 含量时，溶液的 pH 值应当准确维持在 10，pH 值太低或太高都会使终点不敏锐，从而导致结果不准确。

（6）由于 Mg－铬黑 T 螯合物与 EDTA 的反应在室温时不能瞬间完成，故近终点时必须缓慢滴定，并充分摇动，否则易过终点。如果将滴定溶液加热至 50 ~ 60 ℃（其他条件同上），则可以用常速进行滴定。

### （二）原子吸收分光光度法

1. 方法原理

原子吸收分光光度法是基于光源（空心阴极灯）发出具有待测元素的特征谱线的光，通过试样所产生的原子蒸气被蒸气中待测元素的基态原子吸收，透射光进入单色器，经分光再照射到检测器上，产生直流电讯号，电讯号经放大器放大后，就可从读数器（或记录器）读出（或记录）吸收值。在一定的实验条件下，吸收值与待测元素浓度的关系服从比尔定律，因此，测定吸收值就可求出待测元素的浓度。

2. 主要仪器

原子吸收分光光度计（附 Ca、Mg 空心阴极灯）（图 3－6）。

图 3－6　原子吸收分光光度计

3. 试剂

（1）50 g · $L^{-1}$ $LaCl_3 \cdot 7H_2O$ 溶液：称 $LaCl_3 \cdot 7H_2O$ 13.40 g 溶于 100 mL 水中，此为 50 g · $L^{-1}$ 镧溶液。

（2）100 μg·mL⁻¹ Ca标准溶液：称取$CaCO_3$（分析纯，110 ℃烘4 h）2.5000 g溶于1 mol·L⁻¹ HCl溶剂中，煮沸赶去$CO_2$，用水洗入1000 mL容量瓶中，定容。此溶液Ca浓度为1000 μg·mL⁻¹，再稀释成100 μg·mL⁻¹ Ca标准溶液。

（3）25 μg·mL⁻¹Mg标准溶液：称金属镁（化学纯）0.1000 g溶于少量6 mol·L⁻¹ HCl溶剂中，用水洗入1000 mL容量瓶中，此溶液Mg浓度为100 μg·mL⁻¹，再稀释成25 μg·mL⁻¹ Mg标准溶液。

将以上两种标准溶液配制成Ca、Mg混合标准溶液系列，Ca的含量为0～20 μg·mL⁻¹，Mg的含量为0～1.0 μg·mL⁻¹。

4. 测定步骤

吸取一定量的1∶5土壤浸出液于50 mL容量瓶中，加50 g·L⁻¹ $LaCl_3$溶液5 mL，用去离子水定容。在选择工作条件的原子吸收分光光度计上分别在422.7 nm（$Ca^{2+}$）及285.2 nm（$Mg^{2+}$）波长处测定吸收值。可用自动进样系统或手控进样，读取记录标准溶液和待测液的结果，并在标准曲线上查出（或用回归法求出）待测液的测定结果。在批量测定中，应按照一定时间间隔用标准溶液校正仪器，以保证测定结果的正确性。

5. 结果计算

$$土壤水溶性钙（Ca^{2+}）含量（g \cdot kg^{-1}）=\frac{\rho（Ca^{2+}）\times 50 \times ts \times 10^{-3}}{m}, \quad (3\text{-}14)$$

$$土壤水溶性钙（1/2\ Ca^{2+}）含量（cmol \cdot kg^{-1}）=\frac{Ca^{2+}含量（g \cdot kg^{-1}）}{0.020}, \quad (3\text{-}15)$$

$$土壤水溶性镁（Mg^{2+}）含量（g \cdot kg^{-1}）=\frac{\rho（Mg^{2+}）\times 50 \times ts \times 10^{-3}}{m}, \quad (3\text{-}16)$$

$$土壤水溶性镁（1/2\ Mg^{2+}）含量（cmol \cdot kg^{-1}）=\frac{Mg^{2+}含量（g \cdot kg^{-1}）}{0.0122}。 \quad (3\text{-}17)$$

式中：$\rho$（$Ca^{2+}$）或$\rho$（$Mg^{2+}$）——钙或镁的质量浓度（μg·mL⁻¹）；

$ts$——分取倍数（土壤浸出液总体积与土壤浸出液吸取体积之比）；

50——待测液体积（mL）；

0.020和0.0122——$1/2Ca^{2+}$和$1/2Mg^{2+}$的摩尔质量（kg·mol⁻¹）；

$m$——土壤样品的烘干质量（g）。

6. 注意事项

（1）待测液的浓度应稀释到符合该元素的工作范围内，测定$Ca^{2+}$、$Mg^{2+}$的灵敏度不一样，必要时必须分别吸取不同体积的待测液稀释后测定。

（2）原子吸收分光光度法测定$Ca^{2+}$和$Mg^{2+}$时所用的谱线波长、灵敏度和工作范围、工作条件，如空心阴极电流、空气和乙炔的流量和流量比、燃烧石高度、狭缝宽度等必须根据仪器型号、待测元素的种类和干扰离子的存在情况等通过实验测试来选定。待测液中干扰离子的影响必须设法消除，否则会降低灵敏度，或造成严重误差。测 $Ca^{2+}$时主要的干扰离子有 $PO_4^{3-}$、$SiO_3^{2-}$、$SO_4^{2-}$，其次为 Al、Mn、Mg、Cu 等离子，Fe 离子的干扰较小；测 $Mg^{2+}$时干扰较少，仅 $SiO_3^{2-}$和 Al 离子有干扰，$SO_4^{2-}$稍有影响。$Ca^{2+}$和 $Mg^{2+}$测定时，上述干扰都可以用释放剂 $LaCl_3$ 或 $SrCl_2$（终浓度为 1000 mg · $L^{-1}$）有效地消除。

（3）$Mg^{2+}$ 浓度＞ 1000 mg · $L^{-1}$ 时，会使 $Ca^{2+}$ 的测定结果偏低，$Na^+$、$K^+$、$NO_3^-$ 浓度在 500 mg · $L^{-1}$ 以上则均无干扰。

## 三、钾和钠的测定

土壤水溶性盐分分析中，$K^+$和 $Na^+$的测定普遍采用火焰光度法。

### （一）方法原理

K、Na 元素通过火焰燃烧容易激发出不同能量的谱线，用火焰光度计进行测定，可确定土壤溶液中 $K^+$、$Na^+$的含量。为抵消 $K^+$、$Na^+$二者的相互干扰，可把 $K^+$、$Na^+$配成混合标准溶液。待测液中的 $Ca^{2+}$对于 $K^+$干扰不大，但对 $Na^+$影响较大。当 $Ca^{2+}$达 400 mg · $kg^{-1}$ 时，对 $K^+$测定无影响，而 $Ca^{2+}$在 20 mg · $kg^{-1}$ 时对 $Na^+$就有干扰，可用 $Al_2(SO_4)_3$ 抑制 $Ca^{2+}$ 的激发以减少干扰，其他如 $Fe^{3+}$ 在 200 mg · $kg^{-1}$、$Mg^{2+}$ 在 500 mg · $kg^{-1}$ 时，对 $K^+$、$Na^+$测定皆无干扰，在一般情况下（特别是水浸出液）上述元素未达到此限。

### （二）主要仪器

火焰光度计。

### （三）试剂

（1）0.1 mol · $L^{-1}$左右的 1/6 $Al_2(SO_4)_3$溶液：称取 $Al_2(SO_4)_3$ 34 g 或 $Al_2(SO_4)_3 \cdot 18H_2O$ 66 g 溶于水中，稀释至 1 L。

（2）K 标准溶液：称取在 105 ℃烘干 4 ~ 6 h 的分析纯 KCl 1.9069 g 溶于水中，定容至 1000 mL，则含 K 1000 μg · $mL^{-1}$，吸取此液 100 mL，定容至 1000 mL，则得 100 μg · $mL^{-1}$ K 标准溶液。

（3）Na 标准溶液：称取在 105 ℃烘干 4 ~ 6 h 的分析纯 NaCl 2.542 g 溶于水中，定容至 1000 mL，则含 Na 1000 μg · $mL^{-1}$，吸取此液 250 mL，定容至 1000 mL，则得 250 g · $mL^{-1}$ Na 标准溶液。

将 K、Na 两种标准溶液按照需要配成不同浓度和比例的混合标准溶液（如将 K 100 μg · $mL^{-1}$ 和 Na 250 μg · $mL^{-1}$ 标准溶液等量混合，则得 K 50 μg · $mL^{-1}$ 和 Na 125

$\mu g \cdot mL^{-1}$ 的混合标准溶液），贮存在塑料瓶中备用。

### （四）测定步骤

吸取 1 ∶ 5 土壤浸出液 10 ~ 20 mL，放入 50 mL 容量瓶中，加 $Al_2(SO_4)_3$ 溶液 1 mL，定容 。然后在火焰光度计上测试（每测一个样品都要用水或待测液清洗喷雾系统），记录检流计读数，利用标准曲线回归方程计算出它们的浓度。

标准曲线的制作：吸取 $K^+$、$Na^+$ 混合标准溶液 0、2、4、6、8、10、12、16、20 mL，分别移入 9 个 50 mL 容量瓶中，加 $Al_2(SO_4)_3$ 1 mL，定容，则分别得到含 $K^+$ 为 0、2、4、6、8、10、12、16、20 $\mu g \cdot mL^{-1}$ 和 含 $Na^+$ 为 0、5、10、15、20、25、30、40、50 $\mu g \cdot mL^{-1}$ 的系列标准溶液。

用上述系列标准溶液在火焰光度计上用各自的滤光片分别测出 $K^+$和 $Na^+$在检流计上的读数。以 $K^+$、$Na^+$浓度为横坐标，以检流计读数为纵坐标，求出回归方程。

### （五）结果计算

$$\text{土壤水溶性钾}(K^+)\text{含量}(g \cdot kg^{-1}) = \frac{\rho(K^+) \times 50 \times ts \times 10^{-3}}{m}, \tag{3-18}$$

$$\text{土壤水溶性钾}(K^+)\text{含量}(cmol \cdot kg^{-1}) = \frac{K^+\text{含量}(g \cdot kg^{-1})}{0.039}, \tag{3-19}$$

$$\text{土壤水溶性钠}(Na^+)\text{含量}(g \cdot kg^{-1}) = \frac{\rho(Na^+) \times 50 \times ts \times 10^{-3}}{m}, \tag{3-20}$$

$$\text{土壤水溶性钠}(Na^+)\text{含量}(cmol \cdot kg^{-1}) = \frac{Na^+\text{含量}(g \cdot kg^{-1})}{0.023}。 \tag{3-21}$$

式中：$\rho(K^+)$ 或 $\rho(Na^+)$ ——钾或钠的质量浓度（$\mu g \cdot mL^{-1}$）；

$ts$——分取倍数（土壤浸出液总体积与土壤浸出液吸取体积之比）；

50——待测液体积（mL）；

0.039 和 0.023——$K^+$和 $Na^+$的摩尔质量（$kg \cdot mol^{-1}$）；

$m$—— 土壤样品的烘干质量（g）。

### （六）注意事项

盐渍土中 K 的含量一般都很低。$Ca^{2+}/K^+ > 10$ 时，$Ca^{2+}$有干扰。$Ca^{2+}$对 $Na^+$干扰较大，通常在待测液中含 $Ca^{2+}$超过 20 $mL \cdot L^{-1}$ 时就有干扰，随着 $Ca^{2+}$含量的增加，干扰随之加大。$Mg^{2+}$一般不影响 $Na^+$的测定，除非 $Mg^{2+}/Na^+ > 100$。

## 四、碳酸根和重碳酸根的测定——双指示剂中和滴定法

在盐土中常有大量$HCO_3^-$，而在盐碱土或碱土中不仅有$HCO_3^-$，也有$CO_3^{2-}$。在盐碱土或碱土中很少发现$OH^-$，但在地下水或受污染的河水中有$OH^-$存在。由于淋洗作用而使$Ca^{2+}$或$Mg^{2+}$在土壤下层形成$CaCO_3$和$MgCO_3$，或者$CaSO_4 \cdot 2H_2O$和$MgSO_4 \cdot H_2O$沉淀，致使土壤上层$Ca^{2+}$、$Mg^{2+}$减少，$Na^+/(Ca^{2+}+Mg^{2+})$比值增大，土壤胶体对$Na^+$的吸附增多，会导致碱土形成，同时土壤中会出现$CO_3^{2-}$。这是因为土壤胶体吸附的钠水解形成NaOH，而NaOH又吸收土壤空气中的$CO_2$形成$Na_2CO_3$，因而$CO_3^{2-}$和$HCO_3^-$是盐碱土或碱土中的重要成分。

$$\text{土壤}-Na^+ + H_2O \longleftrightarrow \text{土壤}-H^+ + NaOH$$

$$2NaOH + CO_2 \longrightarrow Na_2CO_3 + H_2O$$

$$Na_2CO_3 + CO_2 + H_2O \longleftrightarrow 2NaHCO_3$$

$HCO_3^-$和$CO_3^{2-}$目前仍主要采用滴定法测定。

### （一）方法原理

土壤水浸出液的碱度主要取决于碱金属和碱土金属的碳酸盐及重碳酸盐。溶液中同时存在碳酸根和重碳酸根时，可以应用双指示剂进行滴定。

$$Na_2CO_3 + HCl = NaHCO_3 + NaCl \text{（pH 值}=8.3\text{ 为酚酞终点）}$$

$$Na_2CO_3 + HCl = NaCl + CO_2 + H_2O \text{（pH 值}=4.1\text{ 为溴酚蓝终点）}$$

由标准酸的两步用量可分别求得土壤中$CO_3^{2-}$和$HCO_3^-$的含量。滴定时标准酸如果采用$H_2SO_4$，则滴定后的溶液可以继续测定$Cl^-$的含量。对于质地黏重、碱度较高或有机质含量高的土壤，会使溶液带有黄棕色，终点很难确定，可采用电位滴定法（采用电位指示滴定终点）。

### （二）试剂

（1）$5\ g \cdot L^{-1}$酚酞指示剂：称取酚酞指示剂0.5 g，溶于100 mL $600\ mL \cdot L^{-1}$的乙醇中。

（2）$1\ g \cdot L^{-1}$溴酚蓝指示剂：称取溴酚蓝0.1 g，在少量$950\ mL \cdot L^{-1}$的乙醇中研磨溶解，然后用乙醇稀释至100 mL。

（3）$0.01\ mol \cdot L^{-1}\ 1/2\ H_2SO_4$标准溶液：量取浓$H_2SO_4$（$\rho=1.84\ g \cdot mL^{-1}$）2.8 mL加水至1 L，将此溶液稀释10倍，再用标准硼砂标定其准确浓度。

### （三）测定步骤

吸取两份10～20 mL土水比为1∶5的土壤浸出液，放入100 mL的烧杯中。把烧杯放在磁力搅拌器上搅拌，或用其他方式搅拌，加酚酞指示剂1～2滴（每10 mL加指

示剂 1 滴），如果有紫红色出现，即表示有碳酸盐存在，用 $H_2SO_4$ 标准溶液滴定至浅红色刚一消失即终点，记录所用 $H_2SO_4$ 溶液的体积（$V_1$）。

溶液中再加溴酚蓝指示剂 1 ~ 2 滴（每 5 mL 加指示剂 1 滴），在搅拌中继续用标准 $H_2SO_4$ 滴定至终点，即蓝紫色刚褪去，记录加溴酚蓝指示剂后所用 $H_2SO_4$ 标准溶液的体积（$V_2$）。

### （四）结果计算

$$\text{土壤中水溶性 } 1/2CO_3^{2-} \text{含量（cmol·kg}^{-1}\text{）} = \frac{2V_1 \times c \times ts \times 100}{m}, \quad (3\text{–}22)$$

$$\text{土壤中水溶性 } CO_3^{2-} \text{含量（g·kg}^{-1}\text{）} = 1/2\,CO_3^{2-} \text{含量（cmol·kg}^{-1}\text{）} \times 0.0300, \quad (3\text{–}23)$$

$$\text{土壤中水溶性 } HCO_3^{-} \text{含量（cmol·kg}^{-1}\text{）} = \frac{(V_2 - V_1) \times c \times ts \times 100}{m}, \quad (3\text{–}24)$$

$$\text{土壤中水溶性 } HCO_3^{-} \text{含量（g·kg}^{-1}\text{）} = HCO_3^{-} \text{含量（cmol·kg}^{-1}\text{）} \times 0.061。 \quad (3\text{–}25)$$

式中：$c$——$1/2H_2SO_4$ 标准溶液的浓度（$mol \cdot L^{-1}$）；

$V_1$——滴定 $CO_3^{2-}$ 所用 $H_2SO_4$ 标准溶液的体积（mL）；

$V_2$——滴定 $HCO_3^-$ 所用 $H_2SO_4$ 标准溶液的体积（mL）；

$ts$——分取倍数（土壤浸出液总体积与土壤浸出液吸取体积之比）；

$m$——土壤样品的烘干质量（g）；

0.0300——（$1/2\,CO_3^{2-}$）的摩尔质量（$kg \cdot mol^{-1}$）；

0.061——$HCO_3^-$ 的摩尔质量（$kg \cdot mol^{-1}$）。

## 五、氯离子的测定——硝酸银滴定法（莫尔法）

土壤中普遍含有 $Cl^-$，它的来源有许多方面，但在盐碱土中它的来源主要是含氯矿物的风化、地下水的供给、海水浸漫等方面。由于 $Cl^-$ 在盐土中含量很高，有时高达水溶性盐总量的 80% 左右，所以常被用来表示盐土的盐化程度，作为盐土分类和改良的主要参考指标。因而盐土分析中，$Cl^-$ 是必须测定的项目之一，甚至有些情况下只测定 $Cl^-$ 就可以判断土壤的盐化程度。

$Cl^-$ 测定通常采用滴定法、选择性离子电极法、比色法和离子色谱法。其中，滴定法应用较为普遍，但目前的测试技术越来越倾向于离子色谱法和等离子发射光谱法。

### （一）方法原理

以 $K_2CrO_4$ 为指示剂的硝酸银滴定法（莫尔法）是测定 $Cl^-$ 离子较常用的方法。该方法简便快速，滴定在中性或微酸性介质中进行，尤其适用于盐渍化土壤中 $Cl^-$的测定，待测液如有颜色可用电位滴定法。用 $AgNO_3$ 标准溶液滴定 $Cl^-$是以 $K_2CrO_4$ 为指示剂，其反应如下：

$$Cl^- + Ag^+ \longrightarrow AgCl\downarrow（白色）$$

$$CrO_4^{2-} + 2Ag^+ \longrightarrow Ag_2CrO_4（棕红色）$$

AgCl 和 $Ag_2CrO_4$ 虽然都是沉淀，但在室温下，AgCl 的溶解度（$1.5\times10^{-3}\,g\cdot L^{-1}$）比 $Ag_2CrO_4$ 的溶解度（$2.5\times10^{-2}\,g\cdot L^{-1}$）小，所以当溶液中加入 $AgNO_3$ 时，$Cl^-$首先与 $Ag^+$作用形成白色的 AgCl 沉淀，当溶液中的 $Cl^-$全被 $Ag^+$沉淀后，$Ag^+$就与 $K_2CrO_4$ 指示剂作用，形成棕红色的 $Ag_2CrO_4$ 沉淀，视为滴定终点。

用 $AgNO_3$ 滴定 $Cl^-$时应在中性溶液中进行，因为在酸性环境中会发生以下反应：

$$CrO_4^{2-} + H^+ \longrightarrow HCrO_4^-$$

因而降低了 $K_2CrO_4$ 指示剂的灵敏性，如果在碱性环境中则：

$$Ag^+ + OH^- \longrightarrow AgOH\downarrow$$

而 AgOH 饱和溶液中的 $Ag^+$浓度比 $Ag_2CrO_4$ 饱和溶液中的小，所以 AgOH 将先于 $Ag_2CrO_4$ 沉淀出来，因此，会造成虽达 $Cl^-$的滴定终点而无棕红色沉淀出现，这样就会影响 $Cl^-$的测定，所以用测定 $CO_3^{2-}$和 $HCO_3^-$后的溶液进行 $Cl^-$的测定比较合适。在黄色光下滴定，终点更易辨别。如果从苏打盐土中提出的浸出液颜色发暗，不易辨别终点颜色变化时，可用电位滴定法代替。

### （二）试剂

（1）0.02 $moL\cdot L^{-1}$ 硝酸银标准溶液：将 105 ℃烘干的 $AgNO_3$ 3.398 g 溶解于水中，稀释至 1 L。必要时用 0.01 $moL\cdot L^{-1}$ 氯化钠溶液标定其准确浓度。

（2）5% 铬酸钾指示剂：称取 5.0 g 铬酸钾（$K_2CrO_4$）溶解于约 40 mL 水中，滴加 1 $moL\cdot L^{-1}$ $AgNO_3$ 溶液，直到出现棕红色的 $Ag_2CrO_4$ 沉淀为止，避光放置 24 h，过滤除去 $Ag_2CrO_4$ 沉淀，滤液稀释至 100 mL，贮于棕色瓶中备用。

### （三）测定步骤

用滴定碳酸盐和重碳酸盐以后的溶液继续滴定 $Cl^-$。如果不用这个溶液，可另取两份新的 1 ∶ 5 土壤浸出液，用饱和 $NaHCO_3$ 溶液或 0.05 $mol\cdot L^{-1}$ $H_2SO_4$ 溶液调至酚酞指示剂红色褪去。

吸取 1 ∶ 5 土水比的土壤浸提液 25 mL，放入 150 mL 三角瓶中，滴加 5% 铬酸钾指示剂 8 滴，在磁力搅拌器上用 $AgNO_3$ 标准溶液滴定。无磁力搅拌器时，滴加 $AgNO_3$ 时应随时搅拌或摇动，直到刚好出现棕红色沉淀不再消失为止。记录消耗硝酸银标准溶液的体积（$V$）。

取 25 mL 蒸馏水，同法做空白实验，记录消耗硝酸银标准溶液的体积（$V_0$）。

### （四）结果计算

$$\text{土壤中 } Cl^- \text{含量}(cmol \cdot kg^{-1}) = \frac{(V-V_0) \times c \times ts \times 100}{m}, \quad (3-26)$$

$$\text{土壤中 } Cl^- \text{的含量}(g \cdot kg^{-1}) = Cl^- \text{含量}(cmol \cdot kg^{-1}) \times 0.035\,45。 \quad (3-27)$$

式中：$V$——待测液消耗的 $AgNO_3$ 标准液的体积（mL）；

$V_0$——空白实验消耗的 $AgNO_3$ 标准液的体积（mL）；

$ts$——分取倍数（土壤浸出液总体积与土壤浸出液吸取体积之比）；

$m$——土壤样品的烘干质量（g）；

$c$——$AgNO_3$ 摩尔浓度（$mol \cdot L^{-1}$）；

0.035 45——$Cl^-$的摩尔质量（$kg \cdot mol^{-1}$）。

### （五）注意事项

（1）铬酸钾指示剂用量的多少与滴定终点到来的迟早有关。根据计算，以 25 mL 待测液加 8 滴铬酸钾指示剂为宜。

（2）在滴定过程中，当溶液出现稳定的棕红色时，$Ag^+$的用量已经稍有超过，因此，滴定终点的颜色不宜过深。

（3）硝酸银滴定法测定 $Cl^-$时，待测液的 pH 值应在 6.5 ~ 10.0。因铬酸钾能溶于酸，溶液的 pH 值不能低于 6.5；若 pH 值＞ 10，则会生成氧化银黑色沉淀。如溶液 pH 值不在适宜的滴定范围内，可于滴定前用稀 $NaHCO_3$ 溶液调节。

（4）滴定过程中生成的 AgCl 沉淀容易吸附 $Cl^-$，使溶液中的 $Cl^-$浓度降低，以致未到终点即过早产生棕红色 $Ag_2CrO_4$ 沉淀，故滴定时需不断剧烈摇动，使被吸附的 $Cl^-$释出。待测液如有颜色致使滴定终点难以判断时，可改用电位滴定法测定。

## 六、硫酸根的测定

在干旱地区的盐土中，易溶性盐往往以硫酸盐为主。硫酸根分析是水溶性盐分析中比较烦琐的一个项目。重量法、比浊法、滴定法和比色法都是测定土壤浸提液中 $SO_4^{2-}$较为常用的方法。经典方法是硫酸钡沉淀称重法，但由于操作烦琐而妨碍了其广泛使用。近几十年来，滴定方法不断发展，特别是 EDTA 滴定法的出现有取代重量法的趋势。同 $Cl^-$一样，越来越多的实验室开始应用离子色谱法和等离子发射光谱法测定 $SO_4^{2-}$。下面主要介绍 EDTA 间接络合滴定法和硫酸钡比浊法。

### （一）EDTA 间接络合滴定法

1. 方法原理

用过量氯化钡将溶液中的硫酸根完全沉淀。为了防止 $BaCO_3$ 沉淀的产生，在加入

$BaCl_2$溶液之前，待测液必须酸化，同时加热至沸以赶出$CO_2$，趁热加入$BaCl_2$溶液以促进$BaSO_4$沉淀，形成较大颗粒。

过量$Ba^{2+}$连同待测液中原有的$Ca^{2+}$和$Mg^{2+}$，在pH值=10时，以铬黑T为指示剂，用EDTA标准溶液滴定。为了使终点明显，应添加一定量的镁。用加入钡镁所消耗EDTA的量（用空白标定求得）和同体积待测液中原有$Ca^{2+}$、$Mg^{2+}$所消耗EDTA的量之和减去待测液中原有$Ca^{2+}$、$Mg^{2+}$及与$SO_4^{2-}$作用后剩余钡及镁所消耗EDTA的量，即消耗于沉淀$SO_4^{2-}$的$Ba^{2+}$的量，从而可求出$SO_4^{2-}$的含量。如果待测液中$SO_4^{2-}$浓度过大，则应减少用量。

2. 试剂

（1）1∶1盐酸溶液：1份浓盐酸（HCl，$\rho \approx 1.19\ g \cdot mL^{-1}$，化学纯）与等量水混合。

（2）钡镁混合液：称$BaCl_2 \cdot 2H_2O$（化学纯）2.44 g和$MgCl_2 \cdot 6H_2O$（化学纯）2.04 g溶于水中，稀释至1 L，此溶液中$Ba^{2+}$和$Mg^{2+}$的浓度各为0.01 $mol \cdot L^{-1}$，每毫升约可沉淀$SO_4^{2-}$ 1 mg。

（3）pH值=10的缓冲溶液：称取氯化铵（$NH_4Cl$，分析纯）67.5 g溶于去$CO_2$蒸馏水中，加入浓氨水（含$NH_3$ 25%）570 mL，用水稀释至1 L。贮于塑料瓶中，注意防止吸收空气中的$CO_2$。

（4）0.02 $mol \cdot L^{-1}$ EDTA标准溶液：称取乙二胺四乙酸二钠7.440 g，溶于无$CO_2$的蒸馏水中，定容至1 L。标定后贮于塑料瓶中备用。

（5）铬黑T指示剂：称取0.5 g铬黑T与100 g烘干的氯化钠，共研至极细，贮于棕色瓶中。

3. 测定步骤

（1）吸取25 mL土水比为1∶5的土壤浸出液于150 mL三角瓶中，加1∶1盐酸溶液2滴，加热至沸，趁热用移液管缓缓地准确加入过量25%～100%的钡镁混合液（5～20 mL），继续微沸3 min，然后放置2 h后，加入pH值=10缓冲溶液5 mL，加铬黑T指示剂1小勺（约0.1 g）。摇匀后立即用EDTA标准溶液滴定至溶液由酒红色突变为纯蓝色（如果终点前颜色太浅，可补加一些指示剂）。记录消耗EDTA标准溶液的体积（$V_1$）。

（2）空白标定：吸取与以上所吸待测液等量的蒸馏水于150 mL三角瓶中，其余操作与上述待测液测定相同。记录消耗EDTA标准溶液的体积（$V_0$）。

（3）土壤浸出液中钙镁含量的测定：如$Ca^{2+}$和$Mg^{2+}$已测（EDTA滴定法），可免去此步骤。吸取同体积的待测液于150 mL三角瓶中，加1∶1盐酸溶液2滴，充分摇动，煮沸1 min赶去$CO_2$，冷却后加pH值=10缓冲溶液4 mL，加铬黑T指示剂1小勺（约0.1 g）。用EDTA标准溶液滴定至溶液由酒红色突变为纯蓝色即终点。记录消耗EDTA标准溶液的体积（$V_2$）。

4. 结果计算

土壤中水溶性 1/2 $SO_4^{2-}$含量（$cmol \cdot kg^{-1}$）$=\dfrac{c(V_0+V_2-V_1)\times ts\times 2\times 100}{m}$，（3-28）

土壤中水溶性 $SO_4^{2-}$含量（$g \cdot kg^{-1}$）=1/2 $SO_4^{2-}$含量（$cmol \cdot kg^{-1}$）×0.0480。（3-29）

式中：$V_1$——待测液中原有 $Ca^{2+}$、$Mg^{2+}$及 $SO_4^{2-}$作用后剩余钡镁所消耗的总 EDTA 溶液的体积（mL）；

$V_0$——空白实验所消耗的 EDTA 溶液的体积（mL）；

$V_2$——同体积待测液中原有 $Ca^{2+}$、$Mg^{2+}$所消耗的 EDTA 溶液的体积（mL）；

$c$——EDTA 标准溶液的浓度（$mol \cdot L^{-1}$）；

$ts$——分取倍数（土壤浸出液总体积与土壤浸出液吸取体积之比）；

$m$——土壤样品的烘干质量（g）；

0.0480——1/2 $SO_4^{2-}$的摩尔质量（$kg \cdot mol^{-1}$）。

5. 注意事项

（1）此法测定 $SO_4^{2-}$时，试液中 $SO_4^{2-}$的浓度不宜大于 200 $mg \cdot L^{-1}$。因此，当 $SO_4^{2-}$大于 8 mg 时，应酌量减少浸出液的用量，稀释。若吸取的土壤待测液中 $SO_4^{2-}$含量过高，可能会出现加入的 $Ba^{2+}$不能将 $SO_4^{2-}$沉淀完全。此时滴定值表现为 $V_2+V_0-V_1 \approx V_0/2$，应将土壤待测液的吸取量减少，重新滴定，以使 $V_2+V_0-V_1 < V_0/2$。但测定 $Ca^{2+}$、$Mg^{2+}$含量的待测液吸取量也要相应改变。

（2）加入钡镁混合液后，若生成的 $BaSO_4$ 沉淀很多，影响滴定终点的观察，可以用滤纸过滤，并用热水少量多次洗涤至无 $SO_4^{2-}$，滤液再用来滴定。

## （二）硫酸钡比浊法

1. 方法原理

在一定条件下，向试液中加入氯化钡（$BaCl_2$）晶粒，使之与 $SO_4^{2-}$形成的硫酸钡（$BaSO_4$）沉淀分散成较稳定的悬浊液，用比色计或比浊计测定其浊度（吸光度）。同时绘制工作曲线，由未知浊液的浊度查曲线，即可求得 $SO_4^{2-}$浓度小于 40 $mg \cdot mL^{-1}$ 的试液中的 $SO_4^{2-}$浓度。

2. 主要仪器

量勺（容量 0.3 $cm^3$，盛 1.0 g 氯化钡）、分光光度计或比浊计。

3. 试剂

（1）$SO_4^{2-}$标准溶液：硫酸钾（分析纯，110 ℃烘 4 h）0.1814 g 溶于水，定容至 1 L，此溶液含 $SO_4^{2-}$ 100 $\mu g \cdot mL^{-1}$。

（2）稳定剂：氯化钠（分析纯）75.0 g 溶于 300 mL 水中，加入 30 mL 浓盐酸和 950 $mL \cdot L^{-1}$ 乙醇 100 mL，再加入 50 mL 甘油，充分混合均匀。

（3）氯化钡晶粒：氯化钡（$BaCl_2 \cdot 2H_2O$，分析纯）结晶磨细过筛，取粒度在

0.25 ~ 0.5 mm 的晶粒备用。

4. 测定步骤

（1）根据预测结果，吸取 1 ：5 土壤浸出液 25 mL（$SO_4^{2-}$浓度在 40 μg · $mL^{-1}$ 以上的，应减少用量，并用纯水准确稀释至 25 mL），放入 50 mL 锥形瓶中。准确加入 1 mL 稳定剂和 1.0 g 氯化钡晶粒（可用量勺量取），立即转动锥形瓶并至晶粒完全溶解为止。将上述浊液在 15 min 内于 420 nm 或 480 nm 处进行比浊（比浊前必须逐个摇匀浊液）。用同一土壤浸出液（25 mL 中加 1 mL 稳定剂，不加氯化钡）调节比浊（色）计吸收值“0”点，或测读吸收值后在土样浊液吸收值中减去，从工作曲线上查得比浊液中的 $SO_4^{2-}$含量（mg · $25mL^{-1}$）。记录测定时的室温。

（2）工作曲线的绘制：分别准确吸取含 $SO_4^{2-}$ 100 μg · $mL^{-1}$ 的标准溶液 0、1、2、4、6、8、10 mL，放入 25 mL 容量瓶中，加水定容，即成为 0、0.1、0.2、0.4、0.6、0.8、1.0 mg · $25mL^{-1}$ 的 $SO_4^{2-}$标准系列溶液。按上述与待测液相同的步骤，加 1 mL 稳定剂、1 g 氯化钡晶粒显浊，测读吸收值后绘制工作曲线。

测定土样和绘制工作曲线时，必须严格按照规定的沉淀和比浊条件操作，以免产生较大的误差。

5. 结果计算

$$\text{土壤中水溶性 } SO_4^{2-}\text{含量（g} \cdot \text{kg}^{-1}\text{）} = \frac{\rho \times ts \times 1000}{m}, \quad (3\text{-}30)$$

$$\text{土壤中水溶性 } 1/2\ SO_4^{2-}\text{含量（cmol} \cdot \text{kg}^{-1}\text{）} = SO_4^{2-}\text{含量（g} \cdot \text{kg}^{-1}\text{）}/0.0480。\quad (3\text{-}31)$$

式中：$\rho$（$SO_4^{2-}$）——待测液中 $SO_4^{2-}$的质量浓度（mg · $25mL^{-1}$）；

$ts$——分取倍数（土壤浸出液总体积与土壤浸出液吸取体积之比）；

$m$——相当于分析时所取浸出液体积的干土质量（mg）；

0.0480——1/2 $SO_4^{2-}$的摩尔质量（kg · $mol^{-1}$）。

# 实验 3.7 土壤酸碱度测定

## 一、测定意义

土壤酸碱度是土壤的重要化学性质之一，直接影响到土壤胶体的带电性和解离度，对土壤养分的存在状态、转化和有效性，以及土壤中的生物化学过程（包括酶活性、微生物与植物生长）都有巨大的影响，同时，土壤的酸度还反映了母质风化和土壤形成过程的特征。因此，测定土壤的酸碱度是研究土壤发生发展及其肥力状况的重要项目之一，在农业生产上有重要的应用价值。

土壤酸碱度通常是以土壤溶液中氢离子活度的负对数，即 pH 值表示（$pH=-lg[H^+]$）。

不同的土壤，其 pH 值差异很大，按照 pH 值的高低，将土壤划分为不同的反应等级，各级可能的游离成分参考表 3-3。

表 3-3　不同反应土壤中可能的游离成分

| 土壤反应分级 | 强酸性 | 酸性 | 微酸性 | 中性 | 碱性 | 强碱性 |
|---|---|---|---|---|---|---|
| 土壤 pH 值 | < 4 | 4 ~ 5.5 | 5.5 ~ 6.5 | 6.5 ~ 7.5 | 7.5 ~ 8.5 | > 8.5 |
| 土壤中可能存在的成分 | 游离硫酸，大量活性铁、铝 | 交换性铝 | 交换性氢，有机酸 | 盐基饱和，交换性钙为主 | 盐基饱和，有碳酸钙，可能有石膏、芒硝和其他易溶性与交换性 $Na^+$ | 盐基饱和，有游离碳酸钠，交换性 $Na^+$ 含量高 |

土壤酸碱度的测定方法有电位法和比色法两种，电位法精度高，比色法快速简便。

## 二、电位法

### （一）测定原理

用无 $CO_2$ 的蒸馏水提取出土壤中水溶性的氢离子，用 $H^+$ 敏感电极（常用玻璃电极）作为指示电极与饱和甘汞电极（参比电极）配对，插入待测液，构成一个测量电池（图 3-7）。该电池的电动势 $E$ 随溶液中 $H^+$ 或 $OH^-$ 的浓度变化而变化，二者的关系符合伦斯特方程，如下：

$$Eh=E_0+\frac{0.059}{n}\log\frac{（氧化态）}{（还原态）}-0.059\text{pH}。\qquad（3\text{-}32）$$

上式的意义为：每当 $[H^+]$ 改变 10 倍，电动势就改变 59 mv（25 ℃）；$[H^+]$ 上升，电动势也上升。若将 $[H^+]$ 改用 pH 值 $[-\lg(H^+)]$ 表示，则每上升 1 个 pH 单位，电动势下降 59 mv（25 ℃）；每上升 0.1 个 pH 单位，则电动势下降 5.9 mv（25 ℃）。

酸度计算根据上述原理设计，可以直接从仪器上读出 pH 值。由于上述方程与温度有关，测量时注意调节温度补偿旋钮。

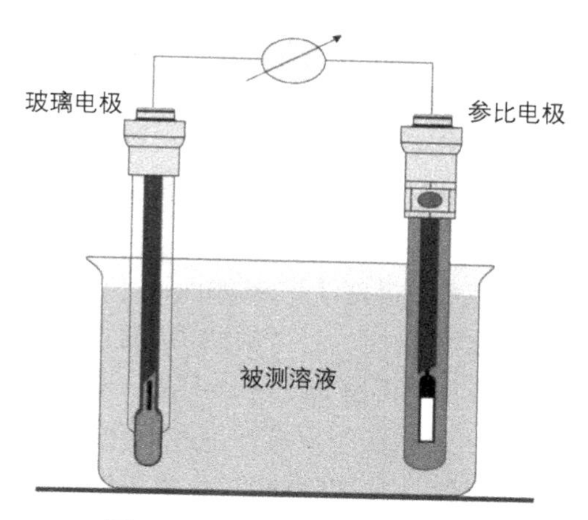


图 3-7 酸度计工作原理示意

## （二）主要仪器

pH 酸度计、小烧杯、量筒。

## （三）试剂

（1）pH 值 =4.01 标准缓冲液：称取经 105 ℃烘干 2 ~ 3 h 的苯二钾酸氢钾（分析纯）10.21 g，用蒸馏水溶解，稀释定容至 1000 mL，即 pH 值 =4.01、浓度为 0.05 $mol \cdot L^{-1}$ 的苯二钾酸氢钾溶液。

（2）pH 值 =6.85 标准缓冲液：称取经 120 ℃烘干 2 ~ 3 h 的磷酸二氢钾（分析纯）3.39 g 和无水磷酸氢二钠（分析纯）3.53 g，溶于蒸馏水中，定容至 1000 mL。

（3）pH 值 =9.18 标准缓冲液：称 3.80 g 硼砂（分析纯）溶于无 $CO_2$ 的蒸馏水中，定容至 1000 mL，此溶液的 pH 值容易发生变化，应注意保存。

（4）氯化钙溶液［$c(CaCl_2 \cdot 2H_2O) = 0.01\ mol \cdot L^{-1}$］：147.02 g 氯化钙（$CaCl_2 \cdot 2H_2O$，分析纯）溶于 200 mL 水中，定容至 1 L，吸取 10 mL 于 500 mL 烧杯中，加 400 mL 水，用少量氢氧化钙或盐酸调节 pH 值为 6 左右，然后定容至 1 L。

（5）1 $mol \cdot L^{-1}$ 氯化钾溶液：称取氯化钾 74.6 g，溶于 400 mL 蒸馏水中，用 10% 氢氧化钾和盐酸调节 pH 值至 5.5 ~ 6.0，然后稀释至 1 L。

## （四）操作步骤

1. 待测液的制备

称取通过 2 mm 筛孔的风干土样 10.00 g 于 50 mL 高型烧杯中，加入 25 mL 无 $CO_2$ 的水或氯化钙溶液［试剂（4），中性、石灰性或碱性土测定用］。用玻璃棒剧烈搅动 1 ~ 2 min，静置 30 min，此时应避免空气中氨或挥发性酸气体等的影响，然后用 pH 计测定。

2. 仪器校正

把电极插入与土壤浸提液 pH 值接近的标准缓冲溶液中，使标准溶液的 pH 值与仪器标度上的 pH 值一致。然后移出电极，用水冲洗、滤纸吸干后插入另一标准缓冲溶液中，检查仪器的读数。最后移出电极，用水冲洗、滤纸吸干后待用。

3. 测定

把玻璃电极的球泡浸入待测土样的下部悬浊液中，并轻微摇动，然后将饱和甘汞电极插在上部清液中。待读数稳定后，记录待测液 pH 值。每个样品测完后，立即用水冲洗电极，并用干滤纸将水吸干再测定下一个样品。在较为精确的测定中，每测定 5 ~ 6 个样品后，需要将饱和甘汞电极的顶端在饱和氯化钾溶液中浸泡一下，以保持顶端部分被氯化钾溶液所饱和，然后用标准缓冲溶液重新校正仪器。

### （五）结果计算与允许偏差

一般的 pH 计可直接读出 pH 值，不需要换算。两次称样平行测定结果的允许差为 0.1；室内严格掌握测定条件和方法时，精密 pH 计的允许差可降至 0.02（中华人民共和国国家标准，1987 年）。

### （六）注意事项

1. pH 计的使用

参照仪器说明书。

2. 使用玻璃电极的注意事项

（1）干放的电极使用前应在盐酸溶液［$c$（KCl）=0.1 mol · $L^{-1}$］或蒸馏水中浸泡 12 h 以上，使之活化。

（2）使用时应先轻轻震动电极内的溶液，至球体部分无气泡为止。

（3）电极球泡极易破损，使用时必须仔细谨慎，最好加用套管保护。

（4）电极不用时可保存在水中，如长期不用可在纸盒内干放。

（5）玻璃电极表面不能沾有油污，忌用浓硫酸或铬酸洗液清洗玻璃电极表面。不能在强碱及含氟化物介质中或黏土等体系中停放过久，以免损坏电极或引起电极反应迟钝。

3. 使用饱和甘汞电极的注意事项

（1）电极应随时由电极测口补充饱和氯化钾溶液和氯化钾固体。不用时可以存放在饱和氯化钾溶液中或前端用橡皮套套紧存放。

（2）使用时要将电极测口的小橡皮塞拔下，让氯化钾溶液维持一定的流速。

（3）电极不要长时间浸在被测溶液中，以防止流出的氯化钾污染待测液。

（4）不要直接接触能侵蚀汞和甘汞的溶液，如浓度大的 $S^{2-}$溶液，此时应改用双液接的盐桥，在外套管内灌注氯化钾溶渡。也可用琼脂盐桥，琼脂盐桥的制备：称取优等琼脂 3 g 和氯化钾（分析纯）10 g，放于 150 mL 烧杯中，加水 100 mL，在水浴上加热溶解。再用滴管将溶化了的琼脂溶液灌注于直径 4 mm 的 U 形管中，中间要没有气泡，两端要灌满，然后浸在氯化钾溶液［$c$（KCl）= 1.0 mol · $L^{-1}$］中。

4. 测定酸性土壤（包括潜性酸）pH 值时的注意事项

可用氯化钾溶液［$c$（KCl）= 1.0 mol · $L^{-1}$］代替无 $CO_2$ 的蒸馏水，其他操作步骤均与水浸提液相同。

5. 测定 pH 值时的注意事项

（1）土壤不要磨得过细，以通过 2 mm 孔径筛为宜。样品不立即测定时，最好贮存于有磨口的标本瓶中，以免受到大气中氨和其他气体的影响。

（2）加水或氯化钙后的平衡时间对测得的土壤 pH 值是有影响的，且随土壤类型而异。平衡快者，1 min 即达平衡；慢者可长至 1 h。一般来说，平衡 30 min 是合适的。

（3）pH 玻璃电极插入土壤悬液后应轻微摇动，以除去玻璃表面的水膜，加速平衡，这对缓冲性弱和 pH 值较高的土壤尤为重要。

（4）饱和甘汞电极最好插在上部清液中，以减少由于土壤悬液影响液接电位而造成的误差。

（5）土水比对土壤 pH 值有影响。一般分析采用的土水比为 1 ∶ 2.5 ~ 1 ∶ 1.0，本实验中采用的是 1 ∶ 2.5。

## 三、简易比色法

### （一）方法原理

利用某些有机色素随着溶液氢离子浓度不同而呈现不同颜色的性能，即可对土壤溶液的 pH 值进行快速测定。

### （二）主要仪器

比色盘、标准比色卡、骨匙等。

### （三）试剂

混合指示剂一：称取溴甲酚绿 0.2 g、溴甲酚紫 0.1 g、甲基红 0.2 g 放入研钵中，加入 0.1 mol · $L^{-1}$ 的氢氧化钠 1 ~ 2 mL 及蒸馏水 2 mL，研磨均匀，用水稀释至 1 L，然后用 0.1 mol · $L^{-1}$ NaOH 或 0.1 mol · $L^{-1}$ HCl 调节溶液呈灰蓝绿色（pH 值约为 7）。

混合指示剂二：称取麝香草酚蓝 0.025 g、溴麝香草酚蓝 0.4 g、甲基红 0.066 g、酚酞 0.25 g 共溶于 500 mL 95% 的酒精中，加等量蒸馏水，用 0.1 mol $L^{-1}$ NaOH 滴至草绿色。

### （四）操作步骤

取混合指示剂 5 滴，放入清洁干净的比色盘孔中，加入约黄豆大的待测土粒，用手轻轻摇动比色盘，使土粒与指示剂充分接触，静置 1 ~ 2 min 后，倾斜比色盘，根据盘孔边缘试剂所显颜色，记下相当的 pH 值。如无比色卡片，可根据表 3-4 判断 pH 值。

表 3-4　土壤酸碱度与试剂显色对照

| pH 值 | | 3 | 4 | 5 | 6 | 7 | 8 | 9 |
|---|---|---|---|---|---|---|---|---|
| 显色 | 试剂一 | 黄 | 黄绿 | 浅绿 | 油绿 | 灰蓝 | 蓝 | 蓝紫 |
| | 试剂二 | | 红 | 橙 | 黄 | 草绿 | 蓝绿 | 蓝 |

## 【思考题】

1. 酸度计法测定土壤酸碱度需注意哪些问题？
2. 浸提液放置 30 min 的目的及注意事项是什么？

# 实验 3.8　土壤潜性酸测定

## 一、土壤交换性酸测定（氯化钾交换—中和滴定法）

土壤交换性酸是指土壤胶体表面吸附的交换性氢、铝离子总量，属于潜在酸，与溶液中 $H^+$（活性酸）处于动态平衡，是土壤酸度的容量指标之一。土壤交换性酸控制着活性酸，因而决定着土壤的 pH 值；同时，过量的交换性铝对大多数植物和有益微生物均有一定的抑制或毒害作用。

### （一）方法原理

在非石灰性土和酸性土中，土壤胶体吸附了一部分 $H^+$和 $Al^{3+}$，当以 KCl 溶液淋洗土壤时，这些 $H^+$、$Al^{3+}$便被 $K^+$交换而进入溶液。此时不仅 $H^+$使溶液呈酸性，而且由于 $Al^{3+}$的水解，也增加了溶液的酸性。当用 NaOH 标准溶液直接滴定淋洗液时，所得结果（滴定度）为交换性酸（交换性氢、铝离子）总量。另外，在淋洗液中加入足量 NaF，使 $Al^{3+}$形成络合离子，从而防止其水解，反应如下：

$$AlCl_3 + 6NaF \longrightarrow Na_3AlF_6 + 3NaCl$$

然后再用 NaOH 标准溶液滴定，即得交换性 $H^+$量，由两次滴定之差计算出交换性 $Al^{3+}$量。

## （二）主要仪器

碱式滴定管。

## （三）试剂

（1）0.02 mol · $L^{-1}$ NaOH 标准溶液：取 100 mL 1 mol · $L^{-1}$ NaOH 溶液，加蒸馏水稀释至 5 L，准确浓度以苯二甲酸氢钾标定。

（2）1 mol · $L^{-1}$ KCl 溶液：配制同前。

（3）3.5% NaF 溶液：称 NaF 3.5 g，溶于 100 mL 蒸馏水中，贮存于涂蜡的试剂瓶中。

（4）1%酚酞指示剂：称 1 g 酚酞溶于 100 mL 95%的酒精中。

## （四）操作步骤

（1）称取通过 0.25 mm 筛孔的风干土样，重量相当于 4 g 烘干土，置于 100 mL 三角瓶中。加 1 mol · $L^{-1}$ KCl 溶液约 20 mL，振荡后滤入 100 mL 容量瓶中。

（2）同上述步骤，多次用 1 mol · $L^{-1}$ KCl 溶液浸提土样，浸提液过滤于容量瓶中。每次加入 KCl 浸提液必须待漏斗中的滤液滤干后再进行。当滤液接近容量瓶刻度时，停止过滤，取下用 KCl 定容摇匀。

（3）吸取 25 mL 滤液于 100 mL 三角瓶中，煮沸 5 min 以除去 $CO_2$，加酚酞指示剂 2 滴，趁热用 0.02 mol · $L^{-1}$ NaOH 标准溶液滴定，至溶液显粉红色即终点。记下 NaOH 溶液的用量（$V_1$），据此计算交换性酸总量。

（4）另取一份 25 mL 滤液，煮沸 5 min，加 1 mL 3.5% NaF 溶液，冷却后，加酚酞指示剂 2 滴，用 0.02 mol · $L^{-1}$ NaOH 溶液滴定至终点，记下 NaOH 溶液的用量（$V_2$），据此计算交换性氢离子总量。

## （五）结果计算

$$\text{土壤交换性酸总量（cmol} \cdot \text{kg}^{-1}\text{）} = \frac{V_1 \times c \times ts \times 10^{-1}}{m} \times 1000, \tag{3-33}$$

$$\text{土壤交换性氢总量（cmol} \cdot \text{kg}^{-1}\text{）} = \frac{V_2 \times c \times ts \times 10^{-1}}{m} \times 1000, \tag{3-34}$$

$$\text{土壤交换性铝总量（cmol} \cdot \text{kg}^{-1}\text{）} = \text{交换性酸总量} - \text{交换性氢总量。} \tag{3-35}$$

式中：$V_1$——滴定交换性酸总量消耗的 NaOH 体积（mL）；

$V_2$——滴定交换性氢消耗的 NaOH 体积（mL）；

$c$——NaOH 标准溶液的浓度（$mol \cdot L^{-1}$）；
$ts$——分取倍数，100 mL/25 mL=4；
$m$——土样质量（g）；
$10^{-1}$——将 mmol 换算成 cmol 的系数；
1000——换算成每千克土的交换量。

## 二、土壤水解性酸的测定（醋酸钠水解—中和滴定法）

水解性酸也是土壤酸度的容量因素，它代表盐基不饱和土壤的总酸度，包括活性酸、交换性酸和水解性酸 3 部分的总和。土壤水解性酸加交换性盐基接近于阳离子交换量，因而可用来估算土壤的阳离子交换量和盐基饱和度。土壤水解性酸也是计算石灰施用量的重要参数之一。

### （一）方法原理

用 1 $mol \cdot L^{-1}$ 醋酸钠（pH 值=8.3）浸提土壤，不仅能交换出土壤的交换性氢、铝离子，而且由于醋酸钠水解产生 NaOH 的钠离子，能取代出有机质较难解离的某些官能团上的氢离子，即可水解成酸。

### （二）主要仪器

碱式滴定管。

### （三）试剂

（1）1 $mol \cdot L^{-1}$ 醋酸钠溶液：称取化学纯醋酸钠（$CH_3COONa \cdot 3H_2O$）136.06 g，加水溶解后定容至 1 L。用 1 $mol \cdot L^{-1}$ NaOH 或 10%醋酸溶液调节 pH 值至 8.3。

（2）0.02 $mol \cdot L^{-1}$ NaOH 标准溶液：同前。

（3）1%酚酞指示剂：同前。

### （四）操作步骤

（1）称取通过 1 mm 筛孔风干土样，重量相当于 5.00 g 烘干土，放在 100 mL 三角瓶中，加 1 $mol \cdot L^{-1}$ $CH_3COONa$ 约 20 mL，振荡后滤入 100 mL 容量瓶中。

（2）同上述步骤，多次用 1 $mol \cdot L^{-1}$ 醋酸钠溶液浸提土样，浸提液滤入 100 mL 容量瓶中，每次加入 $CH_3COONa$ 浸提液必须待漏斗中的滤液滤干后再进行，直至滤液接近刻度，用 1 $mol \cdot L^{-1}$ 醋酸钠溶液定容摇匀。

（3）吸取滤液 50.00 mL 于 250 mL 三角瓶中，加酚酞批示剂 2 滴，用 0.02 $mol \cdot L^{-1}$ NaOH 标准溶液滴定至明显的粉红色，记下 NaOH 标准溶液的用量（$V$）。

注：滴定时滤液不能加热，否则醋酸钠强烈分解，醋酸蒸发呈较强碱性，造成很大的误差。

### （五）结果计算

$$土壤水解性酸总量（cmol \cdot kg^{-1}）=\frac{V \times c \times ts \times 10^{-1}}{m} \times 1000。\quad（3-36）$$

式中：$V$——NaOH 标准溶液消耗的体积（mL）；

$c$——NaOH 标准溶液的浓度（$mol \cdot L^{-1}$）；

$ts$——分取倍数；

$m$——土样质量（g）；

$10^{-1}$——将 mmol 换算成 cmol 的系数；

1000——换算成每千克土的交换量。

如果已有土壤阳离子交换量和交换性盐基总量的数据，水解性酸度也可以用计算求得：

$$水解性酸度 = 阳离子交换量 - 交换性盐基总量。\quad（3-37）$$

式中三者的单位均为 $cmol \cdot kg^{-1}$。这样计算的水解性酸度比单独测定的水解性酸度更准确。

### 【思考题】

1. 土壤水浸和盐浸 pH 值有何差别？原因何在？
2. 土壤 pH 值与交换酸有何关系？
3. 为什么一般土壤的水解酸度大于交换酸度？

# 实验 3.9　土壤氮素分析

## 一、目的意义

土壤中的氮素形态分为有机态氮和无机态氮，二者的含量之和称为土壤全氮量。无机氮包括固定态铵、交换性铵、硝态氮、亚硝态氮和氮氧化物等，其含量在土壤中的变动幅度较大，最低仅 1% 左右，最高可达 60% 以上；有机氮是土壤氮素的主要存在形式，是交换性铵和硝态氮的来源。土壤全氮量变化较小，通常用于衡量土壤氮素的基础肥力，而土壤有效氮反映土壤近期的氮素供应状况，与作物生长关系密切，在推荐施肥中意义更大。

本实验通过土壤全氮和有效氮的测定，要求学生初步掌握土壤全氮和有效氮测定的方法原理和操作技能，并能较准确地测出土壤中全氮和有效氮的含量。

## 二、土壤全氮测定（半微量凯氏法）

### （一）方法原理

利用浓硫酸及少量混合催化剂，将土壤中的含氮化合物在强热高温处理下分解，使氮素转化为 $NH_4^+$，但原有土壤中的 $NO_3^-$ 并没有变成 $NH_4^+$，其量甚微。当加入 NaOH 呈碱性，pH 值超过 10 时，$NH_4^+$ 则全部变成 $NH_3$ 而逸出，经蒸馏用硼酸液吸收，再用酸标准液滴定（溴甲酚绿和甲基红作为混合指示剂，其终点为桃红色），由酸标准液的消耗量计算出硼酸吸收的氨量，从而计算土壤中全氮的含量。

包括硝态和亚硝态氮的全氮测定，在样品消煮前，需先用高锰酸钾将样品中的亚硝态氮氧化为硝态氮，再用还原铁粉使全部硝态氮还原，转化成铵态氮。

### （二）主要仪器

分析天平、消煮炉、消煮管、自动凯氏定氮仪（图 3-8）、半微量滴定管（5 mL）、锥形瓶（150 mL）。

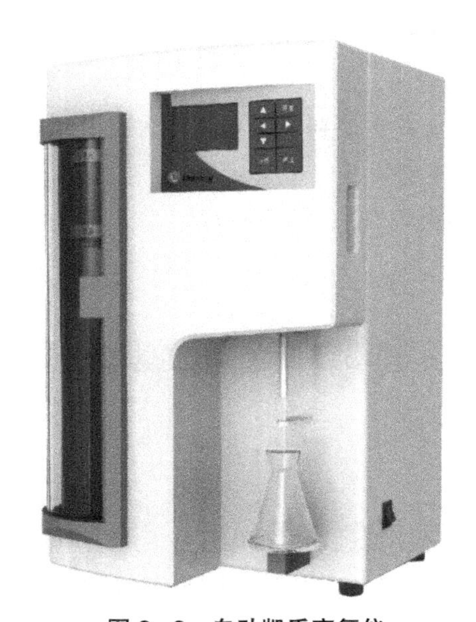

图 3-8　自动凯氏定氮仪

### （三）试剂

（1）硫酸：$\rho=1.84\ g \cdot mL^{-1}$，分析纯。

（2）$10\ mol \cdot L^{-1}$ NaOH 溶液：称取工业用固体 NaOH 420 g 于硬质玻璃烧杯中，加蒸馏水 400 mL 溶解，不断搅拌，以防止烧杯底角固结，冷却后倒入塑料试剂瓶，加塞，防止吸收空气中的 $CO_2$，放置几天待 $Na_2CO_3$ 沉降后，将清液虹吸入约 160 mL 去 $CO_2$ 的蒸馏水中，并将去 $CO_2$ 的蒸馏水定容至 1 L，加盖橡皮塞。

（3）甲基红－溴甲酚绿混合指示剂：称取 0.5 g 溴甲酚绿和 0.1 g 甲基红于玛瑙研钵中，加入少量 95% 乙醇溶液，研磨至指示剂全部溶解后，加 95% 乙醇溶液至 100 mL。

（4）$20\ g \cdot L^{-1}$ $H_3BO_3$ 指示剂溶液：20 g $H_3BO_3$（分析纯）溶于 1 L 水中，每升 $H_3BO_3$ 溶液中加入甲基红－溴甲酚绿混合指示剂 5 mL，并用稀酸或稀碱调节至微紫红色，此时该溶液的 pH 值为 4.8。指示剂用前与硼酸混合，此试剂宜现配，不宜久放，如在使用过程中 pH 值有变化，需随时用稀酸或稀碱调节。

（5）混合加速剂：$K_2SO_4$ ∶ $CuSO_4$ ∶ Se＝100 ∶ 10 ∶ 1，即 100 g $K_2SO_4$（分析纯）、10 g $CuSO_4 \cdot 5H_2O$（分析纯）和 1 g 硒粉混合研磨，通过 80 号筛充分混匀（注意戴口罩），贮于具塞瓶中。消煮时每毫升 $H_2SO_4$ 加 0.37 g 混合加速剂。

（6）$0.02\ mol \cdot L^{-1}$ 准溶液：量取 $H_2SO_4$（分析纯、无氮、$\rho=1.84\ g \cdot mL^{-1}$）2.83 mL，加水稀释至 5000 mL，然后用标准碱或硼砂标定。

（7）$0.01 mol \cdot L^{-1}$ 准溶液：将 $0.02\ mol \cdot L^{-1}$ 准溶液用水准确稀释 1 倍。

（8）高锰酸钾溶液：25 g 高锰酸钾（分析纯）溶于 500 mL 无离子水，贮于棕色瓶中。

（9）1 ∶ 1 硫酸：硫酸（分析纯、无氮、$\rho=1.84\ g \cdot mL^{-1}$）与等体积水混合。

（10）还原铁粉：磨细通过孔径 0.149 mm（100 目）筛。

（11）辛醇。

### （四）测定步骤

1. 样品称量

称取风干土样（通过 0.149 mm 筛）1.0000 g（含氮约 1 mg），同时测定土样水分含量。

2. 土样消煮

（1）不包括硝态氮和亚硝态氮的消煮

将土样送入干燥的消煮管（或开氏瓶）底部，加少量无离子水（0.5 ~ 1.0 mL）湿润土样后，加入 2 g 加速剂和 5 mL 浓硫酸，摇匀，将开氏瓶（或消煮管）倾斜置于消煮炉（或 300 W 变温电炉）上，用小火加热，待瓶内反应缓和时（10 ~ 15 min），加强火力使消煮的土液保持微沸，加热的部位不超过消煮管中的液面，以防管壁温度过高而使铵盐受热分解，导致氮素损失。消煮的温度以硫酸蒸气在瓶颈上部 1/3 处冷凝回流为宜。待消煮液和土粒全部变为灰白稍带绿色后，再继续消煮 1 h。消煮完毕，冷却，待蒸馏。在消煮土样的同时，做两份空白测定，除不加土样外，其他操作皆与测定土样时相同。

（2）包括硝态和亚硝态氮的消煮

将土样送入干燥的消煮管（或开氏瓶），加 1 mL 高锰酸钾溶液，摇动开氏瓶，缓缓加入 2 mL 1 ∶ 1 硫酸，不断转动开氏瓶，然后放置 5 min，再加入 1 滴辛醇。通过长颈漏斗将 0.5 g（±0.01 g）还原铁粉送入开氏瓶底部，瓶口盖上小漏斗，转动开氏瓶，使铁粉与酸接触，待剧烈反应停止时（约 5 min），将消煮管（或开氏瓶）置于消煮炉（或 300 W 变温电炉）上缓缓加热 45 min（管内土液应保持微沸，以不引起大量水分丢失为宜）。停火，待消煮管冷却后，通过长颈漏斗加 2 g 加速剂和 5 mL 浓硫酸，摇匀。按上述步骤消煮至土液全部变为黄绿色，再继续消煮 1 h。消煮完毕，冷却，待蒸馏。在消煮土样的同时，做两份空白测定。

3. 氨的蒸馏

（1）蒸馏前先检查蒸馏装置是否漏气，并通过水的馏出液将管道洗净。

（2）待消煮液冷却后，用少量无离子水将消煮液定量地全部转入蒸馏器内，并用水洗涤消煮管（或开氏瓶）4 ~ 5 次（总用水量不超过 35 mL）于 150 mL 锥形瓶中。若用半自动或自动定氮仪，则不需要转移，可直接将消煮管放入定氮仪中蒸馏。

于 150 mL 锥形瓶中加入 20 $g \cdot L^{-1}$ 硼酸指示剂混合液 5 mL，放在冷凝管末端，管口置于硼酸液面以上 3 ~ 4 cm 处。然后向蒸馏室内缓缓加入 10 $mol \cdot L^{-1}$ 氢氧化钠溶液 20 mL，通入蒸汽蒸馏，待馏出液体积约 50 mL 时，即蒸馏完毕。用少量已调节 pH 值=4.5 的水洗涤冷凝管末端。

（3）用 0.01 $mol \cdot L^{-1}$（$1/2H_2SO_4$ 或 0.01 $mol \cdot L^{-1}$ 盐酸）标准溶液滴定馏出液至由蓝绿色刚变为紫红色。记录所用酸标准溶液的体积（mL）。空白测定所用酸标准溶液的体积一般不得超过 0.4 mL。

### （五）结果计算

（1）计算公式：

$$土壤全氮含量（g \cdot kg^{-1}）=\frac{(V-V_0)\times c\ (1/2\ H_2SO_4)\times 14.0\times 10^{-3}}{m}\times 10^3。\quad(3\text{–}38)$$

式中：$V$——滴定试液时所用酸标准溶液的体积（mL）；

$V_0$——滴定空白时所用酸标准溶液的体积（mL）；

$c(1/2\ H_2SO_4)$——0.01 $mol \cdot L^{-1}$ 硫酸（$1/2\ H_2SO_4$）或盐酸标准溶液的浓度；

14.0——氮原子的摩尔质量；

$10^{-3}$——将 mL 换算为 L；

$m$——烘干土样质量（g）。

（2）平行测定结果，用算术平均值表示，保留小数点后 3 位。

（3）两次平行测定结果允许绝对相差：土壤含氮量＞ 1.0 $g \cdot kg^{-1}$ 时，不得超过 0.005%；含氮量为 1.0 ~ 0.6 $g \cdot kg^{-1}$ 时，不得超过 0.004%；含氮量＜ 0.6 $g \cdot kg^{-1}$ 时，不得超过 0.003%。

### （六）注意事项

（1）对于微量氮的滴定还可以用另一种更灵敏的混合指示剂，即 0.099 g 溴甲酚绿和 0.066 g 甲基红溶于 100 mL 乙醇中。20 $g \cdot L^{-1}$ $H_3BO_3$ 指示剂溶液配制方法为：称取硼酸 20 g 溶于约 950 mL 水中，加热搅动直至 $H_3BO_3$ 溶解，冷却后加入混合指示剂 20 mL 混匀，并用稀酸或稀碱调节颜色至紫红色（pH 值约为 5），加水稀释至 1 L 混匀备用，宜现配。

（2）一般应使样品中含氮量为 1.0 ~ 2.0 mg，如果土壤含氮量在 2 $g \cdot kg^{-1}$ 以下，应称土样 1 g；含氮量在 2.0 ~ 4.0 $g \cdot kg^{-1}$，应称 0. 5 ~ 1.0 g；含氮量在 4.0 $g \cdot kg^{-1}$ 以上，应称 0.5 g。分析取样必须充分混匀。

（3）凯氏法测定全氮样品必须磨细通过 100 目筛，以使有机质能充分被氧化分解。对于黏质土壤样品，在消煮前须先加水湿润使土粒和有机质分散，以提高氮的测定效果，对于砂质土壤样品，用水湿润与否并没有显著差别。

（4）硼酸的浓度和用量以能满足吸收 $NH_3$ 为宜，大致可按每毫升 10 $g \cdot L^{-1}$ $H_3BO_3$ 能吸收氮（N）量为 0.46 mg 计算，如 20 $g \cdot L^{-1}$ $H_3BO_3$ 溶液 5 mL 最多可吸收的氮（N）量为 $5 \times 2 \times 0.46 = 4.6$ mg。因此，可根据消煮液中的含氮量估计硼酸的用量，适当多加。

（5）在半微量蒸馏中，冷凝管口不必插入硼酸液中，这样可防止倒吸，减少洗涤手续。但在常量蒸馏中，由于含氮量较高，冷凝管须插入硼酸溶液，以免损失。

## 三、土壤碱解氮的测定（碱解扩散法）

### （一）方法原理

碱解氮又称水解性氮和土壤有效氮，包括无机的矿物态氮和部分有机物质中易分解的、比较简单的无机态氮，即铵态氮、硝态氮、氨基酸、酰胺和易分解的蛋白氮的总和。

旱田土壤的硝态氮含量较高，需加硫酸亚铁使之还原成铵态氮。由于硫酸亚铁本身会消耗部分氢氧化钠，故需提高碱的浓度，用 1.8 $mol \cdot L^{-1}$ NaOH 水解土样。水稻土壤中的硝态氮含量极微，可以不加硫酸亚铁，直接用 1.2 $mol \cdot L^{-1}$ NaOH 水解土样。

在扩散皿中，土壤于碱性条件和硫酸亚铁存在下进行水解还原，使易水解态氮（潜在有效氮）碱解转化为 $NH_3$，并不断扩散逸出，为 $H_3BO_3$ 所吸收。吸收液中的 $NH_3$ 再用标准酸滴定，由此计算土壤中碱解氮的含量。

### （二）主要仪器

天平、扩散皿、半微量滴定管、烘箱。

### （三）试剂

（1）1.8 mol · $L^{-1}$ NaOH 溶液：称取 72.0 g 氢氧化钠溶解于蒸馏水，定容至 1000 mL。

（2）定氮混合指示剂：分别称取 0.066 g 甲基红和 0.099 g 溴甲酚绿，放入玛瑙研钵中，加入 100 mL 95% 的乙醇研磨溶解。

（3）2% 硼酸指示剂溶液。

（4）0.01 mol · $L^{-1}$ 盐酸标准溶液：取密度为 1.19 kg · $L^{-1}$ 的浓盐酸 8.5~9 mL，加水至 1000 mL，用标准碱或硼砂标定其准确浓度，然后用蒸馏水稀释 10 倍。

（5）碱性胶液：取阿拉伯胶 40.0 g 和水 50 mL 在烧杯中热温至 70 ~ 80 ℃，搅拌促溶，冷却约 1 h 后，加入甘油 20 mL 和饱和 $K_2CO_3$ 水溶液，搅匀，放冷。离心除去泡沫和不溶物，将清液贮存于玻璃瓶中备用。

（6）硫酸亚铁（$FeSO_4 \cdot 7H_2O$）粉末：将 $FeSO_4 \cdot 7H_2O$ 磨细，装于密闭瓶中，存放在阴凉处。

### （四）操作步骤

（1）称过 1 mm 筛的风干土样 2.00 g，平放在扩散皿外室的一边，加入 0.2 g 硫酸亚铁粉末，轻轻旋转扩散皿（图 3-9），使土壤均匀铺平。

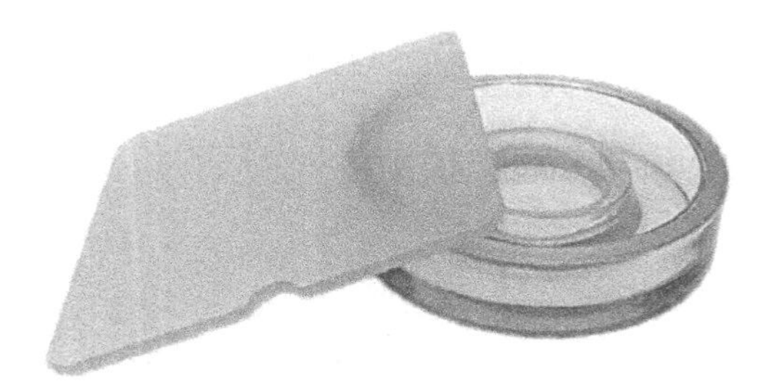

图 3-9　毛玻璃与扩散皿

（2）扩散皿内室中放入 2% $H_3BO_3$ 指示剂 2 mL，扩散皿外室边缘均匀涂上一层碱性甘油，盖上毛玻璃，旋转数次，使扩散皿边与毛玻璃完全黏合。再慢慢转开毛玻璃一边，使扩散皿外室露出一条狭缝，迅速加入 1.8 mol · $L^{-1}$ NaOH 溶液 10 mL，立即盖严，再用橡皮筋圈固定，轻轻水平旋转扩散皿，使溶液与土壤充分混匀，注意勿使外室碱液混入内室。随后放入（40 ± 1）℃恒温箱中，碱解扩散（24 ± 0.5）h 后取出，用标准酸溶液滴定内室硼酸吸收液，边滴定边用小玻璃棒搅动，勿动扩散皿。终点由蓝绿色突变为紫红色，记录酸用量。

（3）在样品测定的同时做空白实验，以校正试剂和滴定误差。

### （五）结果计算

$$土壤碱解氮含量（mg \cdot kg^{-1}）=\frac{c \times (V-V_0) \times 14.0}{m} \times 10^3。\qquad (3-39)$$

式中：$c$——硫酸标准溶液的浓度（$mol \cdot L^{-1}$）；

$V$——样品测定时所用硫酸标准溶液的体积（mL）；

$V_0$——空白实验所用硫酸标准溶液的体积（mL）；

14.0——氮原子的摩尔质量（$g \cdot mol^{-1}$）；

$m$——风干土重（g）；

$10^3$——换算系数。

两次平行测定结果允许绝对误差为 5 $mg \cdot kg^{-1}$。

### （六）注意事项

（1）扩散皿使用前必须彻底清洗。用小刷去除残余后冲洗，先浸泡于软性清洁剂及稀盐酸中，然后用自来水充分冲洗，最后用蒸馏水淋洗。应熟练掌握操作技巧以防止内室硼酸指示剂溶液受到碱液污染。

（2）加土样和硫酸亚铁粉时不能让其飞入扩散皿内室，加入后小心水平旋转扩散皿，使土样均匀铺满外室。

（3）由于胶液的碱性很强，在涂胶液时必须特别小心，慎防污染内室，造成错误。

（4）盖上毛玻片后，要旋转数次，以便毛玻璃与扩散皿完全粘和，无气泡，防止生成的氨气漏出。

（5）加入碱液的速度要快，以免生成的氨气漏出，碱液加入要稳，以免飞溅到内室。

（6）滴定时标准酸要逐滴加入，用细玻璃棒小心搅动内室吸收液，切不可摇动扩散皿。当内室局部有红色出现时，放慢滴定速度，用玻璃棒从滴定管尖端蘸取少量标准酸放入内室搅匀。

（7）土壤碱解氮含量等级参考指标如表 3-5 所示。

**表 3-5　土壤碱解氮含量等级参考指标**

| 等级 | 丰富 | 中等 | 缺 |
|---|---|---|---|
| 碱解氮含量 /（$mg \cdot kg^{-1}$） | ＞100 | 45～100 | ＜45 |

注：引自《中国肥料农药手册》。

## 【思考题】

1. 土壤中的氮有哪些形态？其相互关系如何？测定时应注意什么问题？
2. 在土样消煮时，为什么在消煮液澄清后，还需要继续消煮一段时间？
3. 为什么说消煮包括氧化和还原两个过程？加速剂的主要作用是什么？硫酸钾在消煮过程中的作用是什么？
4. 碱解扩散法测定的土壤碱解氮包括哪些形态的氮？
5. 做空白实验的目的是什么？
6. 在使用扩散皿时，应注意哪些问题？
7. 碱解扩散法测定不同土壤碱解氮含量时，所用碱的浓度有何不同？为什么？

## 四、土壤铵态氮的测定

### (一) 2 mol · $L^{-1}$ KCl 浸提—蒸馏法

1. 方法原理

用 2 mol · $L^{-1}$ KCl 浸提土壤，把吸附在土壤胶体上的 $NH_4^+$ 及水溶性 $NH_4^+$ 浸提出来。取一份浸出液在半微量定氮蒸馏器中加 MgO（MgO 是弱碱，可防止浸出液中酰铵有机氮水解）蒸馏。蒸出的氨以 $H_3BO_3$ 吸收，用标准酸溶液滴定，计算土壤中 $NH_4^+$－N 的含量。

2. 主要仪器

振荡器、半微量定氮蒸馏器、半微量滴定管（5 mL）。

3. 试剂

（1）20 g · $L^{-1}$ 硼酸指示剂：20 g $H_3BO_3$（化学纯）溶于 1 L 水中，每升 $H_3BO_3$ 溶液中加入甲基红－溴甲酚绿混合指示剂 5 mL，并用稀酸或稀碱调节颜色至微紫红色，此时该溶液的 pH 值为 4.8。指示剂用前与硼酸混合，此试剂宜现配，不宜久放。

（2）0.005 mol · $L^{-1}$ 1/2 $H_2SO_4$ 标准液：量取 $H_2SO_4$（化学纯）2.83 mL，加蒸馏水稀释至 5000 mL，然后用标准碱或硼酸标定，此为 0.0200 mol · $L^{-1}$ 1/2 $H_2SO_4$ 标准溶液，再将此标准液准确地稀释 4 倍，即得 0.005 mol · $L^{-1}$ 1/2 $H_2SO_4$ 标准溶液。

（3）2 mol · $L^{-1}$KCl 溶液：称 KCl（化学纯）149.1 g 溶解于 1 L 水中。

（4）120 g · $L^{-1}$ MgO 悬浊液：MgO 12 g 经 500 ~ 600 ℃灼烧 2 h，冷却，放入 100 mL 水中摇匀。

4. 操作步骤

取新鲜土样 10.0 g，放入 100 mL 三角瓶中，加入 2 mol · $L^{-1}$ KCl 溶液 50.0 mL。用橡皮塞塞紧，振荡 30 min，立即过滤于 50 mL 三角瓶中（如果土壤中 $NH_4^+$－N 含量低，可将液土比改为 2.5 ：1）。

吸取滤液 25.0 mL（含 $NH_4^+$–N 25 μg 以上）放入半微量定氮蒸馏器中，用少量水冲洗，先把盛有 20 g·$L^{-1}$ 硼酸溶液 5 mL 的三角瓶放在冷凝管下，再加 120 g·$L^{-1}$ MgO 悬浊液 10 mL 于蒸馏室蒸馏，待蒸出液达 30 ~ 40 mL 时（约 10 min）停止蒸馏，用少量水冲洗冷凝管，取下三角瓶，用 0.005 mol·$L^{-1}$ 1/2 $H_2SO_4$ 标准溶液滴至紫红色为终点，同时做空白实验。

5. 结果计算

$$\text{土壤中 } NH_4^+\text{–N 含量（mg·kg}^{-1}\text{）}=\frac{c\times(V-V_0)\times 14.0\times ts}{m}\times 10^3。\qquad (3\text{–}40)$$

式中：$c$——0.005 mol·$L^{-1}$ 1/2 $H_2SO_4$ 标准溶液浓度；

$V$——样品滴定硫酸标准溶液体积（mL）；

$V_0$——空白滴定硫酸标准溶液体积（mL）；

14.0——氮的原子摩尔质量（g·$mol^{-1}$）；

$ts$——分取倍数；

$10^3$——换算系数；

$m$——烘干样品质量（g）。

## （二）2 mol·$L^{-1}$ KCl 浸提—靛酚蓝比色法

1. 方法原理

用 2 mol·$L^{-1}$ KCl 溶液浸提土壤，把吸附在土壤胶体上的 $NH_4^+$ 及水溶性 $NH_4^+$ 浸提出来。土壤浸提液中的铵态氮在强碱性介质中与次氯酸盐和苯酚作用，生成水溶性染料靛酚蓝，溶液的颜色很稳定。含氮量在 0.05 ~ 0.5 mg·$L^{-1}$ 时，吸光度与铵态氮含量成正比，可用比色法测定。

2. 主要仪器

往复式振荡机、分光光度计（图 3–10）。

图 3–10　分光光度计

3. 试剂

（1）2 mol · $L^{-1}$ KCl 溶液：称取 149.1 g 氯化钾（分析纯）溶于水中，稀释至 1 L。

（2）苯酚溶液：称取苯酚（分析纯）10 g 和硝基铁氰化钠［$Na_2Fe(CN)_5NO_2H_2O$，硝普钠，有剧毒］100 mg，稀释至 1 L。此试剂不稳定，须贮于棕色瓶中，在 4 ℃冰箱内保存。

（3）次氯酸钠碱性溶液：称取氢氧化钠（分析纯）10 g、磷酸氢二钠（$Na_2HPO_4 \cdot 7H_2O$）7.06 g、磷酸钠（$Na_3PO_4 \cdot 12H_2O$）31.8 g 和 52.5 g · $L^{-1}$ 次氯酸钠（含 5% 有效氯的漂白粉溶液）10 mL 溶于水中，稀释至 1 L，贮于棕色瓶中，在 4 ℃冰箱中保存。

（4）掩蔽剂：将 400 g · $L^{-1}$ 的酒石酸钾钠（$KNaC_4H_4O_6 \cdot 4H_2O$，化学纯）溶液与 100 g · $L^{-1}$ 的 EDTA 二钠盐溶液等体积混合。每 100 mL 混合液中加入 10 mol · $L^{-1}$ 氢氧化钠 0.5 mL。

（5）2.5 μg · $mL^{-1}$ 铵态氮（$NH_4^+$–N）标准溶液：称取干燥的硫酸铵［$(NH_4)_2SO_4$，分析纯］0.4717 g 溶于水中，定容至 1 L，即配制成含铵态氮（N）100 μg · $mL^{-1}$ 的贮存溶液；使用前将其用水稀释 40 倍，即配制成含铵态氮（N）2.5 μg · $mL^{-1}$ 的标准溶液，备用。

4. 分析步骤

（1）浸提：称取相当于 2 g 左右的新鲜土样（若是风干土，需过 10 号筛），精确到 0.01 g，置于 200 mL 三角瓶中，加入氯化钾溶液 100 mL，塞紧塞子，在振荡机上振荡 1 h。取出静止，待土壤—氯化钾悬浊液澄清后，吸取一定量上层液进行分析。如果不能在 24 h 内进行分析，用滤纸过滤悬浊液，将滤液储存在冰箱中备用。

（2）比色：吸取土壤浸出液 2 ~ 10 mL（含 $NH_4^+$–N 2 ~ 25 μg）放入 50 mL 容量瓶中，用氯化钾溶液补充至 10 mL，然后加入苯酚溶液 5 mL 和氯化钠碱性溶液 5 mL，摇匀。在 20 ℃左右的室温下放置 1 h 后，加掩蔽剂 1 mL 以溶解可能产生的沉淀物，然后用水定容至刻度。用 1 cm 比色槽在 625 nm 波长处（或红色滤光片）进行比色，读取吸光度。

（3）工作曲线：分别吸取 0.00、2.00、4.00、6.00、8.00、10.00 mL $NH_4^+$–N 标准液于 50 mL 容量瓶中，各加 10 mL 氯化钾溶液，同（2）步骤进行比色测定。

5. 结果计算

$$\text{土壤中铵态氮}（NH_4^+\text{–N}）\text{含量}（mg \cdot kg^{-1}）=\frac{c \times V \times ts}{m}。\qquad（3\text{–}41）$$

式中：$c$——显色液铵态氮的质量浓度（μg · $mL^{-1}$）；

$V$——显色液体积（mL）；

$ts$——分取倍数；

$m$——烘干样品质量（g）。

注意：显色后在 20 ℃左右放置 1 h，再加入掩蔽剂。加入过早，会使显色反应很慢，蓝色偏弱；加入过晚，则生成的氢氧化物沉淀可能老化而不易溶解。

## 五、土壤硝态氮的测定

### （一）酚二磺酸比色法

1. 方法原理

土壤用饱和 $CaSO_4 \cdot 2H_2O$ 溶液浸提，在微碱性条件下蒸发至干，土壤浸提液中的 $NO_3^-$－N 在无水条件下能与酚二磺酸试剂作用，生成硝基酚二磺酸：

$$C_6H_3OH(HSO_3)_2 + HNO_3 \rightarrow C_6H_2OH(HSO_3)_2NO_2 + H_2O$$

2，4－酚二磺酸　　　　6－硝基酚－2，4－二磺酸

此反应必须在无水条件下才能迅速完成，反应产物在酸性介质中无色，碱化后则为稳定的黄色溶液，黄色的程度与 $NO_3^-$－N 含量在一定范围内呈正相关，可在 400 ~ 425 nm 处（或用蓝色滤光片）比色测定。酚二磺酸法的灵敏度很高，可测出溶液中 0.1 $mg \cdot L^{-1}$ 的 $NO_3^-$－N，测定范围为 0.1 ~ 2.0 $mg \cdot L^{-1}$。

2. 主要仪器

分光光度计、水浴锅、瓷蒸发皿。

3. 试剂

（1）酚二磺酸试剂：称取白色苯酚（$C_6H_5OH$，分析纯）25.0 g 置于 500 mL 三角瓶中，以 150 mL 纯浓 $H_2SO_4$ 溶解，再加入发烟 $H_2SO_4$ 75 mL，并置于沸水中加热 2 h，可得酚二磺酸溶液，贮于棕色瓶中保存。使用时须注意其强烈的腐蚀性。如无发烟 $H_2SO_4$，可用苯酚 25.0 g，加浓 $H_2SO_4$ 225 mL，沸水加热 6 h 配成。试剂冷后可能析出结晶，用时须重新加热溶解，但不可加水，试剂必须贮于密闭的玻塞棕色瓶中，严防吸湿。

（2）10 $\mu g \cdot mL^{-1}$ $NO_3^-$－N 标准溶液：准确称取 $KNO_3$（二级）0.7221 g 溶于水，定容至 1 L，此为 100 $\mu g \cdot mL^{-1}$ $NO_3^-$－N 溶液，将此溶液准确稀释 10 倍，即 10 $\mu g \cdot mL^{-1}$ $NO_3^-$－N 标准溶液。

（3）$CaSO_4 \cdot 2H_2O$（分析纯、粉状）。

（4）$CaCO_3$（分析纯、粉状）。

（5）1 ∶ 1 $NH_4OH$。

（6）活性炭（不含 $NO_3^-$），用以除去有机质的颜色。

（7）$Ag_2SO_4$（分析纯、粉状）、$Ca(OH)_2$（分析纯、粉状）和 $MgCO_3$（分析纯、粉状），用以消除 $Cl^-$的干扰。

4. 操作步骤

（1）浸提。称取新鲜土样 50 g 放在 500 mL 三角瓶中，加入 $CaSO_4 \cdot 2H_2O$ 0.5 g 和 250 mL 水，盖塞后，用振荡机振荡 10 min。放置 5 min 后，将悬液的上部清液用干滤纸过滤，澄清的滤液收集在干燥洁净的三角瓶中。如果滤液因有机质而呈现颜色，可加活性炭去除。

（2）测定。吸取清液 25 ~ 50 mL 于瓷蒸发皿中，加 $CaCO_3$ 约 0.05 g，在水浴上蒸干，到达干燥时不应继续加热。冷却，迅速加入酚二磺酸试剂 2 mL，将皿旋转，使试剂接触到所有蒸干物。静止 10 min 使其充分作用后，加水 20 mL，用玻璃棒搅拌直到蒸干物完全溶解。冷却后缓缓加入 1 ∶ 1 $NH_4OH$ 并不断搅拌混匀，至溶液呈微碱性（溶液显黄色，不再加深），再多加 2 mL，以保证 $NH_4OH$ 试剂过量。然后将溶液全部转入 100 mL 容量瓶中，加水定容。在分光光度计上用光径 1 cm 的比色杯在波长 420 nm 处比色，以空白溶液做参比，调节仪器零点。

（3）$NO_3^-$–N 工作曲线绘制：分别取 10 μg · $mL^{-1}$ $NO_3^-$–N 标准液 0、1、2、5、10、15、20 mL 于蒸发皿中，在水浴上蒸干，与待测液相同操作，进行显色和比色，绘制成标准曲线，或用计算器求出回归方程。

5. 结果计算

$$土壤中\ NO_3^- - N\ 含量（mg \cdot kg^{-1}）=\frac{c \times V \times ts}{m}。\qquad（3–42）$$

式中：$c$——从标准曲线上查得（或回归所求）的显色液 $NO_3^-$–N 浓度（μg · $mL^{-1}$）；

$V$——显色液的体积（mL）；

$ts$——分取倍数；

$m$——风干样品质量（g）。

6. 注意事项

（1）硝酸根为阴离子，不为土壤胶体所吸附，且易溶于水，容易在土壤内部移动，在土壤剖面上下层移动频繁，因此，测定硝态氮时应注意采样深度，不仅要采集表层土壤，而且要采集心土和底土，采样深度可达 40 cm、60 cm 以至 120 cm。实验证明，在旱地土壤上分析全剖面的硝态氮含量能更好地反映土壤的供氮水平。和表层土壤相比，全剖面的硝态氮含量与生物反应之间有更好的相关性，土壤经风干或烘干易引起 $NO_3^-$–N 变化，故一般用新鲜土样测定。

（2）用酚二磺酸法测定硝态氮，首先要求浸提液清澈，不能混浊，但是一般中性或碱性土壤滤液不易澄清，且带有机质的颜色，为此，在浸提液中应加入凝聚剂。凝聚剂的种类很多，有 $CaSO_4$、CaO、$Ca(OH)_2$、$CaCO_3$、$MgCO_3$、$KAl(SO_4)_2$、$CuSO_4$ 等，其中 $CuSO_4$ 有防止生物转化的作用，但在过滤前必须以氢氧化钙或碳酸镁除去多余的铜，因此以 $CaSO_4$ 法提取较为方便。

（3）如果土壤浸提液由于有机质的存在而有较深的颜色，可用活性炭除去，但不宜用 $H_2O_2$，以防最后显色时反常。

（4）土壤中的亚硝酸根和氯离子是本方法的主要干扰离子。亚硝酸和酚二磺酸产生同样的黄色化合物，但一般土壤中亚硝酸含量极少，可忽略不计。必要时可加少量尿素、硫尿和氨基磺酸（20 g · $L^{-1}$ $NH_2SO_3H$）去除。例如，亚硝酸根如果超出 1 μg · $mL^{-1}$ 时，一般每 10 mL 待测液中加入 20 mg 尿素，并放置过夜，以破坏亚硝酸根。

检查亚硝酸根的方法：取待测液5滴于白瓷板上，加入亚硝酸试粉0.1 g，用玻璃棒搅拌后，放置10 min，如有红色出现，即有1 mg·$L^{-1}$亚硝酸根存在；如果红色极浅或无色，则可省去破坏亚硝酸根的步骤。

$$NO_3^- + 3Cl^- + 4H^+ \rightarrow NOCl + Cl_2 + 2H_2O$$

$Cl^-$对反应的干扰，主要是加酸后生成亚硝酰氯化合物或其他氯的气体。如果土壤中含氯化合物超过15 mg·$kg^{-1}$，则必须加$Ag_2SO_4$除去，方法是每100 mL浸出液中加入$Ag_2SO_4$ 0.1 g（0.1 g $Ag_2SO_4$可沉淀22.72 mg $Cl^-$），摇动15 min，然后加入$Ca(OH)_2$ 0.2 g及$MgCO_3$ 0.5 g，以沉淀过量的银，摇动5 min后过滤，继续按蒸干显色步骤进行。

（5）在蒸干过程中加入碳酸钙是为了防止硝态氮的损失。因为在酸性和中性条件下蒸干易导致硝酸离子的分解，如果浸出液中含铵盐较多，更易产生负误差。

（6）此反应必须在无水条件下才能完成，因此反应前必须蒸干。

（7）碱化时应用$NH_4OH$，而不用NaOH或KOH，是因为$NH_3$能与$Ag^+$络合成水溶性的$[Ag(NH_3)_2]^+$，不致生成$Ag_2O$的黑色沉淀而影响比色。

（8）在蒸干前，显色和转入容量瓶时应防止损失。

## （二）还原蒸馏法

1. 方法原理

土壤浸出液中的$NO_3^-$和$NO_2^-$在氧化镁存在下，用$FeSO_4$-Zn还原蒸出氨气为硼酸吸收，用盐酸标准溶液滴定。单测硝态氮时，土壤用饱和硫酸钙溶液浸提，联合测定铵态氮和硝态氮时，土壤用氯化钾浸提。

2. 主要仪器

往复式振荡机、定氮蒸馏装置（图3-11）。

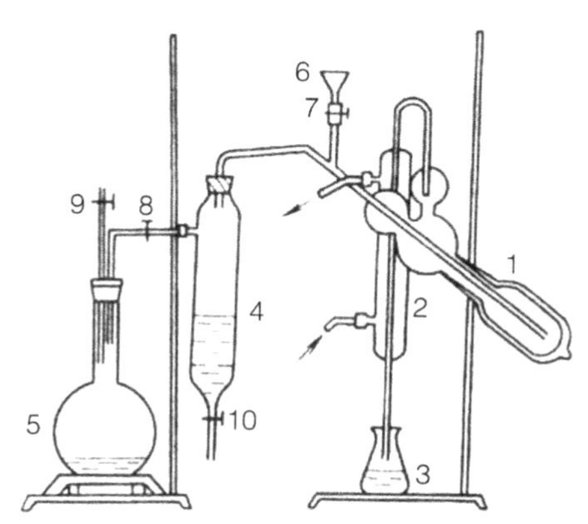


1. 反应器；2. 冷凝管；3. 吸收液；4. 汽水分离器；5. 蒸汽发生器；6. 样品入口；7. 玻璃塞；8. 导管及螺旋夹；9. 长直导管；10. 螺旋夹。

**图3-11　定氮蒸馏装置示意**

3. 试剂

（1）饱和硫酸钙溶液：将硫酸钙加入水中充分振荡，使其达到饱和，澄清。

（2）0.01 mol·$L^{-1}$ HCl 标准溶液：将浓盐酸（HCl，$\rho \approx 1.19$ g·$mL^{-1}$，分析纯）约 1 mL 稀释至 1 L，用硼砂标准液标定其准确浓度。

（3）甲基红－溴甲酚绿混合指示剂：称取甲基红 0.1 g 和溴甲酚绿 0.5 g 于玛瑙研钵中，加入 100 mL 乙醇研磨至完全溶解。

（4）氧化镁悬液：称取氧化镁（MgO，化学纯）12 g，放入 100 mL 水中，摇匀。

（5）硫酸亚铁锌还原剂：称取锌粉（Zn，化学纯）与硫酸亚铁（$FeSO_4 \cdot 7H_2O$，化学纯）按 1 ∶ 5 混合，磨细。

（6）硼酸指示剂溶液：称取硼酸 20 g 溶于水中，稀释至 1 L，加入甲基红－溴甲酚绿指示剂 20 mL，并用稀碱或稀酸调节溶液为紫红色（pH 值约为 4.5）。

4. 操作步骤

（1）浸提：与酚二磺酸比色法相同。

（2）蒸馏：吸取滤液 25 mL，放入定氮蒸馏器中，加入氧化镁悬液 10 mL，通入蒸汽蒸馏去除铵态氮，待铵态氮去除后（用钠氏试剂检查），加入硫酸亚铁锌还原剂约 1 g，或节瓦尔德合金（过 60 号筛）0.2 g，继续蒸馏，在冷凝管下端用硼酸溶液吸收还原蒸出的氨，用盐酸标准溶液滴定。同时做空白实验。

5. 结果计算

$$\text{土壤硝态氮 } NO_3^- - N \text{ 含量}（mg \cdot kg^{-1}）= \frac{c \times (V - V_0) \times 14.0 \times ts}{m} \times 10^3。\qquad (3\text{–}43)$$

式中：$c$——盐酸标准溶液浓度（mol·$L^{-1}$）；

$V$——样品滴定用盐酸标准溶液体积（mL）；

$V_0$——空白滴定用盐酸标准溶液体积（mL）；

14.0——氮的原子摩尔质量（g·$mol^{-1}$）；

$ts$——分取倍数；

$10^3$——换算系数；

$m$——烘干样品质量（g）。

### （三）紫外分光光度法

1. 方法原理

土壤浸出液中的 $NO_3^-$ 在波长 210 nm 处有较高吸光度，而浸出液中的其他物质，除 $OH^-$、$CO_3^{2-}$、$HCO_3^-$、$NO_2^-$ 和有机质等外，吸光度均很小。将浸出液加酸中和酸化，即可消除 $OH^-$、$CO_3^{2-}$、$HCO_3^-$ 的干扰。$NO_2^-$ 一般含量极少，也很容易消除。因此，用校正因数法消除有机质的干扰后，即可用紫外分光光度法直接测定 $NO_3^-$ 的含量。

待测液酸化后，分别在 210 nm 和 275 nm 处测定吸光度。$A_{210}$ 是 $NO_3^-$ 和以有机质为主的杂质的吸光度；$A_{275}$ 是有机质的吸光度，因为 $NO_3^-$ 在 275 nm 处已无吸收。但有机质在 275 nm 处的吸光度比在 210 nm 处的吸光度要小 $R$ 倍，故将 $A_{275}$ 校正为有机质在 210 nm 处应有的吸光度后，从 $A_{210}$ 中减去，即得 $NO_3^-$ 在 210 nm 处的吸光度（$\Delta A$）。

2. 主要仪器

紫外－可见分光光度计、石英比色皿、往复式或旋转式振荡机［满足（180±20）r/min 的振荡频率或达到相同效果］、塑料瓶（200 mL）。

3. 试剂

（1）$H_2SO_4$ 溶液（1∶9）：取 10 mL 浓硫酸缓缓加入 90 mL 水中。

（2）氯化钙浸提剂［$c(CaCl_2)=0.01\ mol \cdot L^{-1}$］：称取 2.2 g 氯化钙（$CaCl_2 \cdot 6H_2O$，化学纯）溶于水中，稀释至 1 L。

（3）硝态氮标准贮备液［$\rho(N)=100\ mg \cdot L^{-1}$］：准确称取 0.7217 g 经 105～110 ℃烘 2 h 的硝酸钾（$KNO_3$，优级纯）溶于水，定容至 1 L，存放于冰箱中。

（4）硝态氮标准溶液［$\rho(N)=10\ mg \cdot L^{-1}$］：测定当天吸取 10.00 mL 硝态氮标准贮备液于 100 mL 容量瓶中，用水定容。

4. 操作步骤

（1）浸提

称取风干土样 10.00 g，放于 250 mL 三角瓶中，加入氯化钙浸提剂 50 mL，盖严瓶盖，摇匀，在振荡机上于 20～25 ℃振荡 30 min［（180±20）r/min］。放置澄清后，将悬液的上部清液用干滤纸过滤，澄清的滤液收集于干燥洁净的三角瓶中。

（2）测定

吸取滤液 5～20 mL 置于 50 mL 容量瓶中，用 1 cm 石英比色皿分别在 210 nm、275 nm 处进行比色，测定吸光度。

吸取 5.00～25.00 mL（视 $NO_3^-$－N 浓度）待测液于 50 mL 容量瓶中，加 1.00 mL 1∶9 $H_2SO_4$ 溶液酸化，用蒸馏水稀释至刻度，摇匀。用滴管将此液装入 1 cm 石英比色皿中，分别在 210 nm 和 275 nm 处测读吸光值（$A_{210}$ 和 $A_{275}$），以酸化的浸提剂调节仪器零点。以 $NO_3^-$ 的吸光值（$\Delta A$）通过标准曲线求得测定液中硝态氮含量。空白测定除不加试样外，其余均同样品测定。

$NO_3^-$ 的吸光值（$\Delta A$）可由下式求得：

$$\Delta A = A_{210} - A_{275} \times R。 \tag{3-44}$$

式中，$R$ 为校正因数，是土壤浸出液中杂质（主要是有机质）在 210 nm 和 275 nm 处的吸光度的比值。其确定方法为：

$A_{210}$ 是波长 210 nm 处浸出液中 $NO_3^-$ 的吸收值（$A_{210硝}$）与杂质（主要是有机质）的吸收值（$A_{210杂}$）的总和，即 $A_{210}= A_{210硝}+ A_{210杂}$，得出 $A_{210杂}= A_{210}-A_{210硝}$。选取部分土样，用酚二磺酸法测得 $NO_3^-$－N 的含量后，根据土液比和紫外分光光度法的工作曲线，即可计算各浸出液应有的$A_{210硝}$值，即可得出$A_{210杂}$。

$A_{275}$是浸出液中杂质（主要是有机质）在275 nm处的吸收值（因为$NO_3^-$在该波长处已无吸收），它比$A_{210杂}$小$R$倍，即$A_{210杂}=R\times A_{275}$，得出校正因数$R=A_{210杂}/A_{275}$。

（3）标准曲线的绘制

分别吸取10 $mg\cdot L^{-1}$ $NO_3^--N$标准溶液0、1.00、2.00、4.00、6.00、8.00 mL，用氯化钙浸提剂定容至50 mL，即0、0.2、0.4、0.8、1.2、1.6 $mg\cdot L^{-1}$的系列标准溶液。各取25.00 mL于50 mL三角瓶中，分别加1 mL 1∶9 $H_2SO_4$溶液摇匀后测$A_{210}$，计算$A_{210}$对$NO_3^--N$浓度的回归方程，或者绘制工作曲线。

5. 结果计算

$$\text{土壤中}NO_3^--N\text{含量}(mg\cdot kg^{-1})=\frac{\rho\times(NO_3^--N)\times V\times D}{m}。\qquad(3-45)$$

式中：$\rho(NO_3^--N)$——查标准曲线或从回归方程中求得测定液中$NO_3^--N$的质量浓度（$mg\cdot L^{-1}$）；

$V$——浸提剂体积（mL）；

$D$——浸出液稀释倍数；

$m$——土壤质量（g）。

6. 注意事项

（1）土壤硝态氮含量一般用新鲜样品测定，如需以硝态氮加铵态氮反映无机氮含量，则可用风干样品测定。

（2）一般土壤中$NO_2^-$含量很低，不会干扰$NO_3^-$的测定。如果$NO_2^-$含量高，可用氨基磺酸消除（$HNO_2+NH_2SO_3H\rightarrow N_2+H_2SO_4+H_2O$），它在210 nm处无吸收，不干扰$NO_3^-$测定。

（3）浸出液的盐浓度较高，操作时最好用滴管吸取注入槽中，尽量避免溶液溢出槽外，污染槽外壁，影响其透光性。

（4）大批样品测定时，可先测完各液（包括浸出液和标准系列溶液）的$A_{210}$值，再测$A_{275}$值，以避免逐次改变波长所产生的仪器误差。

（5）如需同时测定土壤$NH_4^+-N$，可选用2 $mol\cdot L^{-1}$ KCl或1 $mol\cdot L^{-1}$NaCl溶液制备待测液。但2 $mol\cdot L^{-1}$ KCl溶液本身在210 nm处吸光度较高，因此，同时测定土壤$NH_4^+-N$和$NO_3^--N$时，可选用吸光度较小的1 $mol\cdot L^{-1}$ NaCl溶液为浸提剂。

（6）如果吸光度很高（$A>1$），可从比色皿中吸出一半待测液，再加一半水稀释，重新测读吸光度，如此稀释直至吸光度小于0.8。再按稀释倍数，用氯化钙浸提剂将浸出液准确稀释测定。

（7）不同区域可根据多个土壤测定$R$值的统计平均值，作为其他土壤测试$NO_3^--N$的校正因数，其可靠性的大小依从于被测土壤的多少，测定的土壤越多，可靠性越大。

# 实验 3.10　土壤磷素分析

## 一、土壤全磷测定

### （一）目的意义

磷是植物必需的三大营养元素之一，包括无机态和有机态两大部分。矿质土壤以无机磷为主，多以吸附态在钙、铁、铝等的磷酸盐中存在；有机磷占全磷的 20% ~ 50%，多以高分子形态存在，有效性不高。我国土壤有机磷含量有由南至北逐渐增加的趋势。虽然土壤全磷含量并不能直接反映土壤的供磷能力，但如果土壤全磷很低（如$< 0.4\ g \cdot kg^{-1}$），则有可能供磷不足。

### （二）方法选择的依据

测定土壤全磷首先应将全部磷转化为可溶态。这种转化通常通过 3 个途径：一是用碱熔融；二是用强酸消煮；三是高温烧灼，然后用酸浸提。但常用的是碳酸钠（$Na_2CO_3$）熔融和硫酸－高氯酸（$H_2SO_4-HClO_4$）消煮。碳酸钠熔融法基本上可以将全部磷转化为可溶性，但此法费时，不适于大量标本的测定，而且要用昂贵的铂金坩埚，因此只在必要时采用，常常作为标准法应用。目前，我国已将 NaOH 熔融—钼锑抗比色法列为国家标准法。样品可在银或镍坩埚（图 3－12）中用 NaOH 熔融，是分解土壤全磷（或全钾）比较完全和简便的方法。

图 3－12　镍坩埚

我国通常采用硫酸－高氯酸消煮法。这种方法应用最普遍，比较简便，也有一定精度，且不需要铂金坩埚。此法虽然不及碳酸钠熔融法样品分解完全，但其分解率已达到全磷分析的要求。少量高氯酸的存在对磷的测定不产生干扰，但需用专门的通风橱。对于高度风化的土壤（红壤、砖红壤）或有包裹态磷灰石存在时，有提取不全、结果偏低的可能。对有机质含量高的土壤，还应注意有机质去除完全。

转入溶液后磷的测定可有多种方法，本节将着重介绍常用的比色法，主要是钼蓝比色法，即在酸性环境中，正磷酸根和钼酸铵反应生成磷钼杂多酸络合物 $H_3[P(Mo_3O_{10})]_4$，在锑剂的存在下，用抗坏血酸将其还原生成蓝色的络合物，再进行比色。这种方法通称为“钼锑法”，具有手续简便、显色稳定、干扰离子的允许含量较大等特点。

### （三）$H_2SO_4-HClO_4$ 法

1. 方法原理

在高温条件下，土壤中含磷矿物及有机磷化合物与高沸点的硫酸和强氧化剂高氯酸作用，使之完全分解，全部转换为正磷酸盐而进入溶液，和钼酸铵反应生成磷钼杂多酸络合物，在锑剂的存在下，用抗坏血酸将其还原生成蓝色的络合物，再进行比色。

$$H_3PO_4 + 12\,H_2MoO_4 \rightarrow H_3[PMo_{12}O_{40}] + 12H_2O$$

本法用于一般土壤样品分解率达 97% ~ 98%，但对红壤性土壤样品分解率只有 95% 左右。

2. 主要仪器

分光光度计、红外消化炉（图 3-13）。

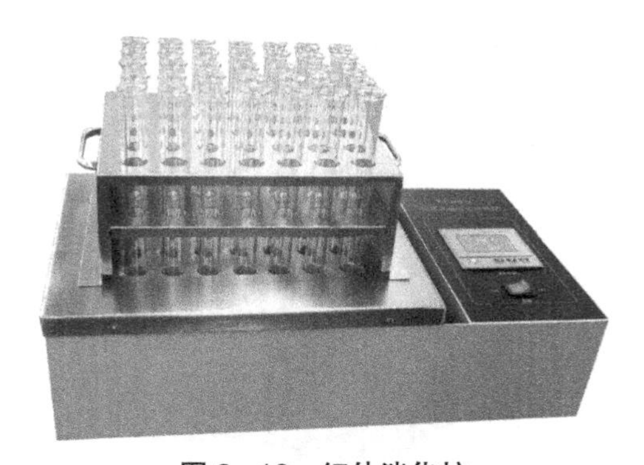

图 3-13　红外消化炉

3. 试剂

（1）浓硫酸（$H_2SO_4$，$\rho \approx 1.84\ g \cdot mL^{-1}$，分析纯）。

（2）高氯酸［$HClO_4$，$\omega(HClO_4) \approx 70\% \sim 72\%$，分析纯］。

（3）2，6-二硝基酚或 2，4-二硝基酚指示剂：二硝基酚 0.25 g 溶解于 100 mL 水中。此指示剂的变色点约为 pH 值=3，酸性时为无色，碱性时呈黄色。

（4）4 $mol \cdot L^{-1}$ 氢氧化钠溶液：氢氧化钠 16 g 溶解于 10 mL 水中。

（5）2 $mol \cdot L^{-1}$（$1/2H_2SO_4$）溶液：吸取浓硫酸 6 mL，缓缓加入 80 mL 水中，边加边搅动，冷却后加水至 100 mL。

（6）钼锑抗试剂。A 液：5 g·$L^{-1}$ 酒石酸氧锑钾溶液，取酒石酸氧锑钾 0.5 g，溶于 100 mL 水中。B 液：称取钼酸铵［$(NH_4)_6Mo_7O_{24}\cdot 4H_2O$］10 g，溶于 450 mL 水中，缓慢加入 153 mL 浓硫酸，边加边搅动。将上述 A 液加入 B 液中，最后加水至 1 L。充分摇匀，贮于棕色瓶中，此为钼锑抗混合液。

临用前（当天）称取抗坏血酸（$C_6H_8O_5$，化学纯）1.5 g，溶于 100 mL 钼锑抗混合液中，混匀，此为钼锑抗试剂。有效期 24 h，如存放于冰箱中则有效期更长。此试剂中 $H_2SO_4$ 为 5.5 mol·$L^{-1}$（$H^+$），钼酸铵为 10 g·$L^{-1}$，酒石酸氧锑钾为 0.5 g·$L^{-1}$，抗坏血酸为 15 g·$L^{-1}$。

（7）磷标准液：准确称取在 105 ℃烘箱中烘干的 $KH_2PO_4$（分析纯）0.2195 g，溶解在 400 mL 水中，加浓硫酸 5 mL（防长霉菌，可使溶液长期保存），转入 1 L 容量瓶中，加水至刻度，此溶液为 50 μg·$mL^{-1}$ 磷标准液。吸取上述标准液 25 mL，稀释至 250 mL，即 5 μg·$mL^{-1}$ 磷标准液（此液不宜久存）。

4. 操作步骤

（1）待测液的制备

准确称取通过 100 目筛的风干土样 0.5000 ~ 1.0000 g，置于 50 mL 开氏瓶（或 100 mL 消煮管）中，以少量水湿润后，加浓硫酸 8 mL，摇匀后，再加 70% ~ 72% $HClO_4$ 10 滴，摇匀，瓶口上加一个小漏斗，置于电炉上加热消煮，至溶液开始转白后继续消煮 20 min，全部消煮时间为 40 ~ 60 min。在样品分解的同时做一个空白实验，即所用试剂同上，但不加土样，同样消煮得空白消煮液。

将冷却后的消煮液导入 100 mL 容量瓶中（瓶内事先盛水 30 ~ 40 mL），用水冲洗开氏瓶或消煮管数次，待完全冷却后加水定容，静置过夜。次日小心吸取上层澄清液进行磷的测定；或者用干滤纸过滤，将滤液接收在 100 mL 干燥的三角瓶中待测定。

（2）测定

吸取澄清液 5 mL（对含磷量低于 0.56 g·$kg^{-1}$ 的样品可吸取 10 mL，以含磷量在 20 ~ 30 μg 为最好）注入 50 mL 容量瓶中，用水冲释至 30 mL，再加 2 mol·$L^{-1}$（$1/2H_2SO_4$）1 滴，使溶液的颜色刚刚褪去（这里不用 $NH_4OH$ 调节酸度，因消煮液浓度较大，需要较多碱去中和，而 $NH_4OH$ 浓度如超过 10 g·$L^{-1}$ 就会使钼蓝色迅速消退）。然后加钼锑抗试剂 5 mL，再加水定容至 50 mL，摇匀。30 min 后，以空白液为对照，在 880 nm 或 700 nm 波长下比色。

（3）标准曲线

准确吸取 5 μg·$mL^{-1}$ 磷标准液 0、1、2、4、6、8、10 mL，分别加入 50 mL 容量瓶中，加水至约 30 mL，再加空白实验定容后的消煮液 5 mL，调节溶液 pH 值至 3，然后加钼锑抗试剂 5 mL，最后用水定容至 50 mL。30 min 后进行比色。各瓶比色液磷的浓度分别为 0、0.1、0.2、0.4、0.6、0.8、1.0 μg·$mL^{-1}$。

5. 结果计算

$$土壤全磷含量（g \cdot kg^{-1}）=\frac{\rho \times V \times \frac{V_2}{V_1}}{m} \times 10^{-3}。\qquad (3-46)$$

式中：$\rho$——待测液中磷的质量浓度（$\mu g \cdot mL^{-1}$）；

$V$——样品制备液的体积（mL）；

$m$——烘干土质量（g）；

$V_1$——吸取滤液体积（mL）；

$V_2$——显色的溶液体积（mL）；

$10^{-3}$——换算系数。

6. 注意事项

（1）最后显色溶液中含磷量在 20 ~ 30 μg 为最好。控制磷的浓度主要通过称样量或最后显色时吸取待测液的体积。

（2）本法钼蓝显色液比色时用 880 nm 波长比 700 nm 更灵敏，一般分光光度计为 721 型，只能选 700 nm 波长。

### （四）NaOH 熔融—钼锑抗比色法

1. 方法原理

土壤样品与氢氧化钠熔融，使土壤中含磷矿物及有机磷化合物全部转化为可溶性正磷酸盐，用水和稀硫酸溶解熔块，在规定条件下样品溶液与钼锑抗显色剂反应，生成磷钼蓝，用分光光度法定量测定。

2. 主要仪器

（1）土壤样品粉碎机。

（2）土壤筛：孔径 1 mm 和 0.149 mm。

（3）分析天平：感量为 0.0001 g。

（4）镍（或银）坩埚：容量≥ 30 mL。

（5）高温电炉：温度可调（0 ~ 1000 ℃）。

（6）分光光度计：要求包括 700 nm 波长。

（7）容量瓶：50、100、1000 mL。

（8）移液管：5、10、15、20 mL。

（9）漏斗：直径 7 cm。

（10）烧杯：150、1000 mL。

（11）玛瑙研钵。

3. 试剂

所有试剂除注明者外皆为分析纯，水均指蒸馏水或去离子水。

（1）氢氧化钠（GB/T 629—1997）。

（2）无水乙醇（GB/T 678—2002）。

（3）100 g·$L^{-1}$ 碳酸钠溶液：10 g 无水碳酸钠（GB/T 639—2008）溶于水后，稀释至 100 mL，摇匀。

（4）50 mL·$L^{-1}$ 硫酸溶液：吸取 5 mL 浓硫酸（GB/T 625—2007，95.0%～98.0%，比重 1.84 g·$mL^{-1}$）缓缓加入 90 mL 水中，冷却后加水至 100 mL。

（5）3 mol·$L^{-1}$ 硫酸溶液：量取 160 mL 浓硫酸缓缓加入盛有 800 mL 左右水的大烧杯中，不断搅拌，冷却后再加水至 1000 mL。

（6）二硝基酚指示剂：称取 0.2 g 2，6-二硝基酚溶于 100 mL 水中。

（7）0.5 g·$L^{-1}$ 酒石酸锑钾溶液：称取化学纯酒石酸锑钾 0.5 g 溶于 100 mL 水中。

（8）硫酸钼锑贮备液：量取 126 mL 浓硫酸，缓缓加入 400 mL 水中，不断搅拌，冷却。另称取经磨细的钼酸铵（GB/T 657—2011）10 g 溶于温度约 60 ℃的 300 mL 水中，冷却。然后将硫酸溶液缓缓倒入钼酸铵溶液中，再加入 5 g·$L^{-1}$ 酒石酸锑钾溶液 100 mL，冷却后，加水稀释至 1000 mL，摇匀，贮于棕色试剂瓶中，此贮备液含钼酸铵 10 g·$L^{-1}$、硫酸 2.25 mol·$L^{-1}$。

（9）钼锑抗显色剂：称取 1.5 g 抗坏血酸（左旋，旋光度+21°～22°）溶于 100 mL 钼锑贮备液中。此溶液有效期不长，宜用时现配。

（10）磷标准贮备液：准确称取经 105 ℃烘干 2 h 的磷酸二氢钾（GB/T 1274—2011，优级纯）0.4390 g，用水溶解后，加入 5 mL 浓硫酸，然后加水定容至 1000 mL。该溶液含磷 100 mg·$L^{-1}$，放入冰箱可供长期使用。

（11）5 mg·$L^{-1}$ 磷标准溶液：吸取 5 mL 磷贮备液，放入 100 mL 容量瓶中，加水定容。该溶液用时现配。

（12）无磷定性滤纸。

4. 操作步骤

（1）样品制备

取通过 1 mm 孔径筛的风干土样，在牛皮纸上铺成薄层，划分成许多小方格。用小勺在每个方格中提取出等量土样（总量不少于 20 g）于玛瑙研钵中进一步研磨，使其全部通过 0.149 mm 孔径筛。混匀后装入磨口瓶中备用。

（2）熔样

准确称取风干样品 0.25 g，精确到 0.0001 g，小心放入镍（或银）坩埚底部，切勿黏在壁上。加入无水乙醇 3～4 滴，润湿样品，在样品上平铺 2 g 氢氧化钠。将坩埚（处理大批样品时，暂放入大干燥器中以防吸潮）放入高温电炉，升温。当温度升至 400 ℃左右时，切断电源，暂停 15 min。然后继续升温至 720 ℃，并保持 15 min，取出冷却。加入约 80 ℃的水 10 mL，待熔块溶解后，将溶液无损失地转入 100 mL 容量瓶内，同时用 3 mol·$L^{-1}$ 硫酸溶液 10 mL 和水多次洗坩埚，洗涤液也一并移入该容量瓶，冷却，定容，用无磷定性滤纸过滤或离心澄清。同时做空白实验。

（3）绘制校准曲线

分别吸取 5 mg · $L^{-1}$ 磷标准溶液 0、2、4、6、8、10 mL 于 50 mL 容量瓶中，同时加入与显色测定所用的样品溶液等体积的空白溶液及二硝基酚指示剂 2 ~ 3 滴，并用 100 g · $L^{-1}$ 碳酸钠溶液或 50 mL · $L^{-1}$ 硫酸溶液调节溶液至刚呈微黄色。准确加入钼锑抗显色剂 5 mL，摇匀，加水定容，即得含磷量分别为 0、0.2、0.4、0.8、1.0 mg · $L^{-1}$ 的标准溶液系列。摇匀，于 15 ℃以上温度放置 30 min 后，在波长 700 nm 处测定其吸光度，并制作标准曲线。

（4）样品溶液中磷的测定

显色：吸取待测样品溶液 2 ~ 10 mL（含磷 0.04 ~ 1.0 μg）于 50 mL 容量瓶中，用水稀释至总体积约 3/5 处。加入二硝基酚指示剂 2 ~ 3 滴，并用 100 g · $L^{-1}$ 碳酸钠溶液或 50 mL · $L^{-1}$ 硫酸溶液调节溶液至刚呈微黄色。准确加入 5 mL 钼锑抗显色剂，摇匀，加水定容。在室温 15 ℃以上条件下，放置 30 min。

比色：显色的样品溶液在分光光度计上波长 700 nm 处比色，以空白实验为参比液调节仪器零点，进行比色测定，读取吸光度。从校准曲线上查得相应的含磷量。

5. 结果计算

$$\text{土壤全磷含量}（g \cdot kg^{-1}）= \frac{\rho \times V_1 \times \frac{V_2}{V_3}}{m} \times 10^{-3}。 \tag{3-47}$$

式中：$\rho$——从校准曲线上查得待测样品溶液中磷的含量（mg · $L^{-1}$）；

$m$——烘干土质量（g）；

$V_1$——样品熔融后的定容体积（mL）；

$V_2$——显色时溶液定容的体积（mL）；

$V_3$——从熔样定容后分取的体积（mL）；

$10^{-3}$——将 mg · $L^{-1}$ 浓度单位换算为百分含量的换算因数。

结果用两次平行测定结果的算术平均值表示，保留小数点后 3 位。

允许差：平行测定结果的绝对相差不得超过 0.05 g · $kg^{-1}$。

6. 注意事项

（1）要求吸取待测液中含 5 ~ 25 μg 磷。事先可以吸取一定量的待测液，显色后用目测法观察颜色深度，然后估算出应该吸取待测液的体积（5 ~ 10 mL）。

（2）钼锑抗法要求显色液中硫酸浓度为 $c$（$1/2H_2SO_4$）=0.55 mol · $L^{-1}$。如果酸度小于 $c$（$1/2H_2SO_4$）=0.45 mol · $L^{-1}$，虽然显色加快，但稳定时间较短；如果酸度大于 $c$（$1/2H_2SO_4$）=0.65 mol · $L^{-1}$，则显色变慢。因此，待测液中原有酸度如不确定，必须先行中和除去。

（3）若待测液中锰的含量较高时，最好用 $Na_2CO_3$ 溶液调节 pH 值，以免产生氢氧化锰沉淀，以后酸化时也难以再溶解。

（4）钼锑抗法要求显色温度为 15 ~ 60 ℃，如果室温低于 15℃，可放置在 30 ~ 40 ℃的烘箱中保温 30 min，取出冷却后比色。

## 二、土壤速效磷测定

### （一）测定意义

土壤速效磷也称土壤有效磷，包括水溶性磷和弱酸溶性磷。土壤中有效磷的含量随土壤类型、气候、施肥水平、灌溉、耕作栽培措施等条件的不同而异。通过土壤有效磷的测定，有助于了解近期土壤供应磷的情况，为合理施用磷肥及提高磷肥利用率提供依据。

但到目前为止，还无法真正测定土壤有效磷的数量。通常所谓的土壤有效磷只是指某一特定方法所测出的磷量，同一土壤用不同的方法测得的有效磷含量可以有很大差异，即使用同一浸提剂，浸提时的土液比、温度、时间、振荡方式和强度等条件的变化对测定结果也会产生很大的影响。所以，有效磷含量只是一个相对的指标，在某种程度上具有统计学意义而不是指土壤中“真正”有效磷的“绝对含量”。只有用同一方法，在严格控制的相同条件下，测得的结果才有相互比较的意义。在报告有效磷测定的结果时，必须同时说明所使用的测定方法。

土壤速效磷的测定中，浸提剂的选择主要是根据土壤的类型和性质而定。浸提剂是否适用，必须通过田间实验来验证。浸提剂的种类很多，近 20 年各国渐趋于使用少数几种浸提剂，以利于测定结果的比较和交流。我国目前使用最广泛的浸提剂是 0.5 mol · $L^{-1}$ 的 $NaHCO_3$ 溶液（Olsen 法），测定结果与作物反应有良好的相关性，适用于石灰性土壤、中性土壤及酸性水稻土。此外，还使用 0.03 mol · $L^{-1}$ $NH_4F$ - 0.025 mol · $L^{-1}$ HCl 溶液（Bray I 法）为浸提剂，适用于酸性土壤和中性土壤。

### （二）中性和石灰性土壤速效磷的测定——0.5 mol · $L^{-1}$ $NaHCO_3$ 法（Olsen 法，1954）

1. 方法原理

用 pH 值 = 8.5 的 0.5 mol · $L^{-1}$ $NaHCO_3$ 作浸提剂处理土壤，碳酸根的存在抑制了土壤中碳酸钙的溶解，降低了溶液中 $Ca^{2+}$ 的浓度，相应地提高了磷酸钙的溶解度。由于浸提剂的 pH 值较高，抑制了 $Fe^{3+}$ 和 $Al^{3+}$ 的活性，有利于磷酸铁和磷酸铝的提取。此外，溶液中存在着 $OH^-$、$HCO_3^-$、$CO_3^{2-}$ 等阴离子，也有利于吸附态磷的置换。用 $NaHCO_3$ 作浸提剂提取的有效磷与作物吸收磷有良好的相关性，其适应范围也广泛。

浸出液中的磷在一定的酸度下可用硫酸钼锑抗还原显色成磷钼蓝，蓝色的深浅在一定浓度范围内与磷的含量多少成正比，因此，可以用比色法测定其含量。

2. 主要仪器

天平、分光光度计、振荡机、500 mL 容量瓶、100 mL 三角瓶、250 mL 细口瓶、移液管、漏斗、无磷滤纸。

3. 试剂

（1）0.5 mol · $L^{-1}$ 碳酸氢钠溶液：称取化学纯碳酸氢钠 42 g 溶于 800 mL 蒸馏水中，冷却后以 0.5 mol · $L^{-1}$ 氢氧化钠调节 pH 值至 8.5，然后稀释至 1000 mL，定容至刻度，贮存于试剂瓶中（塑料瓶比玻璃瓶中容易保存）。此溶液曝于空气中会因失去 $CO_2$ 而使 pH 值偏高，可于液面加一层矿物油保存。如果贮存期超过 1 个月，使用时应重新调整 pH 值。

（2）无磷活性炭：活性炭先用 2 mol · $L^{-1}$ 的 HCl 浸泡过夜，在布氏平板瓷漏斗上抽滤，用蒸馏水冲洗多次至无 $Cl^-$ 为止，再用 0.5 mol · $L^{-1}$ $NaHCO_3$ 溶液浸泡过夜，在平板瓷漏斗上抽滤，用蒸馏水淋洗多次，并检查至无磷为止，烘干备用。如含磷较少，则直接用 $NaHCO_3$ 处理即可。

钼锑抗试剂和磷标准液同“全磷 $H_2SO_4-HClO_4$ 法”。

4. 操作步骤

（1）土壤浸提

称取通过 1 mm 筛孔的风干土壤样品 2.5 g（精确到 0.001 g），置于 150 mL 三角瓶（或大试管）中，准确加入 0.5 mol · $L^{-1}$ $NaHCO_3$ 50 mL，再加一小勺无磷活性炭，用橡皮塞塞紧瓶口，在振荡机上振荡 30 min，立即用干燥无磷滤纸过滤，滤液承接于 100 mL 干燥的三角瓶中。若滤液不清，重新过滤。

（2）待测液中磷的测定

吸取滤液 10 mL（含磷量高时吸取 2.5 ~ 5 mL，同时补加 0.5 mol · $L^{-1}$ $NaHCO_3$ 溶液至 10 mL）于 150 mL 三角瓶中，再用滴定管准确加入蒸馏水 35 mL，然后用移液管慢慢加入钼锑抗试剂 5 mL，充分摇匀，放置 30 min 后，在 880 nm 或 700 nm 波长处比色，比色时需同时做空白（用 0.5 mol · $L^{-1}$ $NaHCO_3$ 溶液代替待测液，其他步骤同上）测定。以空白液的吸收值为 0，读出待测液的吸收值，对照标准曲线，查出待测液中磷的含量，然后计算出土壤中速效磷的含量。

（3）磷标准曲线的绘制

分别吸取 5 μg · $mL^{-1}$ 磷标准溶液 0、1.0、2.0、3.0、4.0、5.0 mL 于 150 mL 三角瓶中，再逐个加入 0.5 mol · $L^{-1}$ $NaHCO_3$ 溶液 10 mL，准确加水使各瓶的总体积达到 45 mL，摇匀；最后加入钼锑抗试剂 5 mL，充分摇匀，此系列溶液磷的质量浓度分别为 0、0.1、0.2、0.3、0.4、0.5 μg · $mL^{-1}$。静置 30 min，然后同待测液一起进行比色。以溶液质量浓度作为横坐标，以吸光度作为纵坐标，绘制标准曲线。

5. 结果计算

$$土壤中速效磷含量（mg \cdot kg^{-1}）= \frac{\rho \times V \times ts}{m \times 10^3} \times 1000。\quad (3-48)$$

式中：$\rho$——从工作曲线查得显色液的磷含量（$\mu g \cdot mL^{-1}$）；

$V$——显色液体积（50 mL）；

$ts$——分取倍数（浸提液总体积与吸取浸出液体积之比）；

$m$——烘干土质量（g）；

$10^3$——将 μg 换算成 mg；

1000——将 g 换算 kg。

6. 注意事项

（1）钼锑抗混合显色剂的加入量要准确。

（2）加入混合显色剂后，即产生大量的 $CO_2$ 气体，若使用容量瓶，由于容量瓶口小，$CO_2$ 气体不易逸出，在混匀的过程中易造成试液外溢，导致测定误差，因此必须小心慢慢加入，同时充分摇动而排出 $CO_2$，以避免 $CO_2$ 的存在影响比色结果。

（3）此法受温度影响很大，一般测定应在 20 ~ 25 ℃下进行。如室温低于 20 ℃，可将三角瓶（容量瓶）放在 30 ~ 40 ℃的热水中保温 20 min，取出冷却后进行比色。

（4）0.5 $mol \cdot L^{-1}$ $NaHCO_3$ 测土壤有效磷分级标准可参考表 3－6。

**表 3－6　土壤有效磷分级标准**

| 土壤速效磷的含量/（$mg \cdot kg^{-1}$） | ＜ 10 | 10 ~ 20 | ＞ 20 |
|---|---|---|---|
| 土壤供磷水平 | 低 | 中等 | 高 |

7. 注意事项

（1）活性炭对 $PO_4^{3-}$有明显的吸附作用，当溶液中同时存在大量的 $HCO_3^-$离子时，活性炭颗粒表面被饱和，抑制了活性炭对 $PO_4^{3-}$的吸附作用。

（2）浸提温度对本法的测定结果影响很大。有关资料曾用不同方式校正浸提温度对测定结果的影响，但这些方法都是在某些地区和某一条件下所得的结果，对于各地区不同土壤和条件下不能完全适用，因此，必须严格控制浸提时的温度条件。一般要在室温（20 ~ 25 ℃）下进行，具体分析时，前后各批样品应在这个范围内选择一个固定的温度，以便对各批结果进行相对比较。最好在恒温振荡机上进行提取，显色温度（20 ℃左右）较易控制。

（3）取 0.5 $mol \cdot L^{-1}$ $NaHCO_3$ 浸提滤液 10 mL 于 50 mL 容量瓶中，加水和钼锑抗试剂后，即产生大量的 $CO_2$ 气体，由于容量瓶口小，$CO_2$ 气体不易逸出，在摇匀过程中，常造成试液外溢，造成测定误差。为了克服这个缺点，可以准确加入提取液、水和钼锑抗试剂（共计 50 mL）于三角瓶中，混匀，显色。

### （三）酸性土壤速效磷的测定——0.03 mo1 · $L^{-1}$ $NH_4F$–0.025 mol · $L^{-1}$ HCl 法（Bray I 法，1945）

1. 方法原理

酸性土壤中的磷主要是以 Fe–P、Al–P 的形态存在，利用氟离子在酸性溶液中络合 $Fe^{3+}$和 $Al^{3+}$的能力，可使这类土壤中比较活跃的磷酸铁铝盐被陆续活化释放，同时由于 $H^+$的作用，也能溶解出部分活性较大的 Ca–P，然后用钼锑抗比色法进行测定。

2. 主要仪器

往复振荡机、分光光度计或光电比色计。

3. 试剂

（1）浸提剂［$c$（$NH_4F$）=0.03 mol · $L^{-1}$，$c$（HCl）=0.025 mol · $L^{-1}$］：称取 1.11 g $NH_4F$ 溶于 800 mL 水中，加 1.0 mol · $L^{-1}$ HCl 25 mL，然后稀释至 1 L，贮于塑料瓶中。

（2）硼酸溶液［$c$（$H_3BO_3$）=0.8mol · $L^{-1}$］：49.0 g $H_3BO_3$ 溶于约 900 mL 热水中，冷却后稀释至 1 L。

其余试剂同“全磷 $H_2SO_4$–$HClO_4$ 法”。

4. 操作步骤

称取通过 1 mm 筛孔的风干土样品 5 g（精确到 0.01 g）于 150 mL 塑料杯中，加入 0.03 mol · $L^{-1}$ $NH_4F$–0.025 mol · $L^{-1}$ HCl 浸提剂 50 mL，在 20 ~ 30 ℃条件下振荡 30 min，取出后立即用干燥漏斗和无磷滤纸过滤于塑料杯中，同时做试剂空白实验。

吸取滤液 10 ~ 20 mL（含 5 ~ 25 μg 磷）于 50 mL 容量瓶中，加入 10 mL 0.8 mol · $L^{-1}$ $H_3BO_3$，再加入二硝基酚指示剂 2 滴，用稀 HCl 和 NaOH 液调节 pH 值至待测液呈微黄，用钼锑抗比色法测定磷，后续步骤与前法相同。同时做试剂空白实验。

5. 结果计算

与碳酸氢钠法相同。

6. 注意事项

（1）对于风化程度较高的土壤，也可用 0.03 mol · $L^{-1}$ $NH_4F$–0.1 mol · $L^{-1}$ HCl 作为浸提剂，测定步骤同碳酸氢钠法。

（2）0.03 mol · $L^{-1}$ $NH_4F$–0.025 mol · $L^{-1}$ HCl 法测定土壤有效磷，可参考表 3–7 的分级标准。

表 3–7　土壤有效磷分级标准

| 土壤速效磷的含量/（mg · $kg^{-1}$） | < 3 | 3 ~ 7 | 7 ~ 20 | > 20 |
|---|---|---|---|---|
| 土壤供磷水平 | 极低 | 低等 | 中等 | 高 |

# 实验 3.11　土壤钾素分析

## 一、土壤全钾测定

### （一）目的意义

土壤钾素按形态可分为水溶性钾、交换性钾、非交换性钾和矿物态钾。根据对作物的有效性，可将水溶性钾和交换性钾称为速效钾，非交换性钾称为缓效钾，矿物晶格中的钾称为无效钾。不同形态的钾处于一种动态变化之中。因此，全钾含量的高低虽然不能反映钾素对作物的有效性，但能反映土壤潜在供钾能力。一般而言，全钾含量较高的土壤，其缓效钾和速效钾的含量也相对较高。因此，测定土壤全钾量对于了解土壤的供钾潜力，以及合理分配和施用钾肥，特别是制定大范围的施肥决策，具有十分重要的意义。

### （二）氢氧化钠熔融法

1. 方法原理

土壤样品经强碱熔融后，难溶的硅酸盐分解成可溶性化合物，土壤矿物晶格中的钾转变为可溶性钾形态，同时，土壤中的不溶性磷酸盐也转变成可溶性磷酸盐，在以稀硫酸溶解熔融物后，即得到可供同时测定全磷和全钾的待测液。

用火焰光度计法测定钾含量是将待测液在高温激发下辐射出钾元素的特征光谱，通过钾滤光片，经光电池或光电倍增管，把光能转换为电能，放大后用微电流表（检流计）指示其强度。从根据钾标准溶液浓度和检流计读数绘制的标准工作曲线上，即可查出待测液的钾浓度，然后计算样品的钾含量。

2. 主要仪器

银（或镍）坩埚（带盖、30 mL）、高温电炉、火焰光度计、干燥器、容量瓶。

3. 试剂

（1）氢氧化钠（NaOH，分析纯）。

（2）无水乙醇。

（3）盐酸（1 ∶ 1）。

（4）硫酸溶液［$c$（1/2 $H_2SO_4$）=9 mol・$L^{-1}$］：在硬质烧杯中，将 250 mL 浓硫酸缓缓倒入 700 mL 水中，不断搅拌，冷却后稀释至 1 L。

（5）钾标准溶液：称取 0.1907 g KCl（在 110 ℃下烘 2 h）溶于水中，定容至 1 L，即钾标准液［$\rho$（K）=100 mg・$L^{-1}$］。吸取该标准液 2、5、10、20、30、40、50 mL，分别置于 100 mL 容量瓶中，加 NaOH 0.4 g 和硫酸溶液 1 mL，以使标准液中的离子成分和待测液相近，然后加水定容至 100 mL，即得浓度为 2、5、10、20、30、40、50 mg・$L^{-1}$ 的钾标准溶液。

4. 操作步骤

（1）待测液制备：称取烘干土样（过 100 目筛）约 0.250 g 于银坩埚底部，加几滴无水乙醇湿润，然后加 2.0 g 固体氢氧化钠，平铺于土样的表面，在准备各个样品的过程中可将其暂放在干燥器中，以防吸潮。

待所有样品在银坩埚中放好后，将坩埚在低温时放入高温电炉内，由低温升至 400 ℃后关闭电源，15 min 后继续升温至 720 ℃。保持此温度 15 min 后，取出坩埚（之所以采取不连续的升温，是为了防止坩埚内样品由于突然加热而随氢氧化钠溅出）。

在冷却的坩埚内加 10 mL 水，加热至 80 ℃左右，待熔块溶解后，再煮沸 5 min，不经过滤直接转入 50 mL 容量瓶中，然后用少量硫酸溶液清洗坩埚数次，洗液一起倒入容量瓶中，使总体积至 40 mL 左右，再加 HCl 5 滴，以使银离子沉淀，防止其对重量法和容量法测定全钾的干扰。加硫酸溶液 5 mL，以中和多余的 NaOH。最后用水定容、过滤，此待测液可供磷和钾的测定。

（2）测定：吸取待测液 5.00 mL 或 10.00 mL 于 50 mL 容量瓶中，用水定容，直接在火焰光度计上测定。在系列钾标准溶液输入标定以后，可从仪器直接获得钾浓度的读数。对于一些比较老式的火焰光度计，要先用钾标准溶液绘制工作曲线，然后通过样品的检流计读数，在工作曲线上查得待测液的钾浓度。

（3）工作曲线的绘制：将配制好的钾标准系列溶液以最大浓度调至火焰光度计的满度，然后从稀到浓依序进行测定，以钾浓度为横坐标，检流计读数为纵坐标，绘制标准曲线。

5. 结果计算

$$\omega(\mathrm{K}) = \frac{\rho \times V \times ts \times 10^{-6}}{m} \times 100。\quad (3\text{–}49)$$

式中：$\omega$（K）——土壤全钾含量（%）；

$\rho$——仪器直接测定或从工作曲线上查得的测定仪的钾浓度（$mg \cdot L^{-1}$）；

$V$——测定液定容体积（mL）；

$ts$——分取倍数（原待测液总体积与吸取的待测液体积之比）；

$m$——样品质量（g）；

$10^{-6}$——将毫克换算成克和将毫升换算成升的系数。

### （三）氢氟酸–高氯酸消煮法

1. 方法原理

氢氟酸–高氯酸（HF–$HClO_4$）消煮法是较为常用的测定全钾和全钠的方法。HF 中的 F 通过和 Si 反应，分解了硅酸盐矿物形成的 $SiF_4$，在强酸存在条件下可加热挥发。高浓度的 $HClO_4$ 在高温条件下是很强的氧化剂，可以分解土壤样品中的有机质。同时，$HClO_4$ 还可以有效去除样品中多余的 HF。

2. 主要仪器

铂金坩埚（30 mL）、火焰光度计。

3. 试剂

（1）氢氟酸［HF，$\omega$（HF）=48%，分析纯］。

（2）高氯酸［$HNO_3$，$\omega$（$HClO_4$）=70% ~ 72%，分析纯］。

（3）盐酸（1 ∶ 1）。

（4）硝酸［$HNO_3$，$\omega$（$HNO_3$）=70%，分析纯］。

4. 操作步骤

称取烘干土样（过 10 目筛）0.100 g 于铂金坩埚中，先加几滴水将土样湿润，然后加 5 mL HF 和 0.5 mL $HNO_3$，如果是有机土壤，则要加 3 mL $HNO_3$ 和 1 mL $HClO_4$。将装有酸–土混合物的坩埚在电热板上加热，直到 $HClO_4$ 冒烟，待坩埚冷却后，再加 5 mL HF 继续加热。

加热时，坩埚盖不要盖严，要留有缝隙。蒸发坩埚内的混合物使其干燥。取出坩埚冷却后，加 2 mL 水和几滴 $HClO_4$，再将坩埚加热蒸发至干。冷却后移出坩埚，加 5 mL 盐酸溶液和大约 5 mL 水，将坩埚加热至里面的溶液轻微沸腾。如果样品没有完全溶解，可蒸干溶液，重新加 5 mL HF 和 0.5 mL $HNO_3$ 再消煮一次。

当残留物在 HCl 中完全溶解后，将溶液过滤于 100 mL 容量瓶中，洗滤纸数次后定容，该溶液可直接用火焰光度计测定钾含量。

5. 结果计算

同氢氧化钠熔融法。

## 二、土壤速效钾的测定

### （一）测定意义

植物一般直接从土壤中吸收水溶性钾，但交换性钾可以很快和水溶性钾达到平衡，因此，土壤速效钾包括水溶性钾和交换性钾。土壤中的交换性钾是指由于静电引力而吸附在土壤胶体表面，并能被加到土壤中的盐溶液的阳离子在短时间内代换的部分钾。在测定土壤交换性钾的过程中，如果不减去水溶性钾，所得的结果就是速效钾。速效钾是最能直接反映土壤供钾能力的指标，尤其对当季作物而言，速效钾和作物吸钾量之间往往有比较好的相关性。测定土壤速效钾的含量，可以作为合理施用钾肥的重要依据。

### （二）方法选择的依据

由于交换性钾的意义十分明确，因此，凡是能通过交换作用代换这部分钾的试剂，都可用来作为提取剂，如 $NaNO_3$、NaOAc、$CaCl_2$、$BaCl_2$、$NH_4NO_3$ 和 $NH_4OAc$

等。但是，使用不同提取剂所得结果不一致。最常用的提取剂是中性的乙酸铵 [$c$（$NH_4CH_3COO$）$=1\ mol \cdot L^{-1}$]。用 $NH_4^+$作为 $K^+$的代换离子有其他离子不能取代的优越性，因为 $NH_4^+$与 $K^+$的半径相近，水化能也相似，$NH_4^+$能有效取代土壤矿物表面的交换性钾，同时 $NH_4^+$进入矿物层间，能有效引起层间收缩，不会使矿物层间的非交换性钾释放出来。$NH_4^+$将土壤颗粒表面的交换性钾和矿物层间的非交换性钾区分开来，不会因提取时间和淋洗次数的增加而显著增加钾提取量，所以用 $NH_4^+$作提取剂测得的交换性钾结果比较稳定，重现性好，而且 $NH_4OAc$ 提取剂对火焰光度计测钾没有干扰。

### （三）乙酸铵提取法

1. 方法原理

采用火焰光度计法。以醋酸铵作浸提剂，将土壤胶体上的 $K^+$、$Na^+$、$Mg^{2+}$等代换性阳离子代换下来，浸提液中的钾离子可用火焰光度计直接测定。为了抵消醋酸铵的干扰影响，标准钾溶液也需要用 $1\ mol \cdot L^{-1}$ 醋酸铵配制。

2. 主要仪器

火焰光度计、振荡机、天平（0.01 g）、三角瓶（100 mL、50 mL）、容量瓶（100 mL）、量筒（50 mL）、漏斗。

3. 试剂

（1）$1\ mol \cdot L^{-1}$ 中性醋酸铵（pH 值=7）溶液：称取化学纯醋酸铵 77.09 g，溶于蒸馏水后稀释至近 1 L，用稀醋酸或 1 ∶ 1 浓氨水调节至中性，再定容至 1 L。

（2）钾标准溶液：准确称取经过 110 ℃烘干（4 ~ 6 h）的分析纯氯化钾 0.1907 g，溶于中性醋酸铵溶液中，定容至 1 L，此液即含 $100\ mg \cdot L^{-1}$ 钾的醋酸铵溶液。

（3）钾标准系列溶液：分别吸取 $100\ mg \cdot mL^{-1}$ 钾标准液 0、2.5、5、10、15、20、40 mL 于 100 mL 容量瓶中，用 $1\ mol \cdot L^{-1}$ 醋酸铵溶液定容，摇匀，即得 0、2.5、5、10、15、20、40 $mg \cdot L^{-1}$ 钾标准系列溶液。

4. 操作步骤

（1）称取通过 1 mm 筛孔的风干土样 5.00 g 于 100 mL 三角瓶中，加入 $1\ mol \cdot L^{-1}$ 中性醋酸铵溶液 50 mL，用橡皮塞塞紧，振荡 30 min，立即用干的普通定性滤纸过滤。

（2）滤液承接于小三角瓶中，同钾标准系列溶液一起在火焰光度计上测定，记录检流计的读数，然后从标准曲线上求得待测钾浓度。

（3）标准曲线的绘制：用浓度最大的钾标准溶液调节火焰光度计的检流计读数为满度（100），然后将配制的钾标准系列溶液从稀到浓依序进行测定，记录检流计的读数。以检流计读数为纵坐标，钾浓度为横坐标，绘制标准曲线。

5. 结果计算

$$\omega(K) = \frac{\rho \times V \times ts}{m}。 \quad (3\text{–}50)$$

式中：$\omega$（K）——速效钾的质量分数（mg·kg$^{-1}$）；

$\rho$——仪器直接测定或从工作曲线上查得的测定仪的钾浓度（mg·L$^{-1}$）；

$V$——测定液定容体积（mL）；

$ts$——分取倍数（原待测液总体积与吸取的待测液体积之比）；

$m$——样品质量（g）。

6. 注意事项

（1）醋酸铵提取剂必须是中性的，加入醋酸铵溶液于土壤样品后，不宜放置过久，否则可能有一部分矿物钾转入溶液中，使速效钾含量偏高。

（2）用醋酸铵配制的钾标准溶液不能放置过久，否则影响测定结果。

（3）该法测定土壤有效钾分级标准如表 3-8 所示。

**表 3-8　土壤有效钾分级标准**

| 土壤速效钾/（mg·kg$^{-1}$） | $< 70$ | 70 ~ 116 | $> 116$ |
|---|---|---|---|
| 供钾水平 | 低 | 中 | 高 |

## 【思考题】

1. 怎样正确使用和维护火焰光度计？
2. 用醋酸铵配制的钾标准溶液不能放置过久，为什么？

### （四）四苯硼钠比浊法

1. 方法原理

在微碱性介质中，四苯硼钠与 $K^+$反应，可形成微小颗粒的四苯硼钾沉淀。悬浊液中含钾 3 ~ 20 mg·L$^{-1}$，符合比尔定律，可用比浊法测定钾浓度。当用此法测定时，$NH_4^+$有干扰，故提取剂选用硝酸钠溶液。此法结果偏低，且精度比较差，故只供使用火焰光度计的实验室采用。

2. 主要仪器

分光光度计或光电比色计、往复式振荡机。

3. 试剂

（1）硝酸钠溶液［$c$（$NaNO_3$）=1.0 mol·L$^{-1}$］：称取 85.0 g 硝酸钠溶于水中，稀释至 1 L。

（2）甲醛-EDTA 掩蔽剂：称取 2.50 g EDTA 二钠盐（$C_{10}H_{14}N_2Na_2O_8 \cdot 2H_2O$）溶于 20 mL 0.05 mol·L$^{-1}$ 硼砂溶液中，加入 80 mL 甲醛溶液，混匀后即成 pH 值=9.2 的掩蔽剂。此溶液用四苯硼钠做空白检查，应无混浊生成。

（3）四苯硼钠溶液（$\rho$ [$NaB(C_6H_5)_4$] =30 g · $L^{-1}$）：称取 3.00 g 四苯硼钠 [$NaB(C_6H_5)_4$] 溶于 100 mL 水中，加 10 滴氢氧化钠溶液 [$c$ (NaOH) =0.2 mol · $L^{-1}$]，放置过夜后过滤，贮于棕色瓶中备用。

（4）钾标准液：分别吸取 100 mg · $mL^{-1}$ 钾标准液 1、2.5、5、7.5、10、12.5、15 mL 于 50 mL 容量瓶中，用 1 mol · $L^{-1}$ 硝酸钠溶液定容，摇匀，即得 2、5、10、15、20、25、30 mg · $L^{-1}$ 钾标准系列溶液。

4. 操作步骤

（1）称取风干土样（粒径小于 2 mm）5.00 g 于 150 mL 三角瓶中，加入 25.0 mL 硝酸钠溶液（加入量随样品的量而变化，液土比为 5 ∶ 1），在 20 ~ 25 ℃下振荡 5 min，过滤。

（2）吸取滤液 8.00 mL 放入 25 mL 三角瓶，加入 1.00 mL 甲醛-EDTA 掩蔽剂，摇匀，以去除一些阳离子的干扰。然后用移液管沿壁加入 1.00 mL 四苯硼钠，立即摇匀，放置 15 ~ 30 min，在波长 420 nm 处比浊。同时测定空白溶液（8 mL 土壤提取液加 1 mL 掩蔽剂和 1 mL 水）的吸收值。

（3）从钾系列标准溶液中各吸取 8 mL，分别放入 25 mL 三角瓶中，与待测样品同样加入 1 mL 掩蔽剂和 1 mL 四苯硼钠溶液摇匀，放置 15 ~ 30 min，比浊。以吸收值和浓度绘制工作曲线，查工作曲线即得土壤提取液的浓度。

5. 结果计算

同乙酸铵提取法。

## 三、土壤缓效钾的测定——火焰光度法（1 mol · $L^{-1}$ 热 $HNO_3$ 浸提）

### （一）目的意义

土壤钾的含量对作物产量及品质影响很大。缓效钾是土壤速效钾的储备仓库，土壤钾素肥力的供应能力主要取决于速效钾和缓效钾，土壤缓效钾含量更能反映土壤的潜在供钾能力。

### （二）方法原理

用 1 mol · $L^{-1}$ 热 $HNO_3$ 浸提的钾多为黑云母、伊利石、含水云母分解的中间体及黏土矿物晶格所固定的钾离子，这种钾与禾谷类作物吸收量有显著相关性。浸提出的钾通过火焰光度计测定，用 1 mol · $L^{-1}$ 热 $HNO_3$ 浸提的钾量减去土壤速效钾量，即土壤缓效钾量。

## （三）主要仪器

分析天平、大硬质试管、弯颈小漏斗、调压变压器、电炉、铁丝笼、油浴锅、时钟、容量瓶、漏斗、定量滤纸、洗瓶、火焰光度计等。

## （四）试剂

（1）1 mol·$L^{-1}$ $HNO_3$浸提剂：量取浓硝酸（三级，比重1.42 g·$cm^{-3}$）62.5 mL，用蒸馏水稀释至1 L。

（2）0.1 mol·$L^{-1}$ $HNO_3$溶液。

（3）100 μg·$mL^{-1}$钾标准溶液：准确称取KCl（分析纯，110 ℃烘干2 h）0.1907 g溶解于水中，在容量瓶中定容至1 L，贮于塑料瓶中。

吸取100 μg·$mL^{-1}$钾标准溶液5、10、20、30、50、60 mL，分别放入100 mL容量瓶中，加入与待测液中等量的试剂成分，使标准系列溶液亦含有与待测液等量的$HNO_3$（0.33 mol·$L^{-1}$ $HNO_3$），抵消待测液中硝酸的影响。用水定容至100 mL，即5、10、20、30、50、60 μg·$mL^{-1}$钾系列标准溶液。

## （五）操作步骤

称取通过1 mm筛孔的风干土样2.5 g（精确至0.001 g）于100 mL大硬质试管中，加入1 mol·$L^{-1}$ $HNO_3$ 25 mL，在瓶口加一弯颈小漏斗，将8～10个大试管放在铁丝笼中，放入油浴锅内加热煮沸10 min（从沸腾开始准确计时）取下，稍冷，趁热过滤于100 mL容量瓶中，用0.1 mol·$L^{-1}$ $HNO_3$溶液洗涤土壤和试管4次，每次用15 mL，冷却后定容。在火焰光度计上直接测定。

## （六）结果计算

$$土壤酸溶性钾（K，mg·kg^{-1}）=待测液（K，mg·L^{-1}）\times V/m, \tag{3-51}$$

$$土壤缓效性钾=酸溶性钾-速效性钾。\tag{3-52}$$

式中：$V$——定容体积（mL）；

$m$——烘干土样的质量。

1 mol·$L^{-1}$ $HNO_3$酸溶性钾两次平行测定结果允许差为2～5 mg·$kg^{-1}$。

## （七）注意事项

（1）市场供应的浓硝酸的浓度有时不足16 mol·$L^{-1}$，为了配制成准确的1 mol·$L^{-1}$ $HNO_3$溶液，宜先配成浓度稍大于1 mol·$L^{-1}$的$HNO_3$溶液，取少量此溶液进行标定，最后计算稀释成准确的1 mol·$L^{-1}$ $HNO_3$溶液。

（2）煮沸时间要严格掌握，煮沸10 min是从开始沸腾起计时。碳酸盐土壤消煮时

有大量 $CO_2$ 气泡产生，不要误认为沸腾。

（3）该法测定土壤缓效钾分级标准如表 3-9 所示。

表 3-9　土壤缓效钾的分级标准

| $1\ mol \cdot L^{-1}\ HNO_3$ 浸提的缓效钾/（$mg \cdot kg^{-1}$） | < 300 | 300 ~ 600 | > 600 |
| --- | --- | --- | --- |
| 等级 | 低 | 中 | 高 |

资料来源：《土壤农化分析（第三版）》。

# 第四章　土壤生物化学性质

## 实验 4.1　土壤微生物数量测定

### 一、目的意义

土壤是复杂、丰富的微生物基因库，所含微生物不仅数量巨大，而且种类繁多，主要包括细菌、真菌和放线菌三大类，是土壤中最活跃的成分，参与有机质的分解、腐殖质的形成、养分转化和循环的各个生化过程，是土壤养分的储存库和植物生长可利用养分的重要来源。本实验通过稀释平板法测定土壤中三大类微生物的数量，掌握微生物活菌计数的基本原理和方法。微生物的稀释平板法能够反映出土壤中可培养的微生物类群的数量，利用不同的培养基能够测定土壤中细菌、真菌和放线菌等不同类群的微生物数量。

### 二、方法原理

土壤微生物数量测定方法可分为三大类：第一类是根据在培养基上生长的菌落数来计算土壤微生物的数量，统称为培养计数法，主要有稀释平板法和最大或然计数法；第二类是将土壤微生物染色后，在显微镜下观察计数，称为直接镜检法，包括土壤涂片法、土壤切片法、土壤埋片法、琼脂薄片法和膜过滤法等；第三类是直接将微生物从土壤中分离和提取出来后再进行测定，主要有离心分离法。

土壤微生物数量测定通常采用稀释平板法，是根据在固体培养基上所形成的一个菌落是由一个单细胞繁殖而成且肉眼可见的子细胞群体这一生理及培养特征进行的。也就是说，一个菌落即代表一个单细胞。计数时，先将待测样品进行一系列稀释，再取一定量的稀释菌液接种到培养皿中，使其均匀分布于平皿中的培养基内，经培养后，由单个细胞生长繁殖形成菌落，统计菌落数目，即可换算出样品中的含菌数（图 4-1）。

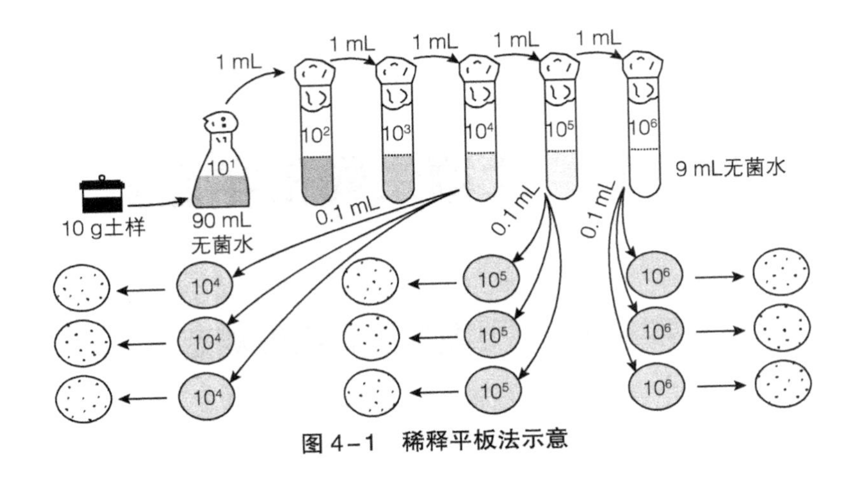


图 4-1 稀释平板法示意

## 三、主要仪器

天平、摇床、培养箱、可调电炉、高压蒸汽灭菌锅、培养皿、10 mL 吸管、1 mL 吸管、记号笔、试管架、酒精灯、称量纸、称量匙、棉塞、250 mL 锥形瓶、试管、胶帽、棉花。

## 四、试剂

（1）培养基：牛肉膏蛋白胨培养基（细菌）、马丁培养基（真菌）、高氏一号培养基（放线菌）。

（2）1% $K_2Cr_2O_7$ 水溶液。

## 五、测定步骤

1. 土壤稀释液悬液的制备

准确称取过 2 mm 筛的新鲜土壤 10 g，放入装有 90 mL 无菌水的锥形瓶中，置摇床上振荡（200 r · $min^{-1}$）20 min，使微生物细胞分散，静置 2 min，即成 $10^{-1}$ 土壤稀释悬液；再用 1 mL 无菌吸管吸取 $10^{-1}$ 稀释液 1 mL 移入装有 9 mL 无菌水的试管中，吹吸 3 次，让悬液混合均匀，即成 $10^{-2}$ 稀释液。以此类推，制成 $10^{-3}$、$10^{-4}$、$10^{-5}$、$10^{-6}$ 各种稀释度的土壤悬液。

2. 平板制备和培养

分别从 3 个连续稀释倍数（细菌和放线菌通常用 $10^{-4}$ ~ $10^{-6}$，真菌用 $10^{-1}$ ~ $10^{-3}$）的土壤悬液中精确吸取 1.00 mL 注入无菌培养皿中，然后加入融化后冷却至 45 ~ 50 ℃ 的培养基 10 ~ 15 mL，迅速旋动混匀。待凝固后，将平板倒置于培养箱中培养。细菌 28 ℃培养 2 ~ 3 d，真菌和放线菌培养 5 ~ 7 d，至长出菌落后即可计数。

3. 计数

尽管使用不同的培养基，但细菌、放线菌和真菌都可能在同一个培养基上生长，所以必须用显微镜做进一步的观察。明显有菌丝的一般是真菌，真菌的菌丝为丝状分枝，比较粗大；而放线菌菌丝呈放射状，比较细。细菌有球状和杆状，有些细菌也形成细小的菌丝。酵母菌的菌落与细菌的菌落很相似，但在显微镜下容易分辨。酵母菌个体比较大，一般有圆形、椭圆形、卵形、柠檬形或黄瓜形，有些还有瘤状的芽。

从接种后的 3 个稀释度中，选择一个合适的稀释度（细菌、放线菌以每皿 30 ~ 300 个菌落为宜，真菌以每皿 10 ~ 100 个菌落为宜）进行计数。

## 六、结果计算

$$\text{土壤微生物数量}\ (\mathrm{cfu \cdot g^{-1}}) = MD/W。\qquad (4\text{–}1)$$

式中：$M$——菌落平均数；

$D$——稀释倍数；

$W$——土壤烘干质量（g）。

# 实验 4.2 土壤呼吸强度测定

## 一、目的意义

土壤空气的变化过程主要是氧的消耗和二氧化碳的累积。土壤空气中二氧化碳浓度大，对作物根系是不利的，若排出二氧化碳，不仅可消除其不利影响，而且可促进作物光合作用。因此，反映土壤排出二氧化碳能力的土壤呼吸强度是土壤一个重要的性质。

土壤中的生物活动，包括根系呼吸及微生物活动，是产生二氧化碳的主要来源，因此，测定土壤呼吸强度还可反映土壤的生物活性，作为土壤肥力的一项指标。

## 二、方法原理

用 NaOH 吸收土壤呼吸放出的 $CO_2$，生成 $Na_2CO_3$：

$$2NaOH + CO_2 \longrightarrow Na_2CO_3 + H_2O$$

先以酚酞作指示剂，用 HCl 滴定，中和剩余的 NaOH，并使生成的 $Na_2CO_3$ 转变为 $NaHCO_3$：

$$NaOH + HCl \longrightarrow NaCl + H_2O$$

$$Na_2CO_3 + HCl \longrightarrow NaHCO_3 + NaCl$$

再以甲基橙作指示剂，用 HCl 滴定，这时所有的 $NaHCO_3$ 均变为 NaCl：

$$NaHCO_3 + HCl \longrightarrow NaCl + H_2O + CO_2 \uparrow$$

由此可见，用甲基橙作指示剂时所消耗 HCl 量的 2 倍即中和 $Na_2CO_3$ 的用量，从而可计算出吸收 $CO_2$ 的数量。

## 三、操作步骤

### （一）方法（1）

（1）称取相当于干土重 20 g 的新鲜土样，置于 150 mL 烧杯或铝盒中（也可用容重圈采取原状土）。

（2）准确吸取 2 $mol \cdot L^{-1}$ NaOH 溶液 10 mL 于另一个 150 mL 烧杯中。

（3）将两只烧杯同时放入无干燥剂的干燥器中，加盖密闭，放置 1 ~ 2 d。

（4）取出盛 NaOH 溶液的烧杯，洗入 250 mL 容量瓶中，稀释至刻度。

（5）吸取稀释液 25 mL，加酚酞 1 滴，用标准 0.05 $mol \cdot L^{-1}$ HCl 滴定至无色，再加甲基橙 1 滴，继续用 0.05 $mol \cdot L^{-1}$ HCl 滴定至溶液由橙黄色变为橘红色，记录后者所用 HCl 的毫升数（或用溴酚蓝代替甲基橙，滴定颜色由蓝变黄）。

（6）在另一个干燥器中，只放 NaOH，不放土壤，用同法测定，作为空白。

（7）结果计算

①计算 250 mL 溶液中 $CO_2$ 的重量（$W_1$，g）：

$$W_1 = (V_1 - V_2) \times c \times \frac{44}{2 \times 1000} \times \frac{250}{25}。 \tag{4-2}$$

式中：$V_1$——供试溶液用甲基橙作指示剂时所用 HCl 毫升数的 2 倍；

$V_2$——空白实验溶液用甲基橙作指示剂时所用 HCl 毫升数的 2 倍；

$c$——HCl 的摩尔浓度（$mol \cdot L^{-1}$）；

$\frac{44}{2 \times 1000}$——$CO_2$ 的毫摩尔质量；

$\frac{250}{25}$——分取倍数。

②换算为土壤呼吸强度［$CO_2$ mg·（g 干土·h）$^{-1}$］：

$$CO_2［mg·（g 干土·h）^{-1}］= W_1 \times 1000 \times 1/20 \times 1/24。 \tag{4-3}$$

式中：20——实验所用土壤的克数；

24——实验所经历的时间（24 h）。

### （二）方法（2）

（1）准确称取 2 mol·$L^{-1}$ NaOH 溶液 10 ~ 20 mL 于带胶塞的三角瓶中，携至实验地点。

（2）选好实验场地，然后放一培养皿，用树枝垫在底部，以保证土壤通气，将 NaOH 倾倒在培养皿内。

（3）用一玻璃缸将培养皿罩住，四周用土封严，如图 4–2 所示。

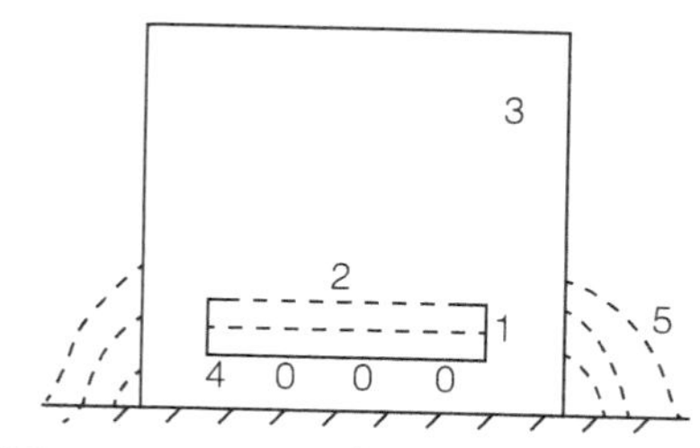


1. 培养皿；2. NaOH；3. 玻璃缸；4. 树枝；5. 复土。

图 4–2　土壤呼吸测定装置

（4）另在地面放一个木板或铺一块塑料布，同法做空白实验。

（5）放置 1 ~ 5 d 后，将 NaOH 溶液洗入三角瓶，携至室内，再洗入 250 mL 容量瓶中，定容。

（6）滴定同方法（1）。

（7）结果计算

先计算 250 mL 溶液中 $CO_2$ 的重量 $W_1$ [方法同（1）]，再计算土壤呼吸强度 [$CO_2$ mg·(g 干土·h)$^{-1}$]：

$$\text{土壤呼吸强度}\ [CO_2\ mg\cdot(g\ \text{干土}\cdot h)^{-1}] = W_1 \times 1000 \times 1/M \times 1/24 \quad (4\text{–}4)$$

式中：$M$——玻璃缸面积（$m^2$）；

24——实验所经历的时间（24h）。

## 【思考题】

1. 吸收 $CO_2$ 的 NaOH 溶液为什么必须准确吸取?

2. 用标准 HCl 滴定剩余 NaOH 时，第一次用酚酞作指示剂，此时消耗的 HCl 量并不参加计算，为什么要求准确滴定?

# 实验 4.3 土壤脱氢酶活性测定

## 一、目的意义

脱氢酶能酶促脱氢反应，作为氢的中间传递体，它在有机物的氧化中起着重要作用。脱氢酶的种类因电子供给体和接受体的特异性而不同。在土壤中，碳水化合物和有机酸的脱氢作用比较活跃，它们可作为氢的供体。通过测定土壤中微生物的脱氢酶活性，可以了解微生物对土壤中有机物的氧化分解能力。

## 二、方法原理

已知受氢体可接受脱氢酶脱出的氢原子，根据接收氢原子的量可以判断脱氢酶的活性。土壤样品与三苯基四氮唑氯化物（TTC）在 37 ℃下培养 24 h，TTC 作为氢的受体，当它接受氢后生成红色的三苯基甲臜（TPF），用比色法测定所生成的三苯基甲臜量来表示脱氢酶的活性。通常，吸光度越大（红色越深），脱氢酶活性越大。

$$C_6H_5-C(=N-N-C_6H_5)(-N-N^+(Cl)-C_6H_5) \xrightarrow[2H^+]{2e^-} C_6H_5-C(=N-N(H)-C_6H_5)(-N=N-C_6H_5) + HCl$$

（无色TTC）　　　　（红色TPF）

## 三、主要仪器

玻璃试管（16 mm × 150 mm）、分光光度计、分析天平、培养箱等。

## 四、试剂

（1）甲醇、碳酸钙（$CaCO_3$）。

（2）2，3，5－三苯基四氮唑氯化物（TTC，3%）：称取 3 g TTC 溶于 80 mL 蒸馏水，定容至 100 mL。

（3）三苯基甲臜（TPF）标准溶液：称取 100 mg TPF 溶于 80 mL 甲醇，用甲醇定容至 100 mL，混匀。取 10 mL 此溶液用甲醇稀释至 100 mL，即 100 $\mu g \cdot mL^{-1}$ TPF 标准溶液。

## 五、测定步骤

（1）培养并显色：称取 20.00 g 风干土壤（< 2 mm）与 0.20 g $CaCO_3$ 充分混匀，再从中称取 3 份 6.00 g 的土壤样品于玻璃试管中，每管加入 1 mL 3% TTC 溶液和 2.5 mL 去离子水，用玻璃棒搅拌混匀，盖紧后于 37 ℃培养 24 h。

（2）培养结束后，每管加入 10 mL 甲醇，盖紧盖子，摇动 1 min。

（3）用塞有脱脂棉的漏斗过滤，用甲醇洗涤玻璃试管，将管中土壤全部转移至漏斗上。再加入甲醇于漏斗上，直至棉塞上的红色消失为止，滤液用甲醇定容至 100 mL。

（4）比色：以甲醇做空白对照，在 485 nm 波长处比色测定。

（5）标准曲线：分别吸取 0、5、10、15、20 mL 标准溶液于 100 mL 容量瓶中，用甲醇稀释定容，摇匀后于 485 nm 处比色测定，绘制 TPF 标准曲线。

## 六、结果计算

以 24 h 后 1 g 土壤中释放出的 TPF 的质量（μg）表示土壤脱氢酶活性。

$$\text{土壤脱氢酶活性}\left[\text{TPF},\ (\mu g \cdot g^{-1} \cdot 24\ h)^{-1}\right] = \frac{C \times V}{W} \text{。} \tag{4-5}$$

式中：$C$——滤液中 TPF 的量（$\mu g \cdot mL^{-1}$）；

$V$——滤液的体积（mL）；

$W$——风干土壤质量（g）。

## 七、注意事项

（1）TTC 和 TPF 对光都较为敏感，应在黑暗中贮存。

（2）由于甲苯对土壤脱氢酶活性的显著抑制作用，所以本方法中不采用甲苯作抑菌剂。

## 【思考题】

1. 测定土壤脱氢酶的主要原理和方法有哪些？
2. 土壤脱氢酶测定中应注意哪些问题？

# 实验 4.4　土壤过氧化氢酶活性测定

## 一、目的意义

过氧化氢广泛存在于生物体和土壤中，是由生物呼吸过程和有机物的生物化学氧化反应而产生的，这些过氧化氢对生物和土壤具有毒害作用。土壤过氧化氢酶（Soil Catalase，S-CAT）主要来源于土壤微生物和植物根系的分泌物，是土壤生物代谢的重要酶类，能促进过氧化氢分解为水和氧（$H_2O_2 \rightarrow H_2O + O_2$），从而降低过氧化氢的毒害作用，在活性氧清除系统中具有重要作用。

## 二、方法原理

土壤过氧化氢酶的测定是根据土壤（含有过氧化氢酶）和过氧化氢作用析出的氧气体积或过氧化氢的消耗量，测定过氧化氢的分解速度，以此代表过氧化氢酶的活性。测定过氧化氢酶的方法比较多，如气量法：根据析出的氧气体积来计算过氧化氢酶的活性；比色法：根据过氧化氢与硫酸铜产生黄色或橙黄色络合物的量来表征过氧化氢酶的活性；滴定法：用高锰酸钾溶液滴定过氧化氢分解反应剩余过氧化氢的量，表示过氧化氢酶的活性。本实验重点采用高锰酸钾滴定法。

## 三、主要仪器

酸式滴定管。

## 四、试剂

（1）2 mol·$L^{-1}$ $H_2SO_4$ 溶液：量取 5.43 mL 的浓硫酸，稀释至 500 mL，置于冰箱贮存。

（2）0.02 mol·$L^{-1}$ 高锰酸钾溶液：称取 1.7 g 高锰酸钾，加入 400 mL 水中，缓缓煮沸 15 min，冷却后定容至 500 mL，避光保存，使用时用 0.1 mol·$L^{-1}$ 草酸溶液标定。

（3）0.1 mol·$L^{-1}$ 草酸溶液：称取优级纯 $H_2C_2O_4 \cdot 2H_2O$ 3.334 g，用蒸馏水溶解后，定容至 250 mL。

（4）3% $H_2O_2$ 水溶液：取 30% $H_2O_2$ 溶液 25 mL，定容至 250 mL，置于冰箱贮存，用时用 $KMnO_4$ 溶液标定。

## 五、操作步骤

分别取 5 g 土壤样品于具塞三角瓶中（用不加土样的作空白对照），加入 0.5 mL 甲苯，摇匀，于 4 ℃冰箱中放置 30 min。取出后立刻加入 25 mL 冰箱贮存的 3% $H_2O_2$ 水溶液，充分混匀后，再置于冰箱中放置 1 h。取出后迅速加入冰箱贮存的 2 mol · $L^{-1}$ $H_2SO_4$ 溶液 25 mL，摇匀，过滤。

取 1 mL 滤液于三角瓶中，加入 5 mL 蒸馏水和 5 mL 2 mol · $L^{-1}$ $H_2SO_4$ 溶液，用 0.02 mol · $L^{-1}$ 高锰酸钾溶液滴定。根据对照和样品的滴定差，求出分解 $H_2O_2$ 所消耗的 $KMnO_4$ 的量。

## 六、结果计算

过氧化氢酶活性以每克干土 1 h 内消耗的 0.02 mol · $L^{-1}$ $KMnO_4$ 体积数表示（以 mL 计）。

$$\text{酶活性} = \frac{(\text{空白样剩余过氧化氢滴定体积} - \text{土样剩余过氧化氢滴定体积}) \times T}{W}。 \quad (4\text{-}6)$$

式中：$T$——高锰酸钾滴定度的矫正值；

$W$——土壤样品质量。

## 七、注意事项

（1）用 0.1 mol · $L^{-1}$ 草酸溶液标定高锰酸钾溶液时，要先取一定量的草酸溶液加入一定量硫酸中，并于 70 ℃水浴加热，开始滴定时快滴，快到终点时再进行水浴加热，后慢滴，待溶液呈微红色且半分钟内不褪色即终点。

（2）高锰酸钾滴定过程对酸性环境的要求很严格。直接取 1 mL 滤液滴定不仅液体量太少，终点不好把握，而且硫酸的量也不足。因此，可取 1 mL 滤液于三角瓶中，加入 5 mL 蒸馏水和 5 mL 0.02 mol · $L^{-1}$ $H_2SO_4$ 溶液，再用高锰酸钾溶液滴定，这样滴定过程较为方便。

# 实验 4.5　土壤磷酸酶活性测定

## 一、目的意义

磷酸酶是土壤中一类重要的酶类，参与有机磷的转化，可加速有机磷的脱磷速度，其活性与土壤中有机磷的含量和 pH 值相关，可作为评价土壤磷素生物转化方向和强度的指标。

## 二、方法原理

测定磷酸酶主要根据酶促生成的有机基团量或无机磷量来计算磷酸酶活性。前一种通常称为有机基团含量法，是目前较为常用的测定磷酸酶的方法；后一种称为无机磷含量法。研究表明，磷酸酶有 3 种最适 pH 值：4 ~ 5、6 ~ 7、8 ~ 10。因此，测定酸性、中性和碱性土壤的磷酸酶，要提供相应的 pH 缓冲液才能测出该土壤的磷酸酶最大活性。测定磷酸酶常用的 pH 缓冲体系有乙酸盐缓冲液（pH 值为 5.0 ~ 5.4）、柠檬酸盐缓冲液（pH 值为 7.0）、三羟甲基氨基甲烷缓冲液（pH 值为 7.0 ~ 8.5）和硼酸缓冲液（pH 值为 9 ~ 10）。磷酸酶测定时常用的基质有磷酸苯二钠、酚酞磷酸钠、甘油磷酸钠、α－或 β－萘酚磷酸钠等。下面介绍磷酸苯二钠比色法。

## 三、主要仪器

恒温培养箱、分光光度计、三角瓶、移液器。

## 四、试剂

（1）缓冲液

① 醋酸盐缓冲液（pH 值=5.0）

0.2 mol · $L^{-1}$ 醋酸溶液：11.55 mL 95% 冰醋酸溶至 1 L。

0.2 mol · $L^{-1}$ 醋酸钠溶液：16.4 g $C_2H_3O_2Na$ 或 27 g $C_2H_3O_2Na \cdot 3H_2O$ 溶至 1 L。

取 14.8 mL 0.2 mol · $L^{-1}$ 醋酸溶液加 35.2 mL 0.2 mol · $L^{-1}$ 醋酸钠溶液稀释至 1 L。

② 柠檬酸盐缓冲液（pH 值=7.0）

0.1 mol · $L^{-1}$ 柠檬酸溶液：19.2 g $C_6H_7O_8$ 溶至 1 L。

0.2 mol · $L^{-1}$ 磷酸氢二钠溶液：53.63 g $Na_2HPO_4 \cdot 7H_2O$ 或者 71.7 g $Na_2HPO_4 \cdot 12H_2O$ 溶至 1 L。

取 6.4 mL 0.1 mol · $L^{-1}$ 柠檬酸溶液加 43.6 mL 0.2 mol · $L^{-1}$ 磷酸氢二钠溶液稀释至 100 mL。

③ 硼酸盐缓冲液（pH 值=9.6）

0.05 mol · $L^{-1}$ 硼砂溶液：19.05 g 硼砂溶至 1 L。

0.2 mol · $L^{-1}$ NaOH 溶液：8 g NaOH 溶至 1 L。

取 50 mL 0.05 mol · $L^{-1}$ 硼砂溶液加 23 mL 0.2 mol · $L^{-1}$ NaOH 溶液稀释至 200 mL。

（2）0.5% 磷酸苯二钠（用缓冲液配制）。

（3）氯代二溴对苯醌亚胺试剂：称取 0.125 g 氯代二溴对苯醌亚胺，用 10 mL 96% 乙醇溶解，贮于棕色瓶中，存放于冰箱。保存的黄色溶液未变褐色之前均可使用。

（4）甲苯。

（5）0.3% 硫酸铝溶液。

（6）酚标准溶液

酚原液：取 1 g 重蒸酚溶于蒸馏水中，稀释至 1 L，存于棕色瓶中。

酚工作液（0.01 mg · $mL^{-1}$）：取 10 mL 酚原液稀释至 1 L。

## 五、操作步骤

称5 g土样置于200 mL三角瓶中，加2.5 mL甲苯，轻摇 15 min后，加入 20 mL 0.5% 磷酸苯二钠（酸性磷酸酶用乙酸盐缓冲液；中性磷酸酶用柠檬酸盐缓冲液；碱性磷酸酶用硼酸盐缓冲液），仔细摇匀后放入恒温培养箱（图 4-3），37 ℃下培养 24 h。然后在培养液中加入 100 mL 0.3% 硫酸铝溶液并过滤。吸取 3 mL 滤液于 50 mL 容量瓶中，然后按绘制标准曲线方法显色。用硼酸缓冲液时，呈现蓝色，于分光光度计上 660 nm 处比色。

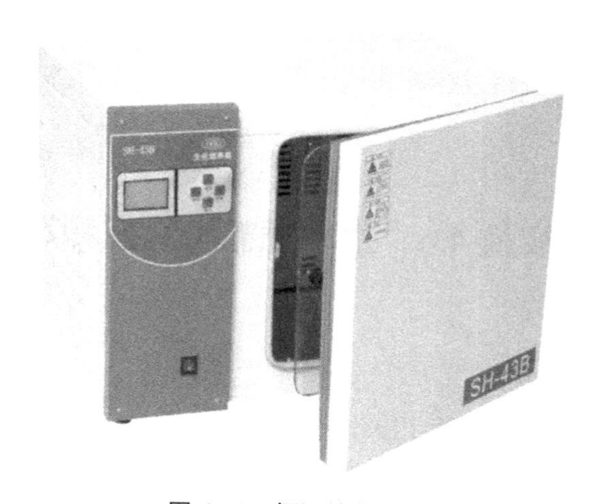


图 4-3　恒温培养箱

标准曲线绘制：分别取 0、1、3、5、7、9、11、13 mL 酚工作液置于 50 mL 容量瓶中，每瓶加入 5 mL 硼酸缓冲液和 4 滴氯代二溴对苯醌亚胺试剂，显色后稀释至刻度，30 min 后，在分光光度计上 660 nm 处比色。以显色液中酚浓度为横坐标，吸光值为纵坐标，绘制标准曲线。

## 六、结果计算

以 24 h 后 1 g 土壤中释放出的酚的质量（mg）表示磷酸酶活性。

$$磷酸酶活性=\frac{(a_{样品}-a_{无土}-a_{无基质})\times V\times n}{m}。\tag{4-7}$$

式中：$a_{样品}$——样品吸光值由标准曲线求得的酚毫克数；

$a_{无土}$——无土对照吸光值由标准曲线求得的酚毫克数；

$a_{无基质}$——无基质对照吸光值由标准曲线求得的酚毫克数；

$V$——显色液体积；

$n$——分取倍数（浸出液体积与吸取滤液体积之比）；

$m$——烘干土重。

## 七、注意事项

（1）每个样品都应该做一个无基质对照，以等体积的蒸馏水代替基质，其他操作与样品实验相同，以排除土样中原有的氨对实验结果的影响。

（2）整个实验设置一个无土对照，不加土样，其他操作与样品实验相同，以检验试剂纯度和基质自身分解。

（3）如果样品吸光值超过标准曲线的最大值，则应该增加分取倍数或减少培养的土样。

# 实验 4.6　土壤蔗糖酶活性测定

## 一、目的意义

蔗糖酶与土壤的许多因子有相关性，如土壤有机质，氮、磷含量，微生物数量及土壤呼吸强度，一般情况下，土壤肥力越高，蔗糖酶活性越高。蔗糖酶酶解所生成的还原糖与 3，5－二硝基水杨酸反应而生成橙色的 3－氨基－5－硝基水杨酸，其颜色深度与还原糖量相关，因而可通过测定还原糖量来表示蔗糖酶的活性。

## 二、方法原理

土壤蔗糖酶将蔗糖酶促水解为还原糖，还原糖与 3，5－二硝基水杨酸在沸水浴中反应生成橙色的 3－氨基－5－硝基水杨酸，其颜色深度与还原糖量呈正相关，因而可用还原糖量来表示蔗糖酶的活性。

## 三、主要仪器

电子天平（感量 0.0001 g 和 0.01 g）、恒温培养箱、分光光度计等。

## 四、试剂

（1）甲苯（$C_6H_5CH_3$）。
（2）蔗糖（$C_{12}H_{22}O_{11}$）。
（3）磷酸氢二钠（$Na_2HPO_4$）。
（4）磷酸二氢钾（$KH_2PO_4$）。
（5）葡萄糖（$C_6H_{12}O_6$）。
（6）3，5－二硝基水杨酸（$C_7H_4N_2O_7$）。
（7）酒石酸钾钠（$KNaC_4H_4O_6 \cdot 4H_2O$）。
（8）酶促反应试剂

① 蔗糖水溶液（80 $g \cdot L^{-1}$）：称取 8 g（精确至 0.01 g）蔗糖加水溶解并定容至 100 mL。

② 磷酸缓冲液（pH 值 = 5.5）

磷酸氢二钠溶液：称取 11.876 g（精确至 0.0001 g）二水合磷酸氢二钠用水溶解定容至 1 L（A 液）；

磷酸二氢钾溶液：称取 9.078 g（精确至 0.0001 g）磷酸二氢钾用水溶解定容至 1 L（B 液）。

取 A 液 0.5 mL、B 液 9.5 mL，混合均匀即可。

（9）葡萄糖标准液（1 $mg \cdot mL^{-1}$）：预先将葡萄糖置 98 ~ 100 ℃干燥 2 h，准确称取 50 mg（精确至 0.0001 g）葡萄糖于烧杯中，用水溶解后，移至 50 mL 容量瓶中，定容，摇匀备用（4 ℃冰箱中保存期不超过 7 d）。若该溶液发生混浊和出现絮状物，则应弃之，重新配制。

（10）3，5－二硝基水杨酸试剂（DNS 试剂）：称取 0.5 g（精确至 0.0001 g）3，5－二硝基水杨酸，溶于 20 mL 2 $mol \cdot L^{-1}$ 氢氧化钠溶液中，加入 50 mL 水，再称取 30 g（精确至 0.01 g）酒石酸钾钠溶于上述溶液中，用水定容至 100 mL（保存期不超过 7 d）。

## 五、操作步骤

### 1. 标准曲线绘制

分别吸取 1 $mg \cdot mL^{-1}$ 的标准葡萄糖溶液 0、0.1、0.2、0.3、0.4、0.5 mL 于试管中，再补加蒸馏水至 1 mL，加 DNS 试剂 3 mL，混匀，于沸水浴中准确反应 5 min（从试管放入重新沸腾时算起），取出立即冷水浴中冷却至室温，以空白管调 0，在波长 540 nm 处比色，以吸光值为纵坐标，以葡萄糖浓度为横坐标，绘制标准曲线。

2. 土壤蔗糖酶测定

称取 5 g 土壤，置于 50 mL 三角瓶中，注入 15 mL 8% 蔗糖溶液，5 mL pH 值 = 5.5 的磷酸缓冲液和 5 滴甲苯。混合物摇匀后放入恒温箱，在 37 ℃下培养 24 h。到时取出，迅速过滤。吸取滤液 1 mL，注入 50 mL 容量瓶中，加 3 mL DNS 试剂，并在沸腾的水浴锅中加热 5 min，随即将容量瓶移至自来水流下冷却 3 min。溶液因生成 3－氨基－5－硝基水杨酸而呈橙黄色，最后用蒸馏水定容至 50 mL，在分光光度计上于 540 nm 处进行比色。

## 六、结果计算

蔗糖酶活性以 24 h 后 1 g 干土生成的葡萄糖量（mg）来表示。

$$磷酸酶活性 = \frac{(a_{样品} - a_{无土} - a_{无基质}) \times V \times n}{m} 。\quad (4\text{–}8)$$

式中：$a_{样品}$——样品吸光值由标准曲线求得的葡萄糖毫克数；

$a_{无土}$——无土对照吸光值由标准曲线求得的葡萄糖毫克数；

$a_{无基质}$——无基质对照吸光值由标准曲线求得的葡萄糖毫克数；

$V$——显色液体积；

$n$——分取倍数（浸出液体积与吸取滤液体积之比）；

$m$——烘干土重。

## 七、注意事项

（1）每个样品都应该做一个无基质对照，以等体积的水代替基质（80 g/L 蔗糖水溶液），其他操作与样品实验相同，以排除土样中原有的蔗糖、葡萄糖对实验结果的影响。

（2）整个实验设置一个无土对照，不加土样，其他操作与样品实验相同，以检验试剂纯度和基质自身分解，即空白实验。

（3）如果样品吸光值超过标准曲线的最大值，则应该增加分取倍数或减少培养的土样。

# 实验 4.7　土壤纤维素酶活性测定

## 一、目的意义

纤维素是植物残体进入土壤的碳水化合物的重要组分之一。在纤维素酶的作用下，它的最初水解产物是纤维二糖，在纤维二糖酶的作用下，纤维二糖分解成葡萄糖。土壤纤维素酶是一种重要的土壤酶，可以加速土壤中潜在养分的有效化，因而土壤纤维素分解酶活性可以作为衡量土壤肥力的重要指标之一，并能部分反映土壤生产力。

## 二、方法原理

纤维素在纤维素酶作用下所生成的还原糖与 3，5–二硝基水杨酸反应生成橙黄色的 3–氨基–5–硝基水杨酸。其颜色深度与还原糖量相关，因而可通过测定还原糖量来表示纤维素酶的活性。

## 三、主要仪器

分光光度计、恒温培养箱、分析天平、水浴锅等。

## 四、试剂

（1）甲苯。

（2）1% 羧甲基纤维素溶液：称取 1 g 羧甲基纤维素钠，用 50% 的乙醇溶至 100 mL。

（3）pH 值 =5.5 醋酸盐缓冲液

① 0.2 mol · $L^{-1}$ 醋酸溶液：11.55 mL 95% 冰醋酸溶至 1 L。

② 0.2 mol · $L^{-1}$ 醋酸钠溶液：16.4 g $C_2H_3O_2Na$ 或 27.22 g $C_2H_3O_2Na \cdot 3H_2O$ 溶至 1 L。

③ pH 值 =5.5 醋酸盐缓冲液：由 11 mL 0.2 mol · $L^{-1}$ 醋酸溶液和 88 mL 0.2 mol · $L^{-1}$ 醋酸钠溶液混匀即可。

（4）3，5–二硝基水杨酸溶液（DNS）：称 1.25 g 二硝基水杨酸，溶于 50 mL 2 mol · $L^{-1}$ NaOH 和 125 mL 水中，再加 75 g 酒石酸钾钠，用水稀释至 250 mL（保存期不超过 7 d）。

（5）葡萄糖标准液（1 mg · $mL^{-1}$）

预先将分析纯葡萄糖置于 80 ℃烘箱内约 12 h。准确称取 50 mg 葡萄糖于烧杯中，用蒸馏水溶解后，移至 50 mL 容量瓶中，定容，摇匀（冰箱中 4 ℃保存期约 7 d）。若该溶液发生混浊和出现絮状物，则应弃之，重新配制。

## 五、操作步骤

葡萄糖标准曲线：分别吸取 1 mg/mL 的标准葡糖糖溶液 0、0.1、0.2、0.4、0.6、0.8 mL 于试管中，再补加蒸馏水至 1 mL，加 DNS 溶液 3 mL，混匀，于沸腾水浴中加热 5 min，取出立即放入冷水浴中冷却至室温，以空白管调 0，在波长 540 nm 处比色，以吸光值为纵坐标，以葡萄糖浓度为横坐标，绘制标准曲线。

称 10 g 土壤置于 50 mL 三角瓶中，加入 1.5 mL 甲苯，摇匀后放置 15 min，再加 5 mL 1% 羧甲基纤维素溶液和 5 mL pH 值=5.5 醋酸盐缓冲液，将三角瓶放在 37 ℃恒温箱中培养 72 h。培养结束后，过滤并取 1 mL 滤液，然后按绘制标准曲线显色法比色测定。

## 六、结果计算

纤维素酶活性以 72 h 后 1 g 干土生成的葡萄糖量（mg）来表示。

$$\text{纤维素酶活性} = \frac{(a_{\text{样品}} - a_{\text{无土}} - a_{\text{无基质}}) \times V \times n}{m}。\qquad (4\text{-}9)$$

式中：$a_{\text{样品}}$——样品吸光值由标准曲线求得的葡萄糖毫克数；

$a_{\text{无土}}$——无土对照吸光值由标准曲线求得的葡萄糖毫克数；

$a_{\text{无基质}}$——无基质对照吸光值由标准曲线求得的葡萄糖毫克数；

$V$——显色液体积；

$n$——分取倍数（浸出液体积与吸取滤液体积之比）；

$m$——烘干土重。

# 实验 4.8　土壤蛋白酶活性测定

## 一、目的意义

蛋白酶是广泛存在于土壤中的一大酶类，它能水解各种蛋白质及肽类等化合物为氨基酸。因此，土壤中蛋白酶的活性与土壤中氮素营养的转化状况有极其重要的关系，是评价土壤氮素转化、循环常用的参数之一。

## 二、方法原理

在测定土壤蛋白酶活性时，常用酪素、精胶和某些肽类作为基质。蛋白酶的活性可根据基质分解产物的量或其物理特性的变化测知。目前较为通用的方法有荷夫曼法、洛美科法和加勒斯江法。本实验介绍加勒斯江法。

以酪素为基质，酶解后释放的酪氨基酸与茚三酮试剂反应，形成蓝色化合物。用比色法测定颜色深度，计算出氨基酸含量以度量蛋白酶的活性。

## 三、主要仪器

分光光度计、可调式恒温水浴锅、摇床、离心机。

## 四、试剂

（1）0.2 mol・$L^{-1}$ 磷酸盐缓冲液（pH 值 = 7.4）：首先配制 0.2 mol・$L^{-1}$ 磷酸二氢钠溶液，即称取 27.6 g $NaH_2PO_4$・$H_2O$ 溶于 1 L 去离子水中；然后配制 0.2 mol・$L^{-1}$ 磷酸氢二钠溶液，即称取 53.65 g $Na_2HPO_4$・$7H_2O$ 或 71.7 g $Na_2HPO_4$・$12H_2O$ 溶于 1 L 去离子水中；最后取 95 mL 0.2 mol・$L^{-1}$ 磷酸二氢钠溶液，加入 405 mL 0.2 mol・$L^{-1}$ 磷酸氢二钠溶液，稀释至 1 L。

（2）1% 酪素溶液：称取 1 g 酪素，用 0.2 mol・$L^{-1}$ 磷酸盐缓冲液（pH 值 = 7.4）定容至 100 mL。

（3）0.05 mol /L 硫酸：将 1 mL 浓硫酸稀释至 360 mL。

（4）20% 硫酸钠溶液：称取 100 g 硫酸钠溶于 500 mL 水中。

（5）2% 茚三酮溶液：称取 2 g 茚三酮溶于 100 mL 丙酮中。

（6）甘氨酸标准溶液：称取 100 mg 甘氨酸溶于 1 L 蒸馏水中，稀释 10 倍制成工作溶液。

## 五、测定步骤

（1）称取 4.00 g 风干土壤（< 0.02 mm）于 50 mL 离心管中，加入 20 mL 1% 酪素和 1 mL 甲苯，混合均匀。另取一个离心管做不加土样的无土壤对照，同上加入 20 mL 1% 酪素，无基质对照以 20 mL 蒸馏水代替酪素溶液，置于 30 ℃下放置 24 h。

（2）培养结束后，于混合物中加入 2 mL 0.05 mol・$L^{-1}$ $H_2SO_4$ 和 12 mL 20% $Na_2SO_4$，以沉淀蛋白质，6000 r・$min^{-1}$ 离心 15 min。

（3）取上清液 2 mL，置于 50 mL 容量瓶中，加入 1 mL 茚三酮溶液，冲洗瓶颈后在沸水浴上加热 10 min，将显色溶液用蒸馏水稀释至刻度。

（4）标准工作曲线制作：分别吸取 0、1、2、5、6、8、10 mL 甘氨酸标准工作溶液（10 μg・$mL^{-1}$）于 50 mL 容量瓶中，加入 1 mL 茚三酮溶液，冲洗瓶颈后在沸水浴上加热 10 min，将显色溶液用蒸馏水稀释至刻度。在分光光度计上于 500 nm 处比色测定着色深度。以光密度为纵坐标，以甘氨酸浓度为横坐标，绘制标准曲线。

## 六、结果计算

$$\text{土壤蛋白质酶活性（甘氨酸，}\mu g \cdot g^{-1} \cdot 24\ h^{-1}\text{）} = \frac{C \times V}{m}。 \quad (4\text{–}10)$$

式中：$C$——测定的上清液中甘氨酸的浓度（$\mu g \cdot mL^{-1}$）；

$V$——最终加入土壤中的溶液体积（mL）；

$m$——风干土壤质量（g）。

## 七、注意事项

（1）对不同土壤的蛋白酶活性，可在不同 pH 值和温度时测定，以找出测定的最适条件。

（2）每个土样均需做无基质对照，以排除土壤原来含有的氨基酸引起的误差。

（3）离心后的上清液应立即测定，在 4 ℃时最多可存放 5 h。

### 【思考题】

1. 土壤蛋白酶测定过程中为什么需同时做无土对照和无基质对照？
2. 测定土壤蛋白酶活性有什么意义？

# 实验 4.9　土壤脲酶活性测定

## 一、目的意义

脲酶是酰胺水解酶的一种，在自然界中分布广泛，植物、动物和微生物细胞中均含有此酶。土壤中的脲酶主要来源于微生物和植物，有机肥料中也有游离脲酶存在。脲酶酶促反应产物——氨是植物氮源之一。尿素水解与脲酶活性关系密切。研究土壤脲酶转化尿素的作用及其调控技术，对提高尿素氮肥利用率具有重要意义。本实验介绍两种测定土壤脲酶活性的方法。

## 二、氨释放比色法

### （一）方法原理

以尿素为基质，根据酶促产物氨与苯酚－次氯酸钠作用生成的蓝色靛酚来分析脲酶活性。此法的结果精确性高，重现性较好。

### （二）主要仪器

光电比色计、培养箱或恒温水浴、50 mL 容量瓶。

### （三）试剂

（1）10% 尿素溶液：称取 10 g 尿素（分析纯，以下所用试剂均为分析纯），用水溶至 100 mL。

（2）甲苯（$C_6H_5CH_3$）。

（3）柠檬酸缓冲液（pH 值=6.7）：称取 368 g 柠檬酸溶于 600 mL 水中，称取 295 g 氢氧化钾溶于 1 L 水中。将两种溶液混合，用 1 mol·$L^{-1}$ 氢氧化钠调至 pH 值=6.7，并用水稀释至 2 L。

（4）苯酚钠溶液：称取 62 g 苯酚溶于少量乙醇，加 2 mL 甲醇和 18.5 mL 丙酮，用乙醇稀释至 100 mL，称取 27 g 氢氧化钠溶于 100 mL 水中。将两种溶液保存在冰箱中，使用前各取 20 mL 进行混合，用蒸馏水稀释至 100 mL。

（5）次氯酸钠溶液：将次氯酸钠用水稀释至活性氯的浓度为 0.9%，溶液稳定。

（6）1 mol·$L^{-1}$ 氢氧化钠溶液：称取 40 g 氢氧化钠，用水溶解后定容至 1 L。

（7）硫酸铵标准溶液：称取 0.4714 g 硫酸铵，用水溶解后定容至 1 L。

### （四）操作步骤

（1）样品处理：称取 10 g 过 1 mm 筛的风干土样于 100 mL 容量瓶中，加入 2 mL 甲苯（以使土样全部湿润为宜）并放置 15 min，之后加入 10 mL 10% 尿素溶液、20 mL 柠檬酸缓冲液，仔细混合。在 37 ℃恒温箱中培养 24 h。培养结束后，用 38 ℃的水稀释至刻度，充分摇荡，并将悬液用滤纸过滤于三角瓶中。

（2）显色：吸取 1 mL 滤液于 50 mL 容量瓶中，加入 10 mL 蒸馏水，充分摇荡，然后加入 4 mL 苯酚钠，仔细混合，再加入 3 mL 次氯酸钠，充分摇荡，放置 20 min，用水稀释至刻度，溶液呈现靛酚的蓝色。在光电比色计上用 1 cm 液槽于 578 nm 处将显色液进行比色测定。同时，做无土对照和无基质对照。

（3）无土对照：不加土样，其他操作与样品实验相同。

（4）无基质对照：以等体积的水代替基质，其他操作与样品实验相同。

（5）标准曲线绘制：取6个50 mL容量瓶，分别加入硫酸铵标准液10、25、40、60、70、90 mL，用水定容至刻度。另取6个50 mL容量瓶，分别加入10 mL上述溶液，再加入4 mL苯酚钠，仔细混合，加入3 mL次氯酸钠，充分摇荡，放置20 min，用水稀释至刻度。然后比色，做出标准溶液浓度与光密度之间的关系曲线。

### （五）结果计算

土壤脲酶活性以24 h后100 g土壤中$NH_3-N$的质量（mg）来表示。

$$M=(X_{样品}-X_{无土}-X_{无基质})\times 100\times 10。\quad (4-11)$$

式中：$M$——土壤脲酶活性值；

$X_{样品}$——样品实验的光密度在标准曲线上对应的$NH_3-N$质量（mg）；

$X_{无土}$——无土对照实验的光密度在标准曲线上对应的$NH_3-N$质量（mg）；

$X_{无基质}$——无基质对照实验的光密度在标准曲线上对应的$NH_3-N$质量（mg）；

100——样品定容的体积与测定时吸取量的比值；

10——酶活性单位的土重与样品土重之比值。

### （六）注意事项

（1）不同土壤脲酶活性相差较大，应对不同土壤的培养时间适当增长或缩短。

（2）在比色过程中，一般可采用1 cm液槽，如颜色较浅，可改用2～4 cm液槽测定，再经过相应的换算。

## 三、氨释放蒸馏法

### （一）方法原理

通过将新鲜土壤与尿素溶液在37 ℃培养2 h后测定氨释放量，估计脲酶的活性（Tabatabai，1994）。

### （二）主要仪器

蒸馏定氮仪、培养箱或恒温水浴、50 mL容量瓶。

### （三）试剂

以下所用试剂均为分析纯。

（1）甲苯（$C_6H_5CH_3$）。

（2）Tris缓冲液：称取6.1 g三（羟甲基）氨基甲烷［Tris（hydroxymethyl）amino methane］溶入700 mL蒸馏水中，用0.2 mol·$L^{-1}$的$H_2SO_4$溶液调pH值至9.0，再用蒸馏水定容至1000 mL。

（3）尿素溶液：称取 1.2 g 尿素溶入约 80 mL 缓冲液中，后用该缓冲液定容至 100 mL。尿素溶液要当天配制，并在 4 ℃以下保存备用。

（4）氯化钾和硫酸银的混合溶液：先将 100 mg $Ag_2SO_4$ 溶于 700 mL 蒸馏水中，加入 188 g KCl 使之溶解，再定容至 1000 mL。

（5）氧化镁（MgO）：将氧化镁于高温电炉中在 600 ~ 700 ℃下灼烧 2 h，再放置于干燥器中冷却，贮于瓶中。

（6）混合指示剂：溶解 0.099 g 溴甲酚绿和 0.066 g 甲基红于 100 mL 乙醇（95%）中。

（7）硼酸指示剂溶液：溶解 20 g 硼酸于 950 mL 热蒸馏水中，冷却，加入 20 mL 混合指示剂，充分混匀后，小心滴加氢氧化钠溶液 [$c$（NaOH）=0.1 mol · $L^{-1}$]，直至溶液呈红紫色（pH 值约为 4.5），定容至 1 L。

（8）硫酸标准溶液 [$c$（$1/2H_2SO_4$）=0.005 mol · $L^{-1}$]。

### （四）实验步骤

将 5.00 g 新鲜土样（< 2 mm）放置于 50 mL 容量瓶中，加入 0.2 mL 甲苯和 9 mL Tris 缓冲溶液，轻摇混匀后加入 1.0 mL 尿素溶液，再次轻摇混匀并塞上瓶塞，在 37 ℃下培养 2 h。然后加入约 35 mL KCl – $Ag_2SO_4$ 溶液，轻摇容量瓶几秒后，放置至室温（约 5 min），用 KCl – $Ag_2SO_4$ 溶液定容，摇匀。同时按同样步骤做空白，只是培养 2 h 后先加 35 mL KCl – $Ag_2SO_4$ 溶液，然后加入 1.0 mL 尿素溶液。

蒸馏法测氨：取土壤悬浮液 20 mL 至蒸馏瓶中，加入 0.2 g MgO，用硼酸指示溶液吸收，蒸馏液的体积约为 30 mL。用 0.005 mol · $L^{-1}$ 的 $H_2SO_4$ 标准溶液滴定。

### （五）结果计算

$$\omega(\mathrm{N}) = \frac{c \times V \times ts \times 14}{m \times 2 \times k}。 \tag{4-12}$$

式中：$\omega$（N）——单位时间内氨态氮的释放量（mg · $kg^{-1}$ · $h^{-1}$）；

$c$——$1/2H_2SO_4$ 标准溶液的浓度（mol · $L^{-1}$）；

$V$——$H_2SO_4$ 标准溶液的体积（mL）；

$ts$——分取倍数（2.5）；

14——氮的摩尔质量（mg · $mmol^{-1}$）；

2——培养时间（2 h）；

$m$——样品质量（g）；

$k$——将土壤样品质量换算成烘干土重的系数。

### （六）注意事项

（1）与其他缓冲液（如磷酸盐缓冲液）相比，三（羟甲基）氨基甲烷缓冲液的优点在于能够有效防止铵的固定。在配制该缓冲液时，必须用硫酸而不是盐酸来调 pH 值，因为后者能够促进脲酶的活性。

（2）在配制 KCl－$Ag_2SO_4$ 溶液时，应将 KCl 溶于溶解后的 $Ag_2SO_4$ 溶液中，因为 $Ag_2SO_4$ 在 KCl 溶液中不溶。加入 KCl－$Ag_2SO_4$ 混合溶液后，脲酶失活，因此，该悬浮液在测定氨之前可以放置 2 h。

# 第二篇　肥料学部分

# 第五章　肥料样品的采集与制备

## 实验 5.1　无机肥料的采集与制备

### 一、目的意义

正确的采样方法是整个分析工作的前提。

化学肥料的品种很多，状态各有不同，有固体的、有液体的，有均匀性好的、有均匀性较差的，如何在大批量的肥料中选取有代表性的、能反映一批样品情况的分析样品，是一件细致而艰巨的工作。因此，在采样时必须根据化肥的运输、包装、批号等情况决定取样的方法和数量。

国家或部颁的各种化肥分析标准中，均有相应的规定方法，下面仅就一般的采样方法简述如下。

### 二、样品的采集

#### （一）包装化学肥料

同批号袋装化肥小于 10 袋时，可用采样器在每袋垂直插入 3/4 处（或最长对角线）取少量样品混合，按四分法分成 0.25 ~ 0.5 kg 平均样品，保存于清洁的磨口广口瓶中，贴上标签，注明生产厂名、产品名称、等级、批号和采样日期、采样人。在大批量化肥中，可按表 5-1 确定取样袋数，然后按上述方法取样处理。

表 5-1　袋装化肥取样袋数

| 每批袋数（$n$） | 取样袋数 | 每批袋数（$n$） | 取样袋数 |
|---|---|---|---|
| 1 ~ 10 | 全部袋数 | 182 ~ 216 | 18 |
| 11 ~ 49 | 11 | 217 ~ 254 | 19 |
| 50 ~ 64 | 12 | 255 ~ 296 | 20 |
| 65 ~ 81 | 13 | 297 ~ 343 | 21 |
| 82 ~ 101 | 14 | 344 ~ 394 | 22 |
| 102 ~ 125 | 15 | 395 ~ 450 | 23 |
| 126 ~ 151 | 16 | 451 ~ 512 | 24 |
| 152 ~ 181 | 17 | ≥ 512 | $3 \times n^{-3}$ |

### （二）散装化学肥料

散装化学肥料取样点数需视化肥多少而定。一般按车船载重量或堆垛面积，确定若干均匀分布的取样点，从各个不同部位采集（见 GB/T 6679）。为了保证样品的代表性，取样点应不小于 10 个，取样量和样品按上述方法处理。

### （三）液体肥料

这类肥料大多是均匀的水溶液，对于大件容器贮存的化学肥料，可以在任意部位抽取所需要的量；对于不均匀的液体肥料，可在上中下各部位抽取，所取平均样品不少于 500 mL。平均样品应装于密封的玻璃瓶中，同上处理保存（液体无水氨按 GB/T 8570.1—1988 进行）。

对于用罐、瓶、桶贮运的肥料，每批按总件数的 5% 取样，但取样量不得小于 3 件，平均样品不少于 500 mL。

## 三、样品的制备

化学肥料因其种类和分析的要求不同，在制样时有所不同。

（1）小粒状（或粉状）均匀性较好的化肥，如硫酸铵、氯化铵、尿素、氯化钾、硫酸钾等，可充分混合均匀后直接称样分析。

（2）块状肥料，如未经磨碎的钢渣磷肥、熔成磷肥、钙镁磷肥、脱氟磷肥，以及结块的过磷酸钙和重过磷酸钙，需在分析之前逐步击碎缩分至 20 g 左右，研磨使其全部通过 100 目筛子，作为有效磷分析样品贮存。复混肥则需磨碎过 0.5 ~ 1 mm 筛（见 GB/T 8571—1988 和 GB/T 15063—2009）。

（3）以矿石形态存在的磷矿石、钾长石的磷钾含量分析，需将矿石逐步击碎缩分至 20 g 左右，研磨至全部通过 120 ~ 170 目筛，混合均匀，贮存备用。

# 实验 5.2　有机肥料的采集与制备

## 一、目的意义

有机肥料有粪肥、厩肥、堆肥、绿肥及其他许多杂肥。这些肥料主要是由动物粪尿和植物残体等积制而成，成分比较复杂，含有植物所需的各种营养元素和丰富的有机质。有机肥不仅能改善土壤结构，增进土壤微生物的活动，促进作物生长，而且对减少环境污染也具有不可低估的作用。因此，在发展无机化肥的同时，必须大力发展和使用有机肥料，对有机肥的积制方法及有机、无机肥料配合使用进行深入研究。

对有机肥进行样品采集和处理是分析测定氮、磷、钾等大量元素和中微量元素的前提，也是计算肥料用量、实现有机肥和无机肥配合施用的基础。

## 二、有机肥料样品的采集

有机肥料种类多、成分复杂、均匀性差，给采样带来很大困难。充分认识这些复杂因素，采用正确的采样方法才能得到一个有代表性的分析样品。有机肥样品的采集应根据肥料种类、性质、研究的要求不同（如各种绿肥的样品采集期和部位）而采用不同的采样方法。

1. 堆肥、厩肥、草塘泥、沤肥等样品的采集

此类肥料一般在室外呈堆积状态，必须多点采样，点的分布应考虑到堆的上中下部位和堆的内外层，或者在翻堆时采样，点的多少视堆的大小而定。一般一个肥料堆可取 20 ~ 30 个点，每个点取样 0.5 kg，置于塑料布上，将大块肥料捣碎，充分混匀后，以四分法取约 5 kg，装入塑料袋中并编号。

称取 1 ~ 2 kg 样品，摊放在塑料布上，令其风干。风干后再称重，计算其水分含量，以作为计算肥料中养分含量的换算系数。

2. 人畜粪尿及沼气肥料的采集

将肥料搅匀，用铁制或竹制的圆筒分层分点采样，混匀后送样品室处理。

3. 新鲜绿肥样品的采集

在绿肥生长比较均匀的田块中，视田块形状按 S 形随机布点，共取 10 个点，每个点采取均匀一致的植株 5 ~ 10 株，送回室内处理。

采集的样品往往数量大，随放置时间的延长其成分会有所变化，必须及时制备。测定其成分含量时，除 $NH_4^+-N$ 和 $NO_3^--N$ 或有特定要求需采用新鲜样品外，一般采用风干样品。

## 三、有机肥料样品的制备

1. 堆肥、厩肥、草塘泥、沤肥等样品的制备

首先将样品送到风干室，进行风干处理，然后把长的植物纤维剪短，肥块捣碎混匀，用四分法缩分至 250 g，再进一步磨细至全部通过 40 目筛，混匀，置于广口瓶内备用。

2. 人畜粪尿及沼气肥料的制备

先将样品搅匀，取一部分过 3 mm 筛，使固体和液体分离。固体部分称其重量后，按堆肥等处理方法处理并计算干物质的含量；液体部分根据分析目的要求进行处理。计算固体和液体的比例，以便计算肥料的总养分含量。

3. 新鲜绿肥样品的制备

首先选定有代表性的样株。采集的植株如需要分不同器官（如叶片、叶鞘、叶柄、茎、果实等部位）测定，则需要立即将其剪开，以免养分转运。剪碎的样品太多时，可在混匀后用四分法缩分至所需的量。采集的植株样品是否需要洗涤，应视样品的清洁程度和分析要求而定。采回的绿肥样品应立即在 110 ~ 120 ℃的鼓风烘箱中杀青 20 分钟（杀死植物体中酶的活性），然后在 60 ~ 70 ℃下烘干至恒重，粉碎通过 40 目筛，盛于磨口广口瓶内。

样品在粉碎和储藏过程中会吸收空气中的水分。在精密分析称样前，须将粉碎的样品在 65 ℃（12 ~ 24 h）或 90 ℃（2 h）再次烘干，一般常规分析则不必。称样时应充分混匀后多点采取，在称样量少且样品相对较粗时应特别注意。

## 四、注意事项

在测定有机肥料的全氮和速效性氮时必须注意，样品采集后应尽快进行测定，否则会因水分蒸发和微生物活动造成养分损失，高温季节尤为显著，最多不超过 24 h，否则必须进行冷冻或固定处理。有机肥料的全磷、钾的测定，可以用风干样品。

有机肥料样品水分的测定，应视肥料的种类、含水量等情况选择合适的烘干方法，一般可在 105 ℃烘干至恒重。

# 第六章　无机氮肥分析

无机氮肥包括含氮的单质肥料和含氮的复合肥料，其主要以铵态、硝酸态、酰胺、氰氨等形式存在。在测定其含氮量时，可以通过一定的化学处理，把各种形态的氮素转化为铵态氮进行测定。一般来说，以铵态氮存在的氮都可以用甲醛法、蒸馏法测定其含氮量。甲醛法具有操作简单、快速的优点，但必须严格控制操作条件，否则可能产生较大的误差。蒸馏法结果准确可靠，应用广泛，是测定氮的标准方法，国家标准定为仲裁法，但操作比较麻烦，耗时较长。

## 实验 6.1　铵态氮肥总氮含量的测定（甲醛法）

### 一、目的意义

甲醛法只需对土壤消化，用甲醛强化后即可用强碱进行滴定，原理严谨，操作简便快速，但在实际测定过程中，要得到重现性好、准确度高的分析结果，需要熟练掌握甲醛法的测定原理和操作步骤。通过本实验，学习 NaOH 标准溶液的配制和标定方法；学习酸碱滴定法选用指示剂的原则，进一步熟练碱式滴定管的滴定操作；学习用甲醛法测定某些铵态氮肥中含氮量的原理和方法。

### 二、方法原理

铵盐是常见的无机化肥，是强酸弱碱盐，可用酸碱滴定法测定其含量。但由于 $NH_4^+$ 的酸性太弱（$Ka=5.6\times10^{-10}$），难以直接用 NaOH 标准溶液滴定，在生产和实验室中广泛采用甲醛法使弱酸强化，来测定铵盐中的含氮量。

甲醛法的原理是基于甲醛与一定量铵盐作用，生成相当量的酸（$H^+$）和六次甲基四铵盐（$K_a=7.1\times10^{-6}$），反应如下：

$$4NH_4^+ + 6HCHO = (CH_2)_6N_4H^+ + 6H_2O + 3H^+$$

所生成的 $H^+$ 和六次甲基四胺盐可以酚酞为指示剂，用 NaOH 标准溶液滴定，间接计算出试样中的总氮含量。

## 三、主要仪器

烧杯、容量瓶、锥形瓶、碱式滴定管。

## 四、试剂

（1）0.1 mol·$L^{-1}$ NaOH 溶液：称取 4 g 氢氧化钠溶解于无二氧化碳的蒸馏水中，并用无二氧化碳的蒸馏水定容至 1000 mL。

（2）0.2%酚酞溶液：称取 0.2 g 酚酞，溶解于 95%乙醇中，定容至 100 mL。

（3）0.2%甲基红指示剂：称取 0.2 g 甲基红，溶解于 95%乙醇中，定容至 100 mL。

（4）1 ∶ 1 甲醛溶液。

## 五、操作步骤

1. 甲醛溶液的处理

甲醛中常含有少量因被空气氧化而生成的甲酸，应除去，因此，使用前必须以酚酞为指示剂用 NaOH 中和，否则将产生正误差。处理方法如下：取原装甲醛（40%）的上层清液于烧杯中，用水稀释 1 倍，加入 1 ~ 2 滴 0.2%酚酞指示剂，用 0.1 mol·$L^{-1}$ NaOH 溶液中和至甲醛溶液呈淡（微）红色。

2. 试样中含氮量的测定

（1）待测液制备。准确称取 1.6 ~ 1.8 g $(NH_4)_2SO_4$ 于烧杯中，用适量蒸馏水溶解，然后定量地移至 250 mL 容量瓶中，最后用蒸馏水稀释至刻度，摇匀。用移液管移取试液 25 mL 于锥形瓶中，加 1 ~ 2 滴甲基红指示剂，用 0.1 mol·$L^{-1}$ NaOH 溶液中和至红色转为金黄色（橙色）（不记录读数）。

（2）滴定。上述溶液中加入 8 mL 已中和的 1 ∶ 1 甲醛溶液，再加入 1 ~ 2 滴酚酞指示剂，摇匀，静置 1 min 后，用 0.1 mol·$L^{-1}$ 标准溶液滴定至溶液橙红色持续半分钟不褪，即终点，记录读数。根据 NaOH 标准溶液的浓度和滴定消耗的体积，计算试样中氮的含量。

按上述步骤进行空白实验，除不加试样外，操作步骤和应用的试剂均与试样测定时相同。

## 六、结果计算

$$总氮含量（\%）=\frac{c(V-V_0)\times 14.01\times 10^{-3}}{m}\times 100。\quad (6\text{-}1)$$

式中：$c$——使用 NaOH 标准溶液的浓度（$mol \cdot L^{-1}$）；

$V$——试样滴定时耗去 NaOH 标准溶液的体积（mL）；

$V_0$——空白滴定时耗去 NaOH 标准溶液的体积（mL）；

14.01——氮原子的摩尔质量（$g \cdot mol^{-1}$）；

$10^{-3}$——将 mL 换算成 L；

$m$——称样的质量（g）。

平行测定结果的算术平均值作为测定结果。平行测定的绝对差值≤ 0.06%；不同实验室测定结果的绝对差值≤ 0.12%。

## 七、注意事项

（1）甲醛常以白色聚合状态存在，称为多聚甲醛。甲醛溶液中含有少量多聚甲酸但不影响滴定。

（2）中和甲醛中的游离酸（甲酸）用酚酞作指示剂，中和试样中的游离酸以甲基红作指示剂。

（3）由于溶液中已经有甲基红，再用酚酞为指示剂，存在两种变色不同的指示剂。用 NaOH 滴定时，溶液颜色由红色变为黄色（pH 值约为 6.2），再变为橙红色（pH 值约为 8.2），经半分钟不褪色为终点。终点为甲基红的黄色和酚酞的红色的混合色（橙红色）。

（4）氯化铵、硝酸铵这些强酸性氮肥总氮含量的测定也可用本法进行，碳酸氢铵或氨水类氮肥不宜用本法。

# 实验 6.2　尿素总氮含量的测定

## 一、目的意义

通过本实验，要求掌握蒸馏的原理和方法，掌握尿素总氮量测定的方法原理和操作步骤。

## 二、方法原理

在硫酸铜存在下，在浓硫酸中加热使试样中的酰胺态氮转化为氨态氮，蒸馏并吸收在过量的硫酸标准液中，在指示剂存在下，用氢氧化钠标准液反应滴定。

## 三、主要仪器

（1）蒸馏仪器：最好使用带标准磨口的成套仪器或能保证定量蒸馏和吸收的任何仪器；蒸馏仪器的各部件用橡皮塞或橡皮管连接，或采用球型磨砂玻璃接头，为保证系统密封，球形玻璃接头应用弹簧夹子夹紧。推荐使用的仪器如图 6-1 所示（也可用 GB 3593 中的仪器，但分析步骤必须按 GB 3593 进行）。

（2）开氏瓶（1 L）。

（3）单球防溅球管和顶端开口、容积约 50 mL 与防溅球进出口平行的圆筒形滴液漏斗。

（4）直形冷凝管：有效长度约 400 mm。

（5）接收器：容积 500 mL，瓶侧连接双连球。

（6）梨形玻璃漏斗。

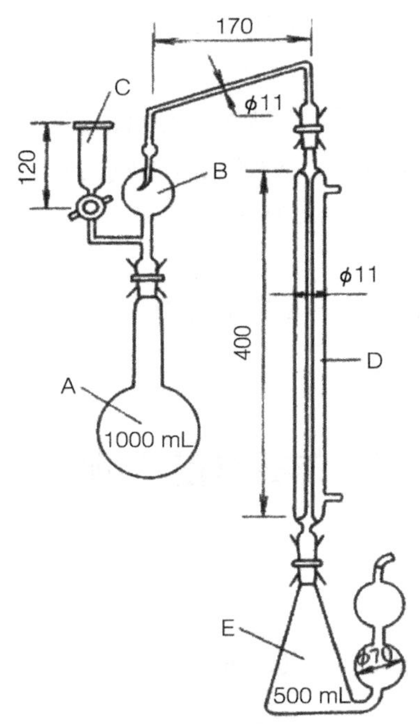


A. 蒸馏瓶；B. 防溅球管；C. 滴液漏斗；D. 冷凝管；E. 带双连球锥形瓶。

**图 6-1　蒸馏装置**

## 四、试剂

（1）五水硫酸铜（$CuSO_4 \cdot 5H_2O$）。

（2）硫酸（$CH_2SO_4$）。

（3）450 g · $L^{-1}$ NaOH 溶液：称取 45 g 氢氧化钠溶于水中，稀释至 100 mL。

（4）混合指示剂（甲基红 – 亚甲基蓝乙醇溶液）：在约 50 mL 乙醇溶液中加入甲基红 0.10 g、亚甲基蓝 0.05 g，溶解后，用相同规格的乙醇溶液稀释至 100 mL，混匀。

（5）0.5 mol · $L^{-1}$（$1/2H_2SO_4$）标准溶液：按 GB 601 配制。

（6）0.5 mol · $L^{-1}$ NaOH 标准滴定液：按 GB 601 配制。

## 五、操作步骤

### （一）待测液制备

称取 5.000 g 尿素样品，移入 500 mL 锥形瓶中，加水 25 mL、浓硫酸 50 mL 和硫酸铜 0.5 g，插上梨形玻璃漏斗，在通风橱中缓缓加热，使 $CO_2$ 逸尽，然后逐步提高加热温度，直至冒白烟，再继续加热 20 min，取下冷却后，小心加入 300 mL 水，冷却。把锥形瓶中的溶液无损地移入 500 mL 容量瓶中，稀释至刻度，摇匀备用。

### （二）蒸馏定氮

从上述容量瓶中移取 50 mL 溶液于蒸馏瓶中，加入水约 300 mL、混合指示剂几滴和防爆沸石或多孔瓷片少许。用滴定管或移液管移取硫酸标准液 40.0 mL 于接收瓶中，加水使溶液量能淹没接收瓶的双连球瓶颈，加混合指示剂 4 ~ 5 滴。用硅脂涂抹仪器接口，保证仪器所有连接部分密封。

通过滴液漏斗向蒸馏瓶中加入足够量的 450 g · $L^{-1}$ NaOH 溶液，以中和硫酸溶液并过量 25 mL。应当注意，滴液漏斗中至少保持几毫升溶液（以利于密封）。

加热蒸馏，直至接收器中收集液量达到 250 ~ 300 mL 为止，停止加热，拆下防溅球管，用水洗涤冷凝管，将洗涤液收集在接收器中。

### （三）滴定

将接收器中的溶液混匀，用 NaOH 标准溶液反滴定过量的酸，直至指示剂呈灰绿色。

按上述步骤进行空白实验，除不加样品外，操作步骤和使用试剂与试样测定时相同。

## 六、结果计算

$$总氮含量（\%）=\frac{c(V_2-V_1)\times 14.01\times 10^{-3}}{m}\times 100。\qquad（6–2）$$

式中：$c$——使用 NaOH 标准滴定液的浓度（mol · $L^{-1}$）；

$V_1$——试样测定时耗去 NaOH 标准溶液的体积（mL）；

$V_2$——空白实验时耗去 NaOH 标准溶液的体积（mL）；

14.01——氮原子的摩尔质量（$g \cdot mol^{-1}$）；

$10^{-3}$——将 mL 换算成 L；

$m$——称样的质量（g）。

所得结果应表示至两位小数，平行测定结果的绝对差值≤ 0.1%；不同实验室测定结果的绝对差值≤ 0.15%；取平行测定结果的算术平均值作为测定结果。

# 实验 6.3　尿素中缩二脲的测定

## 一、目的意义

缩二脲是尿素生产过程中在高温下由尿素缩合而成的对作物有害的成分。缩二脲含量高的尿素不能作为苗肥，也不能用于叶面喷施，因此，缩二脲含量测定在尿素品质鉴定中是一个重要的项目。

通过本实验，要求了解尿素中缩二脲含量测定的基本原理，掌握测定方法和操作技能。

## 二、方法原理

缩二脲（$C_2H_5O_2N_3$）在硫酸铜、酒石酸钾钠的碱性溶液中生成紫红色络合物，在波长 550nm 处用分光光度计测定其吸光度。

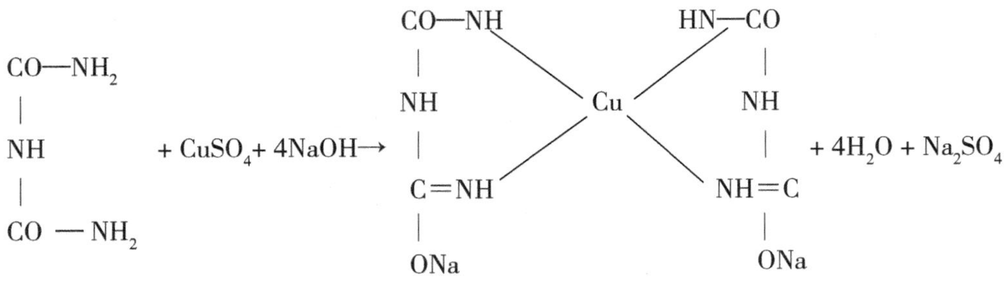

```
CO—NH2                              CO—NH              HN—CO
|                                   |       \         /     |
NH      + CuSO4 + 4NaOH →           NH          Cu          NH      + 4H2O + Na2SO4
|                                   |       /         \     |
CO—NH2                              C=NH               NH=C
                                    |                       |
                                    ONa                     ONa
```

## 三、主要仪器

烧杯、容量瓶、振荡水浴锅、分光光度计。

## 四、试剂

（1）15 g·$L^{-1}$ 硫酸铜溶液：称量 15 g $CuSO_4·5H_2O$ 溶解于水中，稀释至 1000 mL。

（2）50 g·$L^{-1}$ 酒石酸钾钠溶液：称取酒石酸钾钠（$NaKC_4H_4O_6·4H_2O$）50 g 溶解于水中，加入 NaOH 40 g，稀释至 1000 mL。

（3）0.1 mol·$L^{-1}$ 标准溶液：量取浓 $H_2SO_4$（比重 1.84 g·$cm^{-3}$）2.8 mL，加蒸馏水至 1000 mL。

（4）0.1 mol·$L^{-1}$NaOH 溶液：称取 4.0 g 氢氧化钠溶解于蒸馏水，定容至 1000 mL。

（5）100 g·$L^{-1}$ 氨水溶液：量取氨水 220 mL，用水稀释至 500 mL。

（6）丙酮。

（7）2.00 g·$L^{-1}$ 缩二脲标准溶液：首先进行缩二脲提纯，用氨水洗涤缩二脲，然后用水洗涤，再用丙酮洗涤除去水，最后于 105 ℃干燥箱中干燥。称取提纯后的缩二脲 1.000 g，溶于 450 mL 水中，用 $H_2SO_4$ 或 NaOH 溶液调节至 pH 值=7，定量移入 500 mL 容量瓶中，定容摇匀。此溶液浓度为 2.00 g·$L^{-1}$。

## 五、操作步骤

称取试样 50.00 g，置于 250 mL 烧杯中，加水 100 mL，溶解。用 0.1 mol·$L^{-1}$ NaOH 溶液或 0.1 mol·$L^{-1}$ $H_2SO_4$ 溶液调节 pH 值=7。将溶液定量移入 250 mL 容量瓶中，稀释至刻度，摇匀。

分取含有 25 ~ 50 mg 缩二脲的上述溶液于 100 mL 容量瓶中，然后依次加入碱性酒石酸钾钠溶液 20 mL 和硫酸铜溶液 20 mL，摇匀，稀释至刻度，摇匀。把容量瓶浸入（30 ± 5）℃的水浴中约 20 min，摇动。在 30 min 内，在 550 nm 波长下比色。同时做空白实验。

标准系列溶液的制备和标准曲线绘制：各取 2.00 g·$L^{-1}$ 缩二脲标准溶液 0.0、2.5、5.0、10.0、15.0、20.0、25.0、30.0 mL 于 100 mL 容量瓶中，此系列溶液浓度依次为每 100 mL 含缩二脲 0、5、10、20、30、40、50、60 mg。同上述试样显色步骤显色，在相同条件下比色。以 100 mL 标准比色液中缩二脲的含量（mg）为横坐标，以吸光度为纵坐标，绘制标准曲线。

## 六、结果计算

$$缩二脲（\%）=\frac{(m_1-m_0)\times ts}{m}\times 100。\qquad（6\text{-}3）$$

式中：$m_1$——试液测得缩二脲质量（mg）；

$m_0$——空白实验测得缩二脲质量（mg）；

*ts*——分取倍数，待测液定容体积（mL）/显色时所取待测液体积（mL）；

*m*——试样的质量（g）。

所得结果应表示至两位小数，平行测定结果的绝对误差值≤ 0.05%；取平行测定结果的算术平均值作为测定结果。

## 七、注意事项

（1）如果试液有色或混浊，除按上述步骤进行比色外，还应另取 2 只 100 mL 容量瓶，各加入碱性酒石酸钾钠溶液 20.0 mL，其中一只加与显色时相同体积的试液，将溶液稀释至刻度，摇匀。以不含试液的溶液作为参比溶液，用测定时的同样条件测定另一份溶液的吸光度，在计算时扣除。

（2）如果试液只是混浊，则在调节 pH 值之前，在试液中加入 1 mol · $L^{-1}$ 盐酸溶液 2 mL，剧烈摇动，用中速滤纸过滤，用少量水洗涤，将滤液和洗涤液定量地收集在烧杯中，然后按试液的制备步骤调节 pH 值并稀释。

# 实验 6.4　铵态氮肥在土壤中的挥发模拟实验

## 一、目的意义

通过实验，了解化学氮肥施入不同土壤后的变化，对其在不同土壤田间下的挥发和流失状况进行测定，加深对铵态氮肥在土壤中损失原因的认识和理解。

## 二、方法原理

化学肥料施入土壤或与碱性物质混合后引起不同程度的挥发损失，其化学反应如下：

① 碱性土：$NH_4^+ + OH^- \rightarrow NH_3\uparrow + H_2O$；

② 石灰性土：$CaCO_3 + 2NH_4Cl \rightarrow (NH_4)_2CO_3 + CaCl_2 \rightarrow 2NH_3\uparrow + CO_2\uparrow + H_2O$；

③ 与碱性物混合：$K_2CO_3 + 2NH_4Cl \rightarrow (NH_4)_2CO_3 + 2KCl_2 \rightarrow 2NH_3\uparrow + CO_2\uparrow + H_2O$。

## 三、主要仪器

扩散皿、半微量滴定管（2 mL 或 5 mL）、扭力天平。

## 四、试剂

2% $H_3BO_3$、0.01 mol·$L^{-1}$ HCl 或 $H_2SO_4$ 标准液、混合指示剂。

## 五、实验步骤

1. 处理项目

（1）$NH_4Cl$ 或（$NH_4$）$_2SO_4$。

（2）酸性土+$NH_4Cl$ 或（$NH_4$）$_2SO_4$。

（3）碱性土+$NH_4Cl$ 或（$NH_4$）$_2SO_4$。

（4）草木灰+$NH_4Cl$ 或（$NH_4$）$_2SO_4$。

2. 操作步骤

取 4 个扩散皿，标明处理记号，在内室加 2% $H_3BO_3$ 溶液 3 mL，加甲基红－溴甲酚绿混合指示剂 1 ~ 2 滴（此时应呈淡紫红色，否则有污染，应将皿洗净重做）。称 5 g（通过 1 mm 筛孔）风干的酸性土、碱性土或钙质土各一份，0.1 g 草木灰一份和 0.5 g $NH_4Cl$ 或（$NH_4$）$_2SO_4$ 4 份，按上述模拟处理分别放入扩散皿的外室，充分拌匀，并紧靠扩散皿的内室壁，使外壁留出一圈空隙（防止水溶性胶流入引起误差），然后在扩散皿外室边缘磨砂口上涂上水溶性胶，盖上毛玻璃板，在室温下放置 24 h 后，用 0.01 mol·$L^{-1}$ 标准酸滴定内室吸收的氨，至由蓝绿色变为淡紫红色为止，记下标准酸的体积（注意滴定时要用玻璃棒小心搅动吸收液，切不可摇动扩散皿）。

## 六、结果计算

$$\text{氮损失（\%）} = \frac{V \times c \times 0.014}{m} \times 100。\tag{6-4}$$

式中：$V$——滴定时标准酸的体积（mL）；

$c$——滴定时标准酸的浓度（mol·$L^{-1}$）；

0.014——1 毫摩尔酸相当于氮的克数；

$m$——肥料中纯氮克数；

100——换算成百分数。

# 第七章　无机磷肥分析

## 实验 7.1　过磷酸钙中有效磷的测定

### 一、目的意义

矿质磷肥中磷的存在形态比较复杂，按其在不同溶剂中的溶解度可分为水溶性磷、枸溶性磷和难溶性磷。磷肥中水溶性磷化合物与弱酸溶性磷化合物之和称为有效磷。

通过本实验，了解有效磷的概念，掌握过磷酸钙及重过磷酸钙等磷肥中有效磷的测定原理和步骤。

### 二、方法原理

用水和碱性柠檬酸铵溶液提取有效磷，提取液中的正磷酸根离子在酸性介质和丙酮存在下，与喹钼柠酮试剂反应生成黄色的磷钼酸喹啉沉淀，其反应式如下：

$$H_3PO_4 + 12Na_2MoO_4 + 3C_9H_7N + 24HNO_3 \rightarrow (C_9H_7N)_3H_3(PO_4 \cdot 12MoO_3) \cdot H_2O \downarrow + 11H_2O + 24NaNO_3$$

沉淀经过过滤、洗涤、干燥后称量。

### 三、主要仪器

（1）玻璃坩埚式滤器（图 7-1）：4 号（孔径 4 ~ 16 μm，容积 30 mL）。

图 7-1　玻璃坩埚式滤器

（2）干燥箱：能于（180 ± 2）℃恒温。

（3）水浴：能于（65 ± 1）℃恒温。

## 四、试剂

（1）硝酸（GB 626—78）：1 ∶ 1 溶液。

（2）钼酸钠（HG 3—1087—77）。

（3）柠檬酸（HG 3—1108—81）。

（4）丙酮（GB 686—77）。

（5）氨水（GB 634—77）：2 ∶ 3 溶液。

（6）2 g · $L^{-1}$ 甲基红溶液：称取 0.2 g 甲基红溶解于 100 mL 600 mL · $L^{-1}$ 乙醇中。

（7）0.1 mol · $L^{-1}$ 硫酸（$1/2H_2SO_4$）标准溶液。

（8）喹钼柠酮试剂

溶液Ⅰ：溶解 70 g 钼酸钠（$Na_2MoO_4 \cdot 2H_2O$）于含 150 mL 水的 400 mL 烧杯中。

溶液Ⅱ：溶解 60 g 柠檬酸于含 100 mL 水的 1000 mL 烧杯中，再加入 85 mL 硝酸（GB 626），冷却。

溶液Ⅲ：在不断搅拌下将溶液Ⅰ加入溶液Ⅱ中，混匀。

溶液Ⅳ：将 35 mL 硝酸（GB 626—78）和 100 mL 水于 400 mL 烧杯中混合，加入 5 mL 喹啉（$C_9H_7N$）。

溶液Ⅴ：将溶液Ⅳ加入溶液Ⅲ中，混匀，静置过夜，用滤纸过滤，溶液中加入 280 mL 丙酮（GB 686—77），用水稀释至 1000 mL。将制备好的溶液贮存于带塞聚乙烯瓶中，置于阴凉处，避光，保存期为一个月。

（9）碱性柠檬酸铵溶液：1 L 溶液中应含有 173 g 未风化的结晶柠檬酸和 42 g 以氨形式存在的氮，相当于 51 g 氨，其配制方法如下：

用移液管吸取氨水 10 mL，移入预先装有 400 ~ 450 mL 水的 500 mL 容量瓶中，用水稀释至刻度，混匀。从 500 mL 容量瓶中用移液管吸出两份各 25 mL 的溶液，分别移入预先装有 25 mL 水的 250 mL 三角瓶中，加 2 滴甲基红指示剂，用 0.1 mol · $L^{-1}$（$1/2H_2SO_4$）溶液滴定至红色。1 L 氨水内含氮的量（$m$）按下式计算：

$$m = cV \times 14 \times (500/25) \times 1000/(1000 \times 10) = 28cV \tag{7-1}$$

式中：$c$——硫酸（$1/2H_2SO_4$）标准溶液的浓度（0.1 mol · $L^{-1}$）；

$V$——滴定消耗硫酸标准溶液的体积（mL）；

14——氮原子的摩尔质量（g）。

配制体积为 $V_1$ 的碱性柠檬酸铵溶液所需要氨水的体积（$V_2$）按下式计算：

$$V_2 = 42 \times V_1/m = 42 \times V_1/(28cV) = 1.5 \times V_1/(cV) \tag{7-2}$$

按上式计算出的体积（$V_2$）量取氨水，将其注入具有标线的试剂瓶中，瓶中刻画的标线表示欲配制碱性柠檬酸铵的体积。

根据配制每升碱性柠檬酸铵溶液需要 173 g 未风化的结晶柠檬酸，并按每 173 g 结晶柠檬酸需用 200 ~ 250 mL 水溶解的比例，配制成柠檬酸溶液。经分液漏斗将溶液慢慢注入装有氨水的试剂瓶中，同时瓶外用大量水冷却，然后加水到标线，混匀，静置 2 个昼夜后使用。

## 五、操作步骤

1. 待测液的制备

称取试样 2.500 g 置于 75 mL 瓷蒸发皿中，用玻棒将试样磨碎，加入水重新研磨，将清液过滤于预先加有 5 mL 1 ∶ 1 硝酸的 250 mL 容量瓶中，继续处理沉淀 3 次，每次用水 25 mL，然后将沉淀全部冲在滤纸上，并用水洗涤沉淀到容量瓶中，达 200 mL 左右滤液为止，用水定容摇匀，即试液Ⅰ。

将带沉淀的滤纸移入另一只 250 mL 容量瓶中，加入碱性柠檬酸铵溶液 100 mL，紧塞瓶口，剧烈振摇容量瓶使滤纸碎成纤维状态为止，置容量瓶于（60 ± 1）℃的水浴中保温 1 h，开始时每隔 5 min 振摇一次，振摇 3 次后每隔 15 min 振摇一次，取出冷却至室温，用水定容摇匀。用干燥滤纸和器皿过滤，弃去最初滤液，所得滤液即试液Ⅱ。

2. 溶液中磷含量的测定

用移液管分别吸取 10 ~ 20 mL 试液Ⅰ和试液Ⅱ（约含 $P_2O_5 < 20$ mg），一并放入 300 mL 烧杯中，加入 1 ∶ 1 硝酸溶液 10 mL，用水稀释至约 100 mL，预热近沸腾，加入 35 mL 喹钼柠酮试剂，盖上表面皿，加热煮沸 30 s（以利于得到较粗的沉淀颗粒）。取下冷却至室温，用预先干燥至恒重的 4 号玻璃坩埚式滤器抽滤，先将上清液滤完，然后用倾泻法洗涤沉淀 1 ~ 2 次，每次用水 25 mL，将沉淀移于滤器上，再用水洗涤，所用水共 125 ~ 150 mL，将坩埚和沉淀一起置于（180 ± 2）℃烘箱中干燥 45 min，移入干燥器中冷却，称重。

## 六、结果计算

$$P_2O_5(\%) = \frac{(m_1 - m_2) \times 0.03207 \times \frac{500}{V}}{m_0} \times 100。 \quad (7\text{-}3)$$

式中：$m_1$——测定所得磷钼酸喹啉沉淀质量（g）；

$m_2$——空白实验所得磷钼酸喹啉沉淀质量（g）；

$m_0$——试样质量（g），原标准按干基进行计算；

0.032 07——磷钼酸喹啉换算为 $P_2O_5$ 的系数；

$V$——吸取试液的总体积（mL）。

取平行测定结果的算术平均值作为测定结果；平行测定结果的绝对差值≤ 0.2%；不同实验室测定结果的绝对差值≤ 0.03%。

## 七、注意事项

（1）磷酸一铵、磷酸二铵中有效磷含量测定和本法相似，所不同的是这两种肥料用中性柠檬酸铵溶液在（65 ± 1）℃下提取有效磷，重过磷酸钙中有效磷的测定也是如此。钙镁磷钾肥用柠檬酸溶液浸提，然后用重量法测定。

（2）用过的玻璃坩埚式滤器内残存的沉淀可用 1 ∶ 1 氨水和稀碱浸泡到黄色消失，用水洗净烘干备用。

# 实验 7.2　过磷酸钙中游离酸含量的测定

## 一、目的意义

商品过磷酸钙一般含 3.5% ~ 5.5% 的游离酸，易吸潮结块并有腐蚀性，若含量过高则可能对作物的生长不利。因此，游离酸的测定是过磷酸钙肥料的一个重要测定项目。

通过本实验，认识游离酸对过磷酸钙质量的影响，掌握过磷酸钙中游离酸测定的原理、方法和步骤。

## 二、方法原理

用 NaOH 标准溶液滴定过磷酸钙水浸提液中的游离酸，根据酸度计电极电位随溶液 pH 值变化指示的滴定终点，由消耗 NaOH 的量求出游离酸的含量。

## 三、主要仪器

酸度计、恒温磁力搅拌器（图 7-2）、振荡器、微量滴定管。

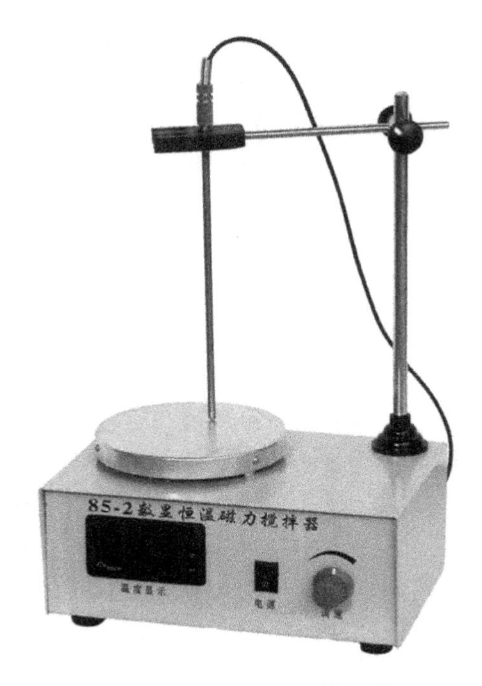


图 7-2　恒温磁力搅拌器

## 四、试剂

（1）0.1 mol · $L^{-1}$ NaOH 标准溶液：按 GB/T 601—2016 配制与标定。

（2）950 mL · $L^{-1}$ 乙醇溶液。

（3）溴甲酚绿指示剂溶液：称取溴甲酚绿 0.2 g 溶解于氢氧化钠溶液 6 mL 和乙醇 5 mL 中，用水稀释至 100 mL。

## 五、测定步骤

称取约 5 g 试样（精确至 0.001 g），移入 250 mL 容量瓶中，加入约 100 mL 不含二氧化碳的蒸馏水，盖上瓶塞，在振荡器上振荡 15 min，用不含二氧化碳的蒸馏水稀释至刻度，混匀，用干燥滤纸和漏斗过滤，弃去最初的部分滤液。

吸取 50.0 mL 滤液于 250 mL 烧杯中，用不含二氧化碳的蒸馏水稀释至 150 mL。

（1）电极法：烧杯置于磁力搅拌器上，将甘汞电极和玻璃电极浸入溶液中，放入搅拌子，在搅拌下用 0.1 mol · $L^{-1}$ NaOH 标准溶液滴定至已定位的酸度计读数为 4.5。

（2）指示剂法：加入溴甲酚绿指示剂 0.5 mL，用 0.1 mol · $L^{-1}$ NaOH 标准溶液滴定至溶液呈纯绿色为终点。

## 六、结果计算

$$\text{游离酸（以}P_2O_5\text{计）} = \frac{c \times V \times 10^{-3} \times 71 \times \frac{250}{50}}{m} \times 100。\quad (7\text{–}4)$$

式中：$c$——氢氧化钠标准溶液浓度（$mol \cdot L^{-1}$）；

$V$——滴定消耗的氢氧化钠标准溶液体积（mL）；

$10^{-3}$——将 mL 换算为 L；

$m$——试样的质量（g）；

71——1/2 $P_2O_5$ 的摩尔质量。

取平行测定结果的算术平均值为测定结果；平行测定结果的绝对差值≤ 0.15%；不同实验室测定结果的绝对差值≤ 0.30%。

# 实验 7.3　水溶磷肥在土壤中的固定模拟实验

## 一、目的意义

本实验采用不同土壤，分别加入一定量的磷肥，测定土壤中磷的固定情况，以加深对磷肥固定的理解和认识。

## 二、实验原理

水溶性磷肥施入土壤中，酸性土壤由于铁、铝离子，石灰性土壤由于钙离子的作用，成为溶解度低的磷酸铁（$FePO_4$）、磷酸铝（$AlPO_4$）和难溶性的磷酸钙等化合物，降低了水溶性磷肥的有效性，这种现象称为磷肥的固定作用。

## 三、主要仪器

烧杯、普通天平（1/10）、酸性土及碱性土、过磷酸钙。

## 四、实验步骤

### （一）模拟实验

设置以下两个处理：

① 土壤（对照）；

② 土壤+过磷酸钙。

### （二）方法

用普通天平称取过 1 mm 筛孔的风干土样 100 g，放于已知重量的 400 mL 烧杯中（对照），另取 1 份土样 100 g，放于另一个已知重量的 400 mL 烧杯中，加入已知水溶性磷含量的过磷酸钙（过 0.1 mm 筛）2.0 g，与土壤充分搅拌均匀，稍加振动，使其沉实。在两个烧杯中加水，使土壤呈湿润状，放置 10 ~ 15 d，称重后充分搅拌，取样分析其有效磷含量，再计算水溶性磷在土壤中变成固定态磷的百分数。

## 五、结果计算

$$\text{有效磷含量} = \frac{\text{显色液}P（\mu g \cdot mL^{-1}） \times V \times ts}{m \times 10^3} \times 1000 - \text{原土壤有效磷}（mg \cdot kg^{-1}）。 \quad (7\text{–}5)$$

式中：$P$——从标准曲线查得显色液的磷含量（$\mu g \cdot mL^{-1}$）；

$V$——显色液体积（50 mL）；

$ts$——分取倍数（浸提液总体积与吸取浸出液体积之比）；

$m$——烘干土质量（g）；

$10^3$——将 μg 换算成 mg；

1000——将 g 换算 kg。

# 实验 7.4　磷肥在土壤中养分释放的测定

## 一、目的意义

不同种类的磷肥适用于不同的土壤，这是合理施用磷肥、充分发挥磷肥肥效的基础。通过本实验，进一步了解常用磷肥的性质及其在不同土壤中有效磷的释放情况，为磷肥的合理分配和施用提供依据。

## 二、实验原理

将常用磷肥，如过磷酸钙、钙镁磷肥分别施用到酸性、碱性和中性土壤中，培养一定时间后测定土壤有效磷的含量，了解不同磷肥在不同土壤中有效磷的释放情况。

## 三、主要仪器

烧杯、普通天平（1/10）、酸性土、碱性土、中性土、过磷酸钙或钙镁磷肥。

## 四、试剂

（1）0.5 mol・$L^{-1}$ $NaHCO_3$；称取 42.0 g $NaHCO_3$ 溶于约 800 mL 水中，用 4 mol・$L^{-1}$ NaOH 溶液调节至 pH 值=8.5，定容至 1 L，存于塑料瓶中。

（2）二硝基酚指示剂；0.2 g 的 2，6－二硝基酚或 2，4－二硝基酚溶于 100 mL 水中。

（3）钼锑抗溶液；103 mL 浓 $H_2SO_4$ 缓慢加入 400 mL 水中，冷却，10 g 钼酸铵溶于 60 ℃的 300 mL 水中，冷却，将 $H_2SO_4$ 溶液缓慢加入钼酸铵溶液中，再加入 100 mL 10.1% 酒石酸锑钾，定容至 1 L。使用时每 100 mL 钼锑贮存液加 1.5 g 抗坏血酸，随配随用。

## 五、操作步骤

（1）称取 150 g 过 1 mm 筛的供试土壤于烧杯中，分别加入 1.00 g 过磷酸钙或钙镁磷肥，加水至田间持水量，充分拌匀，上盖表面皿培养 5 ~ 7 d。

（2）取培养土壤各 5.00 g 于三角瓶中，加入 1 小匙活性炭，再加入 100 mL 0.5 mol・$L^{-1}$ $NaHCO_3$，加塞振荡 30 min，过滤。吸取滤液 2 mL 于 50 mL 容量瓶中，加入 20 mL 水，加 2 滴二硝基酚指示剂，用稀酸或稀碱调至微黄色，再加入钼锑抗溶液 5 mL，显色 30 min 后，在波长 880 nm 或 700 nm 处比色。

（3）磷标准曲线的配制和测定参考实验 3.10。

## 六、结果计算

$$\text{有效磷含量}=\frac{\text{显色液}P(\mu g\cdot mL^{-1})\times V\times ts}{m\times 10^3}\times 1000-\text{原土壤有效磷}(mg\cdot kg^{-1})。\tag{7-6}$$

式中：$P$——从标准曲线查得显色液的磷含量（$\mu g\cdot mL^{-1}$）；

$V$——显色液体积（50mL）；

$ts$——分取倍数（浸提液总体积与吸取浸出液体积之比）；

$m$——烘干土质量（g）；

$10^3$——将 μg 换算成 mg；

1000——将 g 换算 kg。

### 【思考题】

1. 有效磷的含义是什么？
2. 施用磷肥应注意什么问题？

# 第八章 无机钾肥分析

## 实验 8.1 硫酸钾、氯化钾、硝酸钾中钾含量的测定

### 一、目的意义

钾素含量是表征钾肥品质的主要指标。肥料中钾素的存在形态有水溶性钾、弱酸溶性钾和矿物钾。测定肥料钾含量是评判钾肥品质的主要依据。

通过本实验，了解钾含量的重要性，掌握肥料钾含量测定的方法原理和操作步骤。

### 二、方法原理

溶液中钾离子和四苯硼离子反应生成四苯硼钾白色沉淀，反应式如下：

$$K^{+} + [B(C_6H_5)_4]^{-} \rightarrow K[B(C_6H_5)_4]\downarrow$$

此沉淀的溶解度很小（水中溶解度为 $1.8 \times 10^{-5}$ mol · $L^{-1}$），分子量大，热稳定性高（265 ℃分解）。沉淀可在酸性和碱性介质中进行，沉淀经过滤、洗净、烘干后称其质量，通过沉淀的质量求出钾的含量。

### 三、主要仪器

（1）玻璃坩埚式滤器：4 号（孔径 4 ~ 16 μm，容积 30 mL）。

（2）干燥箱：能于（180 ± 2）℃恒温。

（3）水浴：能于（65 ± 1）℃恒温。

### 四、试剂

（1）1 ∶ 1 HCl（比重 1.19 g · $cm^{-3}$）溶液。

（2）200 g · $L^{-1}$ NaOH 溶液：溶解不含钾的氢氧化钠 20 g 于 100 mL 水中。

（3）100 g · $L^{-1}$ EDTA 溶液：溶解 EDTA 10 g 于 100 mL 水中。

（4）氢氧化铝：分析纯。

（5）酚酞指示剂（5 g · $L^{-1}$）：称取酚酞指示剂 0.5 g，溶解于 100 mL 乙醇溶液（950 g · $L^{-1}$）中。

（6）370 g · $L^{-1}$ 甲醛溶液：分析纯。

（7）25 g · $L^{-1}$ 四苯硼钠溶液：称取四苯硼钠 6.25 g 于 400 mL 烧杯中，加水约 200 mL 使其溶解，加入 $Al(OH)_3$ 5 g 摇匀搅拌，10 min 后用慢速滤纸过滤，若滤液混浊，则需反复过滤至澄清为止。全部滤液收集于 250 mL 容量瓶中，加入 200 g · $L^{-1}$ NaOH 1 mL，然后稀释至刻度。必要时在使用前重新过滤。

（8）1 g · $L^{-1}$ 四苯硼钠洗涤液：取上述 25 g · $L^{-1}$ 四苯硼钠溶液 40 mL，加水稀释至 1 L。

## 五、操作步骤

（1）待测液制备：称取氯化钾、硫酸钾样品 2 g（准确至 0.001 g），硝酸钾复合肥等样品 5 g（准确至 0.001 g），将样品置于 400 mL 烧杯中，加入水约 200 mL 和盐酸 10 mL，煮沸 15 min，冷却，无损地移入 500 mL 容量瓶中，干过滤。

（2）测定：吸取滤液 10.00 ~ 20.00 mL（不超过 30 mg $K_2O$）于 100 mL 烧杯中，加入 EDTA 溶液 10 mL、酚酞指示剂 2 滴，摇匀。逐滴加入 200 g · $L^{-1}$ NaOH 溶液，直到溶液颜色变红为止，然后再过量 1 mL。加入甲醛溶液 5 mL，摇匀（此时溶液的体积约 40 mL 为宜）。在剧烈搅拌下，逐滴加入比理论需要量（每含 $K_2O$ 10 mg 需四苯硼钠溶液 3 mL）多 4 mL 的四苯硼钠溶液，静置 30 min。用预先在 120 ℃下烘干至恒重的 4 号玻璃坩埚式滤器抽滤沉淀，将沉淀用四苯硼钠洗涤液全部移入滤器中，再用该洗涤液洗沉淀 5 次，每次用 5 mL，最后用水洗涤沉淀 2 次，每次用水 2 mL。抽干后，把滤器和沉淀放在烘箱中，于 120 ℃烘干 1 h，取出放入干燥器中冷却至室温，称量，直至恒重。

按上述步骤做空白实验。

## 六、结果计算

$$K_2O(\%) = \frac{(m_1 - m_0) \times 0.1314 \times \frac{500}{V}}{m} \times 100。 \qquad (8-1)$$

式中：$m_0$——空白实验时所得四苯硼钠沉淀质量（g）；

$m_1$——测定时所得四苯硼钠沉淀质量（g）；

$m$——称取样品质量（g）；

0.1314——四苯硼钠质量换算为 $K_2O$ 的系数（K 为 0.1091）；

$V$——吸取待测液的体积（mL）。

两次平行测定结果的绝对差值≤ 0.20%。

# 实验 8.2 草木灰中钾含量的测定

## 一、目的意义

草木灰对补充土壤中的钾、促进作物养分平衡有重要意义。钾的含量是评价草木灰肥料品质的重要指标。

草木灰的主要成分是碳酸钾（$K_2CO_3$），其次为硫酸钾（$K_2SO_4$），还有少量氯化钾（KCl），高温条件下烧得的草木灰也含有一些难溶性的硅酸钾（$K_2SiO_3$）的复盐。欲测定待测液中钾的含量，最方便的方法是火焰光度计法和钾电极法。

## 二、测定原理

待测液中的钾元素在火焰高温激发下辐射出具有钾元素的特征光谱，通过钾滤光片，经光电池和光电管倍增，把光能转换为电能，放大后用微电流表（检流计）指示其强度。从根据钾标准溶液的浓度和检流计读数所做的工作曲线上可查出待测液的钾浓度，然后计算样品的钾含量。

## 三、主要仪器

火焰光度计。

## 四、试剂

（1）浓盐酸（HCl）。

（2）含钾（K）100 $mg \cdot kg^{-1}$ 标准溶液

称取氯化钾（KCl，二级，在 110 ℃烘 2 h）0.1907 g 溶于水中，定容至 1000 mL，即含钾 100 $mg \cdot kg^{-1}$ 标准溶液，存于塑料瓶中。

分别吸取含钾 100 $mg \cdot kg^{-1}$ 标准溶液 2、5、10、20、40、60 mL，放入不同的 100 mL 容量瓶中，分别加入与待测液中等量的其他离子成分，使标准溶液中的离子成分和待测液相近，用蒸馏水定容。此系列标准溶液含钾分别为 2、5、10、20、40、60 $mg \cdot kg^{-1}$，测定后制作工作曲线。

## 五、测定步骤

1. 样品制备

称取草木灰样品 0.2500 g 左右，放在 100 mL 高型烧杯中，加入少量水湿润，盖上表面皿，小心地慢慢加入浓盐酸（HCl）15 mL，慎防气泡飞溅。反应微弱后加水 15 mL，煮沸 30 min（注意勿使试样蒸干，在煮沸过程中可不断加水保持原液面高度）。然后将溶液全部转入 250 mL 容量瓶中，用水冲洗三角瓶及表面皿，将洗液也转入容量瓶中，定容，摇匀。以干滤纸过滤于干燥三角瓶中，此待测液中盐酸（HCl）浓度约为 $0.2\ mol \cdot L^{-1}$。

2. 样品测定

吸取待测液 10.00 mL，置于 100 mL 或者 50 mL 容量瓶中，加水定容。直接在火焰光度计上测定，记录检流计读数。从工作曲线上查得待测液的钾含量。

## 六、结果计算

$$\omega(K)=\frac{P\times V\times ts\times 1.2}{m\times 10^{6}}\times 100。\quad (8-2)$$

式中：$\omega$（K）——草木灰中全钾含量（%）；

$P$——测得试液中钾（K）的质量浓度（$mg \cdot L^{-1}$）；

$V$——测读液体积（mL）；

$ts$——分取倍数；

$m$——烘干样品质量（g）；

$10^6$——将 μg 换算成 g 的系数。

两次平行测定结果的允许误差为 0.3%。

# 第九章　复混肥料分析

## 实验　复混肥料中氮、磷、钾含量的测定

### 一、目的意义

复混肥料是多营养元素肥料，通常是指同时含氮、磷、钾三要素中的2种或3种元素的化学肥料。有时人们也广义地将同时含氮、磷、钾及其他营养元素的多元素复混肥称为复合肥。复合肥和单元素肥料相比有很多优点，如物理性能好、养分含量较高且营养元素有效组分集中、贮运和施用方便等。因此，在当今的农业生产中，复合肥的使用十分普遍。但是，目前我国生产的复合肥品种很多，由于生产工艺的差异、贮运保管不当，或因农业生产的需要而调整各营养元素的含量比例等，都会使复合肥中各营养元素的含量发生改变，这就要求我们加强对复合肥生产的监督和检测工作，在实际工作中也经常需要对复合肥进行仲裁分析。所以，测定复混肥料中各营养元素的含量，加大对复混肥料生产企业的监管，对于提高复混肥料的质量和产业发展具有重要意义。

本实验主要介绍复合肥中氮、磷、钾含量测定的国家标准方法。

### 二、复混肥料中氮含量的测定（蒸馏后滴定法）

#### （一）方法原理

在酸性介质中还原硝酸盐成铵盐，在催化剂存在下，用浓硫酸消化，将有机态氮或尿素态氮和氰氨态氮转化为硫酸铵。从碱性溶液中蒸馏氨，并吸收在过量硫酸标准溶液中，在甲基红或甲基红–亚甲基蓝指示剂存在下，用氢氧化钠标准溶液返滴定。

#### （二）主要仪器

同实验6.2。

#### （三）试剂

（1）铬粉：细度小于250 μm。

（2）氧化铝（或沸石）：条状，经熔融。

（3）防泡剂：如熔点小于100 ℃的石蜡或硅脂。

（4）催化剂：将1000 g硫酸钾（HG 3—920—76）和50 g $CuSO_4 \cdot 5H_2O$（GB 665—78）混合，并仔细研磨。

（5）硫酸（GB 625—77）：$\rho = 1.84\ g \cdot mL^{-1}$。

（6）盐酸（GB 622—77）：$\rho = 1.18\ g \cdot mL^{-1}$。

（7）400 $g \cdot L^{-1}$氢氧化钠溶液：400 g氢氧化钠（GB 629—81）溶于水，冷却后稀释至1 L。

（8）0.10 $mol \cdot L^{-1}$氢氧化钠标准滴定溶液：按GB/T 601—2016配制与标定。

（9）0.50、0.20、0.10 $mol \cdot L^{-1}$（$1/2H_2SO_4$）硫酸标准溶液：按GB/T 601—2016配制与标定。

（10）甲基红-亚甲基蓝指示剂溶液：2 $g \cdot L^{-1}$甲基红（HG 3—958—76）的乙醇（GB 679—80）溶液50 mL与1 $g \cdot L^{-1}$亚甲基蓝（HGB 3394—60）的乙醇溶液50 mL混合。

（11）2 $g \cdot L^{-1}$甲基红溶液：溶解0.1 g甲基红（HG 3—958—76）于50 mL乙醇中。

（12）广泛pH试纸。

### （四）操作步骤

（1）称样：称取总氮含量≤235 mg、硝态氮含量≤60 mg的过0.5 cm筛的试样0.5000～2.0000 g于基耶达烧瓶或1000 mL开氏瓶中，加水至总体积约为35 mL，静置10 min，时而缓慢摇动，以保证所有硝酸盐溶解。

（2）还原（试样含硝态氮时必须经此步骤）：加铬粉1.2 g和HCl 7 mL于烧瓶中，在室温下静置5～10 min，置烧瓶与通风橱内已预先调节至能在7.0～7.5 min内使250 mL水从25 ℃加热至沸腾的加热装置上，加热4.5 min，冷却。

（3）水解（试样只含尿素和氰氨基化物的氮时，此步骤可代替下述“消化”步骤）：将烧瓶置于通风橱内，加氧化铝1.5 g（一般情况可省略），小心加入浓硫酸25 mL，瓶口插入梨形空心玻璃塞，加热到冒浓的硫酸白烟，至少保持15 min，冷却，小心加入水250 mL，冷却。

（4）消化（试样除氮完全以尿素和氰氨基化物的形式存在外，若试样含有有机态氮或测定未知组分废料时，必须采用此步骤）：将烧瓶置于通风橱内，加催化剂22 g和氧化铝1.5 g（一般情况可省略），小心加入浓硫酸30 mL，并加防泡剂0.5 g以减少泡沫（一般情况可省略），瓶口插入梨形空心玻璃塞，加热到冒浓的硫酸白烟，缓慢转动烧瓶，继续加热60 min或直到溶液透明，冷却，小心加入250 mL水，冷却。

（5）蒸馏：放几粒防爆沸颗粒于烧瓶中，根据试样中预计的氮含量，按表9-1选取合适的硫酸溶液体积于接收器中。加入3～5滴指示剂溶液，若溶液体积太小，可加适量的水。

表 9–1 接收器取硫酸标准溶液的体积

| 试样中预计的氮含量/mg | 硫酸溶液浓度/（$mol \cdot L^{-1}$） | 硫酸溶液体积/mL |
|---|---|---|
| 0 ~ 30<br>30 ~ 50<br>50 ~ 65 | 0.10 | 25<br>40<br>50 |
| 65 ~ 80<br>80 ~ 100<br>100 ~ 125 | 0.20 | 35<br>40<br>50 |
| 125 ~ 170<br>170 ~ 200<br>200 ~ 235 | 0.50 | 25<br>30<br>35 |

至少注入 400 $g \cdot L^{-1}$ 氢氧化钠溶液 120 mL 至滴液漏斗，若试样既未经水解，又未经消化处理时，只需注入 400 $g \cdot L^{-1}$ 氢氧化钠 20 mL 于滴液漏斗中，小心地将其注入蒸馏烧瓶中，当滴液漏斗中余下约 2 mL 溶液时，关闭活塞，加热使烧瓶内容物沸腾，逐渐增加加热速度，使内容物达到剧烈沸腾。在蒸馏期间，烧瓶内容物应保持碱性。

至少收集 150 mL 馏出液后，将接收器取下，而冷凝管的导管仍在接收器边上的位置，用 pH 试纸检验之后蒸出的馏出液，以保证氨全部蒸出，移去热源。从冷凝管上拆下防溅球管，用水冲洗冷凝管内部及导管外部，收集冲洗液于接收器中。

（6）滴定：用 0.10 $mol \cdot L^{-1}$ 氢氧化钠标准溶液返滴定过量硫酸，指示剂颜色呈现灰绿色（甲基红–亚甲基蓝）或橙黄色（甲基红）。

（7）空白实验：在测定的同时，使用同样的操作步骤、同样的试剂，但不含试样，用 0.10 $mol \cdot L^{-1}$ 硫酸标准溶液进行空白实验。

（8）核对实验：使用新制备的含 100 mg 氮的硝酸铵，定期核对仪器的效率和方法的准确度。核对实验应采用和测定试样及空白实验相同的条件，并使用同一指示剂。

## （五）结果计算

$$\text{总氮质量（\%）} = \frac{[c_1V_1 - c_2V_2 - (c_3V_3 - c_2V_4)] \times 14.01 \times 10^{-3}}{m} \times 100。 \quad (9\text{–}1)$$

式中：$c_1$——测定时，使用 $1/2H_2SO_4$ 标准溶液的浓度（$mol \cdot L^{-1}$）；

$c_2$——测定及空白实验时，使用 NaOH 标准溶液的浓度（$mol \cdot L^{-1}$）；

$c_3$——空白实验时，使用 $1/2H_2SO_4$ 标准溶液的浓度（$mol \cdot L^{-1}$）；

$V_1$——测定时，使用 $1/2H_2SO_4$ 标准溶液的体积（mL）；
$V_2$——测定时，使用 NaOH 标准溶液的体积（mL）；
$V_3$——空白实验时，使用 $1/2H_2SO_4$ 标准溶液的体积（mL）；
$V_4$——空白实验时，使用 NaOH 标准溶液的体积（mL）；
14.01——氮原子的摩尔质量（$g \cdot mol^{-1}$）；
$10^{-3}$——将 mL 换算为 L；
$m$——试样的质量（g）。

取平行测定结果的算术平均值作为测定结果；平行测定的绝对差值≤ 0.30%；不同实验室测定结果的绝对差值≤ 0.50%。

## 三、复混肥料中有效磷含量的测定（磷钼酸喹啉重量法）

### （一）方法原理

同实验 7.1。

### （二）主要仪器

4 号玻璃坩埚式滤器（孔径 4 ~ 16 μm，容积 30 mL），恒温干燥箱［（180 ± 2）℃］，恒温水浴锅［（65 ± 2）℃］，35 ~ 40 $r \cdot min^{-1}$ 上下旋转式振荡器或其他相同效果的水平往复式振荡器。

### （三）试剂

（1）20 $g \cdot L^{-1}$ 柠檬酸溶液：pH 值约为 2.1，称取柠檬酸 20 g 溶于水并稀释至 1 L。
（2）氢氧化铵（GB 631—71）。
（3）氢氧化铵（GB 631—71）：1 ∶ 7 溶液。
（4）中性柠檬酸铵溶液：pH 值 =7.0，在 20 ℃时比重为 1.09 $g \cdot cm^{-3}$。

溶解 370 g 柠檬酸（HG 3—1108—81）于 1500 mL 水中，加 345 mL 氢氧化铵（GB 631—77）使溶液接近中性，冷却，用酸度计测定溶液的 pH 值，以 1 ∶ 7 氢氧化铵或柠檬酸溶液调节溶液 pH 值 =7.0，加水稀释，使其在 20 ℃的比重为 1.09 $g \cdot cm^{-3}$。溶液贮于密闭容器中，使用前核验和校正 pH 值 =7.0。

其他试剂同实验 7.1。

### （四）操作步骤

1. 待测溶液的制备

（1）若试样含 $P_2O_5$ 大于 10%，称取试样 1 g（称准至 0.0002 g）；若试样含 $P_2O_5$ 小

于 10%，称取试样 2 g（称准至 0.0002 g）。

（2）含磷酸铵、重过磷酸钙、过磷酸钙或氨化过磷酸钙的复混肥料样品：将试样置于 75 mL 瓷蒸发皿中，加入水 25 mL 研磨，将清液倾注于预先加有 5 mL 1 ∶ 1 硝酸的 250 mL 容量瓶中，继续处理沉淀 3 次，每次用水 25 mL，然后将沉淀全部转移到滤纸上，并用水洗涤沉淀到容量瓶中，至滤液达到 200 mL 左右为止，用水定容摇匀，即试液 A，供测定水溶性磷用。

转移含有水不溶性残渣的滤纸至另一只干燥的 250 mL 容量瓶中，加入预先加热到 65 ℃的中性柠檬酸铵溶液 100 mL，紧塞瓶口，剧烈振摇容量瓶，至滤纸碎成纤维状态为止，置容量瓶于（65 ± 1）℃的水浴中，保温提取 1 h，每隔 10 min 振摇一次容量瓶，取出冷却至室温，用水定容摇匀。用干燥滤纸和器皿过滤，弃去最初滤液，所得滤液为试液 B，供测定枸溶性磷用。

（3）含钙镁磷肥的复混肥料样品：将试样置于干燥的 250 mL 容量瓶中，加入预先加热到（28 ~ 30）℃的 20 $g \cdot L^{-1}$ 柠檬酸溶液 150 mL，紧塞瓶口。保持溶液温度在（28 ~ 30）℃，在振荡器上振荡 1 h，取出容量瓶，用水定容并摇匀，干过滤，弃去最初滤液，所得滤液为试液 C，供测定枸溶性磷用。

（4）含少量钙镁磷肥或少量骨粉、鱼粉的过磷酸钙样品：先按（2）中水溶性磷提取方法操作，得溶液 D。

用细玻棒戳破含有水不溶性残渣的滤纸，用预先加热到 65 ℃的中性柠檬酸铵溶液 100 mL 仔细冲洗残渣到干燥的 250 mL 容量瓶中，塞上瓶塞，容量瓶置于（65 ± 1）℃的水浴中，保温提取 1 h，每隔 10 min 振摇一次容量瓶，从水浴中取出容量瓶，将提取液过滤到另一只 250 mL 容量瓶中，用水洗涤残渣数次，洗涤液合并到滤液中，用水稀释至刻度，混匀即得溶液 E。

滤纸和残渣转移到原 250 mL 容量瓶内，加入预先加热到 28 ~ 30℃的 20 $g \cdot L^{-1}$ 柠檬酸溶液 150 mL，紧塞瓶口。保持溶液温度在 28 ~ 30 ℃，在振荡器上振荡 1 h，取出容量瓶，用水定容并摇匀，干过滤，弃去最初滤液，所得滤液为试液 F。

2. 溶液中磷的测定

（1）含磷酸铵、重过磷酸钙、过磷酸钙或氨化过磷酸钙的复混肥料样品水溶性磷的测定：用移液管吸取“$V$”体积的试液 A（含 10 ~ 20 mg $P_2O_5$），放入 500 mL 烧杯中，加入 1 ∶ 1 硝酸溶液 10 mL，用水稀释至约 100 mL，预热近沸（如需水解，在电炉上煮沸几分钟，加入 35 mL 喹钼柠酮试剂，盖上表面皿，在电热板上微沸 1 min 或于近沸水浴中保温至沉淀分层。取下冷却至室温，冷却过程中转动烧杯 3 ~ 4 次。

用预先干燥至恒重的 4 号玻璃坩埚式滤器抽滤，先将上清液滤完，然后用倾泻法洗涤沉淀 1 ~ 2 次，每次用水 25 mL，将沉淀移于滤器中，再用水洗涤，所用水共 125 ~ 150 mL，将坩埚和沉淀一起置于（180 ± 2）℃烘箱中干燥 45 min，移入干燥器中冷却，称重。

（2）含磷酸铵、重过磷酸钙、过磷酸钙或氨化过磷酸钙的复混肥料样品有效磷（水溶性磷+枸溶性磷）的测定：用移液管分别吸取“$V$”体积的试液 A 和 B（共含 10 ~ 20 mg $P_2O_5$），一并放入 500 mL 烧杯中，其余步骤同（1）。

（3）含钙镁磷肥的复混肥料样品有效磷的测定：用移液管吸取“$V$”体积的试液 C（含 10 ~ 20 mg $P_2O_5$），其余步骤同（1）。

（4）含少量钙镁磷肥或少量骨粉、鱼粉的过磷酸钙样品水溶性磷的测定：用移液管吸取“$V$”体积的试液 D（含 10 ~ 20 mg $P_2O_5$），其余步骤同（1）。

（5）含少量钙镁磷肥或少量骨粉、鱼粉的过磷酸钙样品有效磷的测定：用移液管分别吸取“$V$”体积的试液 D、试液 E 和试液 F（共含 10 ~ 20 mg $P_2O_5$），一并放入 500 mL 烧杯中，其余步骤同（1）。

对每个系列的测定，应按照上述相对应的步骤进行空白实验。

### （五）结果计算

$$P_2O_5(\%)=\frac{(m_1-m_2)\times 0.032\,07\times \dfrac{250}{V}}{m_0}\times 100。\qquad (9\text{–}2)$$

式中：$m_1$——测定所得磷钼酸喹啉沉淀质量（g）；

$m_2$——空白实验所得磷钙酸喹啉质量（g）；

$m_0$——试样的质量（g），原标准按干基进行计算；

0.032 07——磷钼酸喹啉换算为 $P_2O_5$ 的系数；

$V$——吸取试液的体积（mL），即操作步骤中吸取待测液的体积“$V$”。

取平行测定结果的算术平均值作为测定结果；平行测定结果的绝对差值≤ 0.20%；不同实验室测定结果的绝对差值≤ 0.30%。

## 四、复混肥料中钾含量的测定

### （一）方法原理

同实验 8.1。

### （二）主要仪器

同实验 8.1。

### （三）试剂

（1）400 g · $L^{-1}$ NaOH 溶液：溶解不含钾的 NaOH 40 g 于 100 mL 水中。

（2）40 g · $L^{-1}$ EDTA 溶液：溶解 EDTA 4 g 于 100 mL 水中。

（3）15 g · $L^{-1}$ 四苯硼钠溶液：称取四苯硼钠 15 g 溶解于约 960 mL 水中，加氢氧化钠溶液 4 mL 和 100 g · $L^{-1}$ 六水氯化镁溶液 20 mL，搅拌 15 min，静置后过滤，贮于棕色瓶或塑料瓶中，一般不超过一个月。如发现混浊，使用前需进行过滤。

（4）四苯硼钠洗涤液：用 10 体积的水稀释 1 体积的上述四苯硼钠溶液。

（5）溴水溶液：约 50 g · $L^{-1}$。

（6）活性炭：应不吸附或不释放钾离子。

其他试剂同实验 8.1。

### （四）操作步骤

1. 待测液的制备

称取 2 ~ 5 g 试样（精确至 0.0002 g，含约 400 mg $K_2O$）置于 250 mL 锥形瓶中，加水约 150 mL，加热煮沸 30 min，冷却，定量移入 250 mL 容量瓶中，用水定容并摇匀，干过滤，弃去最初 50 mL 滤液。

2. 除去干扰物

（1）不含氰氨基化物或有机物的试样：取待测液 25 mL 于 200 mL 烧杯中，加 EDTA 溶液 20 mL（含阳离子较多时加 40 mL），加 2 ~ 3 滴酚酞溶液，滴加氢氧化钠溶液至红色出现时，再过量 1 mL，加甲醛溶液（按 1 mg 氮加甲醛约 60 mg，即加 370 g · $L^{-1}$ 甲醛溶液 0.15 mL），若红色消失，用氢氧化钠溶液调至红色，在通风橱中加热煮沸 15 min，冷却，若红色消失，再用氢氧化钠溶液调至红色。

（2）含氰氨基化物或有机物的试样：取待测液 25 mL 于 200 mL 烧杯中，加入溴水溶液 5 mL，将溶液煮沸直至所有溴水脱色为止。若含有其他颜色，将溶液体积蒸发至小于 100 mL，待溶液冷却后，加 0.5 g 活性炭，充分搅拌使其吸附，然后过滤，洗涤 3 ~ 5 次，每次用水约 5 mL，收集全部滤液，以下步骤同（1）中“加 EDTA 溶液 20 mL……再用氢氧化钠溶液调至红色”。

（3）测定：在不断搅拌下逐滴加入 15 g · $L^{-1}$ 四苯硼钠溶液 10 ~ 20 mL（每 1 mg K 应加 0.5 mL），并过量 7 mL。继续搅拌 1 min，静置 15 min 以上，用预先在 120 ℃烘干至恒重的 4 号玻璃坩埚式滤器抽滤沉淀，将沉淀用四苯硼钠洗涤液全部移入滤器中，再用该洗涤液洗沉淀 5 ~ 7 次，每次用 5 mL，最后用水洗涤沉淀 2 次，每次用水 5 mL。抽干后，把滤器和沉淀放在烘箱中于（120 ± 5）℃烘干 1.5 h，取出放入干燥器中冷却至室温，称量，直至恒重。

按上述步骤做空白实验。

## （五）结果计算

$$K_2O（\%）= \frac{（m_1 - m_0）\times 0.1314 \times \frac{250}{V}}{m} \times 100。 \quad （9-3）$$

式中：$m_0$——空白实验时，所得四苯硼钾沉淀质量（g）；

$m_1$——测定时，所得四苯硼钾沉淀质量（g）；

$m$——称取样品的质量（g）；

0.1314——四苯硼钾质量换算为 $K_2O$ 质量的系数（K 为 0.1091）；

$V$——吸取待测液的体积（mL）。

取平行测定结果的算术平均值为测定结果，平行测定结果的绝对差值应符合表 9-2 的要求。

表 9-2　不同钾含量土壤对样品平行测定结果绝对差值的要求

| 钾含量（$K_2O$） | 两次平行测定结果的绝对差值 | 不同实验室测定结果的绝对差值 |
|---|---|---|
| 10% | 0.12% | 0.24% |
| 10% ~ 20% | 0.30% | 0.60% |
| ＞ 20% | 0.39% | 0.73% |

# 第十章　有机肥料分析

## 实验 10.1　有机肥料中有机质含量的测定

### 一、目的意义

有机质含量是表示有机肥料质量的主要指标。有机肥中的有机质不仅能为农作物提供全面营养，而且肥效长，可促进微生物繁殖，改善土壤的理化性质和生物活性，提高农产品的品质。本实验的目的在于了解有机质对于有机肥料质量的重要意义，掌握有机肥料中有机质含量测定的方法原理和操作步骤。

### 二、方法原理

在加热条件下，用定量的重铬酸钾－硫酸溶液，使有机肥料中的有机碳氧化，多余的重铬酸钾用硫酸亚铁溶液滴定，同时以二氧化硅为添加物做空白实验。根据氧化前后氧化剂消耗量，计算有机碳含量，乘以系数 1.724，即有机质含量。

### 三、主要仪器

分析天平、水浴锅、滴定管。

### 四、试剂

（1）二氧化硅：粉末状。

（2）浓硫酸（$\rho=1.84\ g \cdot cm^{-3}$）。

（3）1 mol · $L^{-1}$（$1/6K_2Cr_2O_7$）重铬酸钾标准溶液

称取经过 130 ℃烘 3 ~ 4 h 的重铬酸钾 49.031 g，溶解于 400 mL 水中，必要时可加热溶解，冷却后，稀释定容至 1 L，摇匀备用。

（4）0.2 mol · $L^{-1}$ 硫酸亚铁（$FeSO_4$）标准溶液

称取 $FeSO_4 \cdot 7H_2O$ 55.6g，加水和 6 mol · $L^{-1}$ 硫酸 30 mL 溶解，稀释定容至 1 L，摇匀备用。此溶液的准确浓度以 0.1 mol · $L^{-1}$ 重铬酸钾标准溶液标定，现用现标定。

$0.2\ mol \cdot L^{-1}$ 硫酸亚铁（$FeSO_4$）标准溶液的标定：吸取重铬酸钾标准溶液 20.00 mL，加入 150 mL 三角瓶中，加浓硫酸 3 ~ 5 mL 和邻菲罗啉指示剂 2 ~ 3 滴，用硫酸亚铁标准溶液滴定。根据硫酸亚铁标准溶液的消耗量按下式计算其准确浓度：

$$c = \frac{c_1 \times V_1}{V_2}。 \tag{10-1}$$

式中：$c_1$——重铬酸钾标准溶液的浓度（$mol \cdot L^{-1}$）；

$V_1$——吸取重铬酸钾标准溶液的体积（mL）；

$V_2$——滴定时消耗硫酸亚铁标准溶液的体积（mL）。

（5）邻菲罗啉指示剂：称取硫酸亚铁 0.695 g 和邻菲罗啉 1.485 g，溶于 100 mL 水中，摇匀备用。

## 五、测定步骤

称取过 0.5 mm 筛的风干试样 0.3 ~ 0.5 g（精确至 0.0001 g），置于 500mL 三角瓶中，准确加入 $1\ mol \cdot L^{-1}$ 重铬酸钾标准溶液 30.00 mL，充分摇匀后加浓硫酸 60 mL，缓缓摇动 1 min，加一弯颈小漏斗，置于沸水中保温 30 min，每隔约 5 min 摇动一次。取出冷却至室温，用水冲洗小漏斗，洗液承接于三角瓶中。取下三角瓶，将反应物无损转入 250 mL 容量瓶中，定容，吸取 50 mL 溶液于 250 mL 三角瓶内，加水约 100 mL，加 2 ~ 3 滴邻菲罗啉指示剂，用 $0.2\ mol \cdot L^{-1}$ 硫酸亚铁标准溶液滴定近终点时，溶液由绿色变成暗绿色，再逐滴加入硫酸亚铁标准溶液直至生成砖红色为止。

同时称取 0.2 g（精确称量至 0.001 g）二氧化硅代替试样，按照相同分析步骤，使用同样的试剂进行空白实验。

如果滴定试样所用硫酸亚铁标准溶液的用量少于空白实验所用硫酸亚铁标准溶液用量的 1/3 时，应减少称样量，重新测定。

## 六、结果计算

肥料有机质含量以肥料的质量分数表示，按下式计算：

$$有机质（\%）= \frac{c（V_0 - V）\times 0.003 \times 1.724 \times D}{m（1 - X_0）} \times 100。 \tag{10-2}$$

式中：$c$——硫酸亚铁标准溶液的摩尔浓度（$mol \cdot L^{-1}$）；

$V_0$——空白实验时，使用硫酸亚铁标准溶液的体积（mL）；

$V$——测定时，使用硫酸亚铁标准溶液的体积（mL）；

0.003——1/4 碳原子的摩尔质量（$mol \cdot L^{-1}$）；

1.724——由有机碳换算为有机质的系数；

$m$——试样质量（g）；

$X_0$——风干试样的含水量（g）；

$D$——稀释倍数。

取平行分析结果的算术平均值作为最终分析结果。平行测定的绝对差值应符合表 10－1 的要求。

表 10－1　不同有机质含量土壤对样品平行测定绝对差值的要求

| 有机质含量 | 绝对差值 |
|---|---|
| ＜ 30% | 0.6% |
| 30% ~ 45% | 0.8% |
| ＞ 45% | 1.0% |

# 实验 10.2　有机肥料中氮、磷、钾含量的测定

## 一、目的意义

有机肥料有粪肥、厩肥、堆肥、绿肥及其他许多杂肥。这些肥料主要是由动物粪尿和植物残体等积制而成，成分比较复杂，含有植物所需的各种营养元素和丰富的有机质。有机肥不仅能改善土壤结构，增进土壤微生物的活动，促进作物生长，而且对减少环境污染也具有不可低估的作用。因此，在大量发展无机化肥的同时，必须大力发展和使用有机肥料，对有机肥的积制方法和有机无机肥料配合使用进行深入研究。测定有机肥料的含氮量，不仅可以计算肥料的用量，而且能说明有机肥料在积制过程中养分的变化。若不注意管理，可能引起有机肥料肥分的损失。

有机肥料的分析包括全量氮、磷、钾和速效性氮、磷、钾，以及微量元素含量等。速效性氮、磷、钾的高低是衡量有机肥料品质优劣的标志，也是有机肥和无机肥配合施用的依据。

## 二、有机肥料中氮含量的测定（蒸馏后滴定法）

### （一）有机肥料中全氮含量的测定

1. 硫酸－水杨酸催化剂消化法

（1）方法原理

$$C_6H_4(OH)COOH + HNO_3 \longrightarrow C_6H_4(OH)NO_2 + CO_2 + H_2O$$

样品中的 $NO_3^-$–N 在 $H_2SO_4$ 存在下与水杨酸反应生成硝基水杨酸。

加硫代硫酸钠作为还原剂，使硝基水杨酸还原为氨基水杨酸：

$$C_6H_4(OH)NO_2+3Na_2S_2O_3+H_2O \longrightarrow C_6H_4(OH)NH_2+3Na_2SO_4+3S$$

$$C_6H_4(OH)NO_2+3H_2 \longrightarrow C_6H_4(OH)NH_2+2H_2O$$

经还原处理后，再加入混合盐催化剂消化，把有机氮转化为无机 $(NH_4)_2SO_4$，加碱蒸馏定氮。

$$2C_6H_4(OH)NH_2+H_2SO_4+13O_2 \longrightarrow (NH_4)_2SO_4+12CO_2+4H_2O$$

（2）主要仪器

消煮炉、半微量定氮蒸馏装置、半微量滴定管（5 mL）。

（3）试剂

① 含水杨酸或苯酚的浓 $H_2SO_4$：30 g 水杨酸（不含氮）溶于 1000 mL 浓 $H_2SO_4$ 中；或 40 g 苯酚溶于 1000 mL 浓 $H_2SO_4$ 中。

② 硫代硫酸钠：磨细的 $Na_2S_2O_3 \cdot 5H_2O$。

③ 锌粉：极细的粉末状，分析纯。

④ 0.1 $mol \cdot L^{-1}$（$1/2H_2SO_4$）标准溶液。

⑤ 其余试剂同土壤全氮的测定。

（4）操作步骤

称取过 1 mm 筛的风干样 0.500 ~ 1.100 g，放入 100 mL 开氏瓶或消煮管中，加入含水杨酸的硫酸 10 mL，放置 30 min 后，加入硫代硫酸钠 1.5 g 及水 10 mL，微热 5 min，冷却。加入 3.5 g 混合催化剂，充分混合内容物，低温加热，至泡沫停止后，瓶口加一小漏斗，升高温度至颜色变白。继续消煮 30 min，冷却后将消煮液定量移至 100 mL 容量瓶中，冷却后定容。吸取 25 mL 消煮液进行蒸馏、滴定。其余步骤同土壤全氮的测定。

在样品测定的同时做空白实验。

（5）结果计算

$$全氮(\%)=\frac{c\times(V-V_0)\times14\times10^{-3}\times ts}{m}\times100。\qquad(10\text{–}3)$$

式中：$c$——标准酸（$1/2H_2SO_4$）的浓度（$mol \cdot L^{-1}$）；

$V$——样品滴定时消耗标准酸（$1/2H_2SO_4$）的体积（mL）；

$V_0$——空白实验时消耗标准酸（$1/2H_2SO_4$）的体积（mL）；

14——氮原子的摩尔质量（$g \cdot mol^{-1}$）；

$ts$——分取倍数（消化后定容体积与测定时吸取待测液体积之比）；

$m$——干样品的质量（g）。

（6）注意事项

① 该法是一种习用多年的测氮方法，约回收 60% 的硝态氮。若不考虑硝

态氮，又要同时测定肥料中的磷和钾，可采用硫酸－高氯酸法或硫酸－过氧化氢法消煮。

②水杨酸和硝酸根应充分反应，在此过程中需防止发热或加热，否则会引起硝酸根挥发损失。

③在温度升高的过程中泡沫很多，需小心加热防止样品冲至瓶颈。

2. 硫酸－铬粒混合催化剂消煮法

（1）方法原理

铬粒在稀酸介质中，先将样品中的无机硝态氮还原为铵态氮后，继续加入浓硫酸和混合催化剂消化有机氮为硫酸铵，然后加碱蒸馏、滴定。

（2）主要仪器

同硫酸－水杨酸催化剂消化法。

（3）试剂

① 2 mol · $L^{-1}$ 盐酸。

② 铬粒。

③ 其他试剂同土壤全氮的测定。

（4）操作步骤

称取过 1 mm 筛的风干样品 0.500 ~ 1.100 g，放入 250 mL 开氏瓶或消煮管中，加入铬粒 0.6 g 和 2 mol · $L^{-1}$ 盐酸 20 mL，摇匀。放在电炉上低温加热 5 min，使铬粒完全溶解，继续加热沸腾至大部分水分蒸发，冷却至室温，加入浓硫酸 10 mL 和加速剂 3.5 g，充分混匀，瓶口加一小漏斗，在电炉上消化到溶液变清，沉淀物呈白色，继续消煮 30 min，冷却后将消煮液定量移至 100 mL 容量瓶中，冷却后定容。吸取 25 mL 消煮液进行蒸馏、滴定。其他操作步骤同土壤全氮的测定。

在样品测定的同时做空白实验。

（5）结果计算

同硫酸－水杨酸催化剂消化法。

（6）注意事项

① 铬粒和盐酸反应产生大量氢气，有机肥料样品易产生泡沫冲上瓶颈或溢出瓶外而造成损失。

② 还原后留下大量水分，需将大部分水分除去以加快消煮过程。

③ 溶液中由于有 $Cr^{3+}$离子的影响，不易判断是否变清，沉淀亦因 $Cr^{3+}$的影响不完全是白色，应注意掌握消煮的完全程度。

### （二）有机肥料中速效氮含量的测定（1 mol·$L^{-1}$ NaCl 浸提—Zn－$FeSO_4$ 还原蒸馏法）

1. 方法原理

用 1 mol·$L^{-1}$ NaCl 溶液浸提，使吸附态、交换态的 $NH_4^+$－N 和 $NO_3^-$－N 溶解在溶液中，在强碱性介质中，用 Zn－$FeSO_4$ 粉还原 $NO_3^-$－N 为 $NH_4^+$－N，同时进行蒸馏定氮。

2. 主要仪器

振荡机、半微量蒸馏定氮装置。

3. 试剂

（1）400 g·$L^{-1}$ NaOH 溶液。

（2）0.02 mol·$L^{-1}$（1/2$H_2SO_4$）标准溶液。

（3）1 mol·$L^{-1}$ NaCl 溶液：NaCl（分析纯）58.5 g 溶于 1000 mL 水中。

（4）Zn－$FeSO_4$ 还原粉剂：锌粉 10 g 和 $FeSO_4$·$7H_2O$ 50 g 在瓷研钵中研磨过 60 目筛，贮于棕色瓶中，一星期内有效。

4. 操作步骤

称取经压碎混匀的新鲜样品 10.0 g 于 250 mL 三角瓶中，加 1 mol·$L^{-1}$ NaCl 溶液 50 mL，在振荡机上振荡 15 min，用干滤纸过滤。

吸取 25.0 mL 滤液于半微量定氮蒸馏装置中，加 Zn－$FeSO_4$ 还原粉剂 1.2 g，用少量水冲洗漏斗，加入 400 g·$L^{-1}$ NaOH 溶液 5 mL，进行蒸馏和滴定（操作步骤同土壤全氮的测定）。

5. 结果计算

同硫酸－水杨酸催化剂消化法。

6. 注意事项

（1）随放置时间的延长，$NH_4^+$－N 和 $NO_3^-$－N 会有变化，必须用新鲜样品。

（2）不含硝态氮的沤制肥料，如草塘泥、沤肥和沼气池泥等，可不加还原剂。

## 三、有机肥料中全磷含量的测定（$H_2SO_4$－$HNO_3$ 消煮—钒钼黄比色法）

### （一）方法原理

植物样品经 $H_2SO_4$－$H_2O_2$ 消煮分解制备待测液，待测液中的正磷酸能与偏磷酸盐和钼酸盐在酸性条件下作用，形成黄色的杂聚化合物钒钼酸盐，其深浅与磷含量成正比，可用比色法测定磷的含量。比色时可根据溶液中磷的浓度选择比色波长 400 ~ 490 nm，磷的浓度较高时选择较长的波长，较低时选用较短的波长。

### （二）主要仪器

分光光度计。

### （三）试剂

（1）$H_2SO_4-HNO_3$ 混合液：浓 $H_2SO_4$ 和浓 $HNO_3$ 等体积混合。

（2）2，6－二硝基酚指示剂：2，6－二硝基酚 0.25 g 溶于 100 mL 水中。其变色范围为 pH 值 2.4 ~ 4.0（无色 ~ 黄色），变色点是 pH 值为 3.1。

（3）6 mol · $L^{-1}$ NaOH 溶液：称 NaOH 24 g 溶于水，稀释至 100 mL。

（4）钒钼酸铵试剂：称 $(NH_4)_6Mo_7O_{24} \cdot 4H_2O$ 12.5 g 溶于 200 mL 水中。另将偏钒酸铵（$NH_4VO_3$）0.625 g 溶于 150 mL 沸水中，冷却后，加入浓 $HNO_3$ 125 mL，再冷却至室温。将钼酸铵溶液缓慢地注入钒酸铵溶液中，随时搅拌，用水稀释至 500 mL。

（5）50 μg · $mL^{-1}$ 磷标准溶液：准确称取经 105 ℃烘干的 $KH_2PO_4$ 0.2195 g，溶于水，移入 1000 mL 容量瓶，加水至约 400 mL，加浓硫酸 5 mL，用水定容。装入塑料瓶中低温保存备用。

### （四）操作步骤

称取过 1 mm 筛的试样 1.000 g 于 100 mL 开氏瓶中，加入 $H_2SO_4-HNO_3$ 混合液 13 mL，先在低温下加热至棕色烟消失，然后在高温下继续消煮至出现白烟后，再消煮 5 ~ 10 min。如消煮液未全部变白，稍冷后再加浓 $HNO_3$ 3 ~ 5 mL 继续消煮至残渣全部变清亮为止。冷却，小心沿瓶壁加入蒸馏水 50 mL，加热，微沸 1 h 后，冷却，将溶液转入 100 mL 容量瓶中，用水定容。放置澄清或用干滤纸过滤于干的三角瓶中。

吸取清滤液 5 ~ 10 mL（含磷 0.05 ~ 1.00 mg），加入 50 mL 容量瓶中，加 2，6－二硝基酚指示剂 2 滴，用 6 mol · $L^{-1}$ NaOH 溶液中和至刚呈黄色，加入钒钼酸铵试剂 10.00 mL，用水定容。放置 15 min 后，用在分光光度计上波长 450 nm 处比色，以空白液调节仪器零点。

标准曲线制作：分别吸取 50 μg · $mL^{-1}$ 磷标准溶液 0、1.0、2.5、7.5、10.0、15.0 单位于 50 mL 容量瓶中，同上述操作步骤进行显色和测定，该磷标准系列溶液的浓度分别为 0、1.0、2.5、5.0、7.5、10.0、15.0 μg · $mL^{-1}$。

### （五）结果计算

$$全磷（\%）= \frac{\rho \times V \times ts \times 10^{-6}}{m} \times 100。 \quad (10-4)$$

式中：$\rho$——从标准曲线查得显色液磷的质量浓度（μg · $mL^{-1}$）；

$V$——显色液体积（mL）；

$ts$——分取倍数（消煮液定容体积与吸取消煮液体积之比）；
$m$——干样品质量（g）；
$10^{-6}$——将 μg 换算成 g 的系数。

### （六）注意事项

（1）$HNO_3$ 的沸点较低，为充分发挥其对有机物的氧化作用，必须控制在低温下，否则 $HNO_3$ 在高温下会很快分解。出现棕色烟（$NO_2$）说明已分解完毕。

（2）微沸 1 h 后，焦磷酸和偏磷酸转化为正磷酸。

## 四、有机肥料中全钾含量的测定（$H_2SO_4-HNO_3$ 消煮，火焰光度计法）

### （一）方法原理

有机肥料样品用硫酸和硝酸消煮后，溶液中的钾可用火焰光度法测定。

### （二）主要仪器

火焰光度计。

### （三）试剂

（1）$H_2SO_4-HNO_3$ 混合液：浓 $H_2SO_4$ 和浓 $HNO_3$ 等体积混合。

（2）2 mol·$L^{-1}$ 氨水溶液：1 份浓氨水与 6 份水混合。

（3）100 μg·$mL^{-1}$ 钾标准溶液：准确称取 KCl（分析纯，110 ℃烘干 2 h）0.1907 g 溶解于水中，在容量瓶中定容至 1 L，贮于塑料瓶中。分别吸取 100 μg·$mL^{-1}$ 钾标准溶液 2、5、10、20、40、60 mL 放入 100 mL 容量瓶中，加入与待测液等量的试剂成分，使标准溶液中离子成分与待测液相近（在配制标准系列溶液时，应各加 2 mol·$L^{-1}$ 氨水溶液 5 ~ 10 mL），用水定容至 100 mL，此为浓度分别为 2、5、10、20、40、60 μg·$mL^{-1}$ 的钾系列标准溶液。

### （四）操作步骤

1. 待测液制备

称取过 1 mm 筛的试样 1.000 g 于 100 mL 开氏瓶中，加入 $H_2SO_4-HNO_3$ 混合液 13 mL，先在低温下加热至棕色烟消失，然后在高温下继续消煮至出现白烟后，再消煮 5 ~ 10 min。如消煮液未全部变白，稍冷后再加 3 ~ 5 mL 浓 $HNO_3$ 继续消煮，至残渣全部变清为止。冷却，将溶液转入 100 mL 容量瓶中，用水定容。放置澄清或用干滤纸过滤于干燥的三角瓶中。

2. 测定

吸取待测液 5 ~ 10 mL 于 50 mL 容量瓶中，加水 20 mL，摇匀，加入 2 mol · $L^{-1}$ 氨水溶液 5 ~ 10 mL，用水定容至刻度。直接在火焰光度计上测定，记录检流计的读数，然后从工作曲线上查得待测液的钾浓度（μg · $mL^{-1}$）。

3. 标准曲线绘制

用浓度最大的钾标准溶液调节火焰光度计的检流计读数为满度（100），然后将配制的钾标准系列溶液从稀到浓依序进行测定，记录检流计的读数。以检流计读数为纵坐标，以钾标准溶液的浓度为横坐标，绘制标准曲线。

### （五）结果计算

$$全钾量（K，g \cdot kg^{-1}）= \frac{\rho \times V \times ts \times 10^{-6}}{m} \times 1000。 \quad (10\text{–}5)$$

式中：$\rho$——从标准曲线上查得待测液中钾的质量浓度（μg · $mL^{-1}$）；

$V$——待测液的定容体积；

$ts$——分取倍数（消煮液定容体积与吸取消煮液体积之比）；

$m$——烘干样品质量（g）；

$10^{-6}$——将 μg 换算成 g 的系数。

两次平行测定结果允许差应符合表 10–2 的要求。

表 10–2 不同有机肥料中全钾含量平行测定允许差的要求

| 全钾含量 /（g · $kg^{-1}$） | 允许差 /（g · $kg^{-1}$） |
|---|---|
| ≤ 5.0 | < 0.5 |
| 5.1 ~ 10.0 | < 0.7 |
| 10.1 ~ 15.0 | < 0.9 |
| ≥ 15.1 | < 1.2 |

# 实验 10.3 生物有机肥中有效活菌数量的测定

## 一、目的意义

生物有机肥中的有效活菌可改善土壤理化性质，提高土壤肥力和供肥能力，提高作物产量，改良农产品品质。本实验的目的在于掌握平板菌落计数的基本原理和方法，学会通过无菌操作和平板菌落计数技术检测生物有机肥中的有效活菌数。

## 二、实验原理

平板菌落计数是依据微生物在固体培养基上一个活细胞能形成一个菌落而设计的。计数时，先将样品做一系列稀释，再取一定量的稀释液接种到培养皿中，使其均匀分布于培养基内。经过恒温培养后，由单个细胞生长繁殖形成菌落，统计菌落数，即可换算出样品中的含菌数。

由于待测样品中的微生物往往不易完全分解成单个细胞，所以长成的一个单菌落也可能来自样品中的 2 ~ 3 个或更多个细胞。因此，平板菌落技术的结果往往偏低。为了清楚地阐述平板技术的结果，现在已经倾向使用菌落形成单位（colony－forming unit，cfu），而不以绝对菌落数来表示样品的活菌含量。平板菌落计数法虽然操作较烦琐，结果需要培养一段时间才能取得，而且测定的结果易受多种因素的影响，但是该计数方法的最大优点是可以获得活菌信息，所以被广泛用于生物制品检验。

## 三、主要仪器

无菌平板、超净工作台（图 10－1）、旋转式摇床、生化培养箱、电子天平。

图 10－1　超净工作台

## 四、试剂

牛肉膏蛋白胨琼脂培养基。

## 五、测定步骤

1. 倒平板

将牛肉膏蛋白胨琼脂培养基融化后，冷却至 45 ℃左右，倒入无菌平板，凝固后，倒置于 37 ℃恒温培养箱中备用。

2. 样品处理

称取固体样品 10 g（精确到 0.01 g），加入带玻璃珠的 100 mL 无菌水中（液体样品用无菌吸管取 10 mL 加入 90 mL 无菌水中），静置 20 min，在旋转式摇床上 200 $r \cdot min^{-1}$ 充分振荡 30 min，即成母液菌悬液。

3. 稀释

用 5 mL 无菌转液管分别吸取 5 mL 上述母液菌悬液加入 45 mL 无菌水中，按 1 ∶ 10 进行系列稀释，分别得到 $10^{-1}$、$10^{-2}$、$10^{-3}$……稀释倍数的菌悬液。

4. 加样及培养

每个样品取 3 个连续适宜稀释度，用 0.5 mL 无菌移液管分别吸取不同稀释度的菌悬液 0.1 mL，加至预先制备好的固体培养基平板上，分别用无菌三角玻棒将不同稀释度的菌悬液均匀地涂布于琼脂表面。

每一稀释度重复 3 次，同时以无菌水作为空白对照，于生化培养箱适宜温度下培养。

5. 菌落识别

根据所检测菌种的技术资料，每个稀释度取不同类型的代表菌落，通过菌落形态观察、涂片、染色、镜检等技术手段确认有效菌。当空白对照培养皿出现菌落数时，检测结果无效，应重做。

6. 菌落计数

以出现 20 ~ 300 个菌落数的稀释度的平板为计数标准（丝状真菌为 10 ~ 150 个），分别统计有效活菌数目和杂菌数目。当只有一个稀释度，其有效菌平均菌落数在 20 ~ 300 个时，以该菌落数计算；若有两个稀释度，其有效菌落数在 20 ~ 300 个时，则应由两者菌落总数的比值（稀释度大的菌落总数 × 10 与稀释度小的菌落总数之比）决定。若其比值≤ 2，计算两者的平均数；若比值＞ 2，则以稀释度小的菌落数平均数计算。同时计算杂菌数。

## 六、结果计算

$$N_1\text{（亿}\cdot g^{-1}\text{）}=\frac{\bar{x}\times k\times\dfrac{v_1}{v_2}}{m_0}\times 10^8, \qquad (10\text{–}6)$$

$$N_2（亿 \cdot mL^{-1}）= \frac{\bar{x} \times k \times \frac{v_1}{v_2}}{v_0} \times 10^8。 \quad (10\text{–}7)$$

式中：$N_1$——质量有效活菌数；

$N_2$——体积有效活菌数；

$\bar{x}$——有效菌落平均数；

$k$——稀释倍数；

$v_1$——基础液体积（mL）；

$v_2$——菌悬液加入量（mL）；

$v_0$——样品量（mL）；

$m_0$——样品量（g）。

## 七、注意事项

（1）倒平板、稀释和加样等步骤需要在超净工作台中进行无菌操作。

（2）每个稀释度应更换无菌移液管。

## 【思考题】

1. 平板菌落计数时，为什么选择平板上菌落数在 20 ~ 300 个的？

2. 如果在平板计数时同一稀释度的 3 个重复或 3 个稀释度之间差别较大，应怎样分析结果误差？

# 第三篇　教学实习

# 第十一章 土壤学教学实习

## 实习 11.1 主要造岩矿物和成土岩石的观察鉴定

### 一、岩石矿物识别的意义

土壤是由母质发育而成的，母质是岩石风化的产物，岩石是矿物的集合体，而矿物本身又有化学组成和物理性质。学习土壤学的人，必须先学习岩石和矿物，以了解土壤母质，为学习土壤学打下基础。

土壤成土母质中的岩石、矿物种类与土壤的化学组成、物理性质关系密切，它们对土壤的理化性状、酸碱度及养分种类、含量都有很大的影响。识别主要的成土岩石、矿物，对于认识土壤和改良、利用土壤很有帮助。

本实习是使用放大镜、条痕板、小刀、硬度计、小锤、稀盐酸等物品，对主要的造岩矿物和成土岩石进行肉眼观察鉴定。

### 二、主要造岩矿物的认识

#### （一）矿物的主要物理性质

矿物的物理性质是矿物化学成分和内部构造的反映，是识别矿物的主要依据。各种不同矿物的物理性质各不相同，现将通常作为识别矿物依据的各种物理性质叙述如下。

1. 形态

形态指矿物的形状。例如，角闪石常呈柱状、云母呈片状、方解石呈菱形等。

（1）单个晶体的形态

柱状——由许多细长晶体组成平行排列者，如角闪石、石英、电气石；

板状——形状似板，如透明石膏、斜长石、重晶石；

片状——可以剥离成极薄的片体，如云母、辉钼矿；

粒状——大小略等及具有一定规律的晶粒集合在一起，如橄榄石、黄铁矿（立方体、五角十二面体）；

块状——结晶或不结晶的矿物，呈不定形的块体，如结晶的块状石英、非结晶的蛋白石；

石榴子石（四角三八面体、菱形十二面体）；

磁铁矿（八面体）。

（2）集合体的形态

晶簇状——石英、方解石；

放射状——阳起石、红柱石；

纤维状——晶体细小，纤细平行排列，如石棉、纤维石膏；

鳞片状——镜铁矿、锂云母；

粒状——橄榄石；

结核状——磷灰石；

葡萄状——硬锰矿；

钟乳状——方解石；

鲕状——似鱼卵状的圆形小颗粒集合体，如赤铁矿；

豆状——集合体呈圆形或椭圆形，大小似豆者，如赤铁矿。

2. 颜色

矿物的颜色主要是矿物对可见光波中不同波长光波的选择性吸收作用的结果。矿物的颜色是其重要的特征之一，某些矿物由于其颜色美观艳丽，可作为工艺美术品的材料。一般而言，颜色是光的反射现象，如孔雀石为绿色，是因孔雀石吸收绿色以外的色光而独将绿色反射所致。矿物的颜色根据其发生的物质基础不同，可以有自色、他色和假色。

（1）自色：矿物本身固有的颜色，因其比较稳定而具有鉴定意义，如石英的白色，黄铁矿具铜黄色，磁铁矿具铁黑色，孔雀石具翠绿色。

（2）他色：矿物因为含有外来的带色素的杂质而产生的颜色，如无色透明的石英（水晶）因锰的混入而被染成紫色，即他色。

（3）假色：矿物内部裂缝、解理面及表面由于氧化膜的干涉效应而产生的颜色。

观察矿物颜色时要用太阳光而不用灯光做光源，以避免风化薄膜的颜色干扰，要看新鲜断面的颜色，以区分自色、他色和假色（利用条痕可帮助区分自色、他色和假色）。

3. 条痕

条痕是矿物粉末的颜色。拿矿物的尖端在无釉瓷板上擦划，当矿物的硬度小于瓷板时，所留下的条痕色即条痕。它比块状矿物的颜色固定些，因而更具有鉴定意义，尤其是对深色金属矿物的鉴定。

观察矿物条痕时，要注意在干净平整的白色瓷板（或粗碗底边）上进行，要用被测矿物的尖棱角在瓷板上进行刻画，若矿物的硬度大于瓷板的硬度，则刻画出来的是瓷板的粉末，而不是矿物的粉末，这时要用别的工具将矿物破碎成粉末后，放在白纸上进行观察。

4. 光泽

光泽指矿物表面反射光的色泽和亮度。光泽可分为以下几种。

（1）金属光泽：像磨光的金属表面所具有的光泽一样，如金、银、铜、铁等金属矿物的表面，反光很强，光耀夺目，这些矿物在无釉瓷板上划的条痕为深色，并且在很薄的情况下都是不透明的。

（2）半金属光泽：矿物表面反光较弱，呈历久变暗的金属表面的光泽，如磁铁矿。

（3）非金属光泽：常常为透明、半透明或颜色较浅的矿物所具有的光泽，根据其表现不同，又可分为：

① 玻璃光泽：像玻璃的光泽，如长石、石英等。具有玻璃光泽的矿物最多，约占矿物总数的 70%，如石英晶面。

② 油脂光泽：像涂上脂肪一样，如石英的断口所呈现的光泽。

③ 珍珠光泽：像珍珠对光的反射所表现出的光泽一样，如白云母。

④ 绢丝光泽：像丝织品反光一样，如纤维石膏、石棉。

⑤ 土状光泽：为表面不发光的土状矿物所特有的光泽，如高岭土等黏土矿物对光的反射。

5. 硬度

硬度是指矿物抵抗摩擦或刻画的能力。矿物的硬度比较固定，在鉴定上意义重大。通常确定矿物硬度的方法是用两种矿物相互刻画，用已知硬度的矿物来确定未知矿物的相对硬度。以摩氏硬度计作为标准，即选定 10 种矿物作为硬度分级标准（表 11–1）。

**表 11–1　常见矿物的硬度等级**

| 代表矿物 | 滑石 | 石膏 | 方解石 | 萤石 | 磷灰石 | 正长石 | 石英 | 黄玉 | 刚玉 | 金刚石 |
|---|---|---|---|---|---|---|---|---|---|---|
| 硬度等级 | 1 | 2 | 3 | 4 | 5 | 6 | 7 | 8 | 9 | 10 |

这 10 种矿物中，每一种矿物都能刻画位于它前面硬度较小的矿物，同时能被其后面硬度较大的矿物所刻画。例如，某一矿物能刻画磷灰石，同时能被磷灰石所刻画，则其硬度为 5；某一矿物能刻画磷灰石，但不能被磷灰石所刻画，而能被正长石所刻画，则其硬度为 5.5。

摩氏硬度计仅是硬度的一种等级，它只表明硬度的相对值，不表示其绝对值，绝不能认为金刚石的硬度为滑石的 10 倍。

在野外工作时，常采用硬度代用品，可用指甲（硬度 2 ~ 2.5）、铜具（硬度 3）、回形针（硬度 3.5）、玻璃（硬度 5）、小刀（硬度 5 ~ 5.5）、钢锉（硬度 6 ~ 7）代替标准硬度计。一般矿物的硬度很少超过 7。

6. 解理和断口

矿物受力后沿一定方向裂开成光滑平面的性质称为解理。矿物破裂时呈现有规则的平面称为解理面，按其裂开的难易、解理面的厚薄、大小及平整光滑程度，一般可有下列等级。

（1）极完全解理——解理面极平滑，可以裂开成薄片状，如云母。

（2）完全解理——解理面平滑不易发生断口，往往可沿解理面裂开成小块，其外形仍与原来的晶形相似，如方解石的菱面体小块。

（3）中等解理——在矿物碎块上既可看到解理面，又可看到断口，如角闪石。

（4）不完全解理——在矿物碎块上很难看到明显的解理面，大部分为断口，如灰磷石。

（5）无解理——矿物碎块中除晶面外，找不到其他光滑的面，如石英。

必须指出，在同一矿物上可以有不同方向和不同程度的几向解理出现。根据解理面的数目可分为一向解理（如云母）、二向解理（如长石）、三向解理（如方解石）等。必须把解理面与结晶面区别开来。有些矿物（如石英）只有结晶面，没有解理面。

矿物受力后如形成不规则的破裂，呈凹凸不平的破裂面，称为断口。解理不发达的矿物及非结晶矿物受力后，容易发生断口。

矿物断口的形状有：

（1）贝壳状断口：破裂面像贝壳，如石英。

（2）平坦状断口：破裂面略平坦，如磁铁矿。

（3）土状或粒状断口：断口处粗糙似黏土状，如褐铁矿。

（4）参差状断口：断口有参差突起，如角闪石、辉石。

同一矿物，其解理与断口的性质表现出互为消长的关系，如极完全解理的云母不易见到断口。

7. 比重和密度

矿物的比重是指纯净的单矿物与 4 ℃时同体积水的重量之比。绝大多数矿物的比重在 2.5 ~ 4。比重小于 2.5 者称为轻矿物，如石膏、石墨、盐岩等；2.5 ~ 4 者称为中等矿物，如方解石、石英等；大于 4 者称为重矿物，如黄铜矿、重晶石等。

矿物的密度是指矿物单位体积的重量，矿物的相对密度是指矿物在空气中的重量与 4 ℃时同体积水的重量比。测定矿物的密度比较困难，可用手掂其重量，估算密度的大小。

上述一些物理性质，在鉴定时不一定每种矿物都需要，因为有许多矿物只有几种性质显著，常常根据 1 ~ 2 种性质就可以鉴定其为某种矿物。

8. 盐酸反应

矿物的鉴定除根据物理性质外，还可以做一些简单的化学测试。例如，用稀、冷盐酸滴在矿物上，如产生二氧化碳气泡的，就是方解石或文石。

含有碳酸盐的矿物，加盐酸会放出气泡，其反应式为 $CaCO_3 + 2HCl \rightarrow CaCl_2 + CO_2 \uparrow + H_2O$，根据与10%盐酸发生反应时放出气泡的多少，可分为四级：

低——徐徐放出细小气泡；

中——明显起泡；

高——强烈起泡；

极高——剧烈起泡，呈沸腾状。

### （二）主要成土矿物的物理性质

如表11–2所示。

## 三、主要成土岩石的观察识别

组成地壳的岩石，按其成因不同分为三大类，即由岩浆冷凝而成者称岩浆岩；由各种沉积物经硬结而成者称沉积岩；由原生岩经高温、高压及化学性质活泼的物质作用后发生了变质者称变质岩。三者由于成因不同，在组成、结构和构造方面都有较大的差异。肉眼鉴定岩石的方法，主要是对岩石的颜色、矿物组成、结构、构造等方面进行观察，以区别出所属岩类和确定岩石名称。

### （一）岩石识别的主要依据

岩石识别的主要依据是其颜色、成分、结构和构造。

1. 岩石的颜色

岩石的颜色取决于矿物的颜色，观察岩石的颜色，有助于了解岩石的矿物组成，如岩石呈深灰及黑色是含有深色矿物所致。

2. 岩石的成分

（1）矿物成分：组成岩石所必不可少的矿物称为主要矿物；若仅为少量存在、对岩石进一步命名起作用的称为次要矿物；可有可无的矿物称为副成分。例如，花岗岩的主要成分为石英、正长石和云母3种矿物，而黄铁矿、磁铁矿等为其副矿物。又如，花岗闪长岩中角闪石与中性斜长石为主要成分，石英、长石为次要成分。对命名不起作用的称为副矿物。

岩浆岩的主要矿物有石英、长石、云母、角闪石、辉石、橄榄石。沉积岩的主要矿物除石英、长石等外，还含有方解石、白云石、黏土矿物、有机质等。变质岩的矿物组成除石英、长石、云母、角闪石、辉石外，常含有变质矿物，如石榴石、滑石、蛇纹石、绿泥石、绢云母等。

表 11-2 各种矿物的性质和风化特点

| 名称 | 形状 | 颜色 | 条痕 | 光泽 | 硬度 | 解理 | 断口 | 10%HCl反应 | 其他 | 风化特点与分解产物 |
|---|---|---|---|---|---|---|---|---|---|---|
| 石英 | 六方柱、椎或块状 | 无、白 | | 玻璃油脂 | 7 | 无 | 贝壳状 | | 晶面上有条纹 | 不易风化、难分解，是土壤中砂粒的主要来源 |
| 正长石 | 板状、柱状 | 肉红为主 | | 玻璃 | 6 | 二向完全 | | | | 风化后产生黏粒、二氧化硅和盐基物质，正长石含钾较多，是土壤中钾素来源之一 |
| 斜长石 | 板状 | 灰白为主 | | | 6 ~ 6.5 | | | | 解理面上可见双晶条纹 | |
| 白云母 | 片状、板状 | 无 | 白 | 玻璃珍珠 | 2 ~ 3 | 一向极完全 | | | 有弹性 | 白云母抗风化分解能力较黑云母强，风化后均能形成黏粒，并释放大量钾素，是土壤中钾素和黏粒来源之一 |
| 黑云母 | | 黑褐 | 浅绿 | | | | | | | |
| 角闪石 | 长柱状 | 暗绿、灰黑 | | 玻璃 | 5.5 ~ 6 | 二向完全 | 参差状 | | | 容易风化分解产生含水氧化铁、含水氧化硅及黏粒，并释放大量钙、镁等元素 |
| 辉石 | 短柱状 | 深绿、褐黑 | | | 5 ~ 6 | | | | | |
| 橄榄石 | 粒状 | 橄榄绿 | | 玻璃油脂 | 6.5 ~ 7 | 不完全 | 贝壳状 | | | 易风化形成褐铁矿、二氧化硅及蛇纹石等次生矿物 |
| 方解石 | 菱面体或块体 | 白、灰黄等 | | 玻璃 | 3 | 三向完全 | | 强 | | 易受碳酸作用溶解移动，但白云石比方解石稍稳定，风化后释放出钙、镁元素，是土壤中碳酸盐和钙、镁的重要来源 |
| 白云石 | | | | | 3.5 ~ 4 | | | 弱 | | |
| 磷灰石 | 六方柱或块状 | 绿、黑、黄灰、褐 | | 玻璃油脂 | 5 | 不完全 | 参差状或贝壳状 | | | 风化后是土壤中磷素营养的主要来源 |

续表

| 名称 | 形状 | 颜色 | 条痕 | 光泽 | 硬度 | 解理 | 断口 | 10%HCl反应 | 其他 | 风化特点与分解产物 |
|---|---|---|---|---|---|---|---|---|---|---|
| 石膏 | 板状、针状、柱状 | 无、白 |  | 玻璃、珍珠、绢丝 | 2 | 完全 |  |  |  | 溶解后为土壤中硫的主要来源 |
| 赤铁矿 | 块状、鲕状、豆状 | 暗红至铁黑 | 樱 | 半金属、土状 | 5.5 ~ 6 | 无 |  |  |  | 易氧化，分布很广，特别在热带土壤中最为常见 |
| 褐铁矿 | 块状、土状、结核状 | 黑、褐、黄 | 棕、黄 | 土状 | 4 ~ 5 |  |  |  |  | 其分布与赤铁矿相同 |
| 磁铁矿 | 八面体、粒状、块状 | 铁黑 | 黑 | 金属 | 5.5 ~ 6 | 无 |  |  | 磁性 | 难风化，但也可氧化成赤铁矿和褐铁矿 |
| 黄铁矿 | 立方体、块状 | 铜黄 | 绿、黑 | 金属 | 6 ~ 6.5 | 无 |  |  | 晶面有条纹 | 分解形成硫酸盐，为土壤中硫的主要来源 |
| 高岭石 | 土块状 | 白、灰、浅黄 | 白、黄 | 土状 |  | 无 |  |  | 有油腻感 | 由长石、云母风化形成的次生矿物，颗粒细小，是土壤黏粒矿物之一 |

（2）化学成分：岩石没有一定的化学组成，但具有大概的化学成分。对岩浆岩来说，含二氧化硅的百分比很重要。含二氧化硅在65%以上时称为酸性岩石，在55%～65%时称为中性岩石，在45%～55%时称为基性岩石，45%以下时称为超基性岩石。对沉积岩来说，常根据主要成分将其分为硅质岩石、铁质岩石、石灰质岩石等。

3. 岩石的结构和构造

岩石的结构是指组成岩石的各种矿物颗粒的结晶程度、颗粒大小和形态，以及矿物间相互结合关系所表现出来的岩石特征。

岩石的构造是指组成岩石的矿物集合体在空间上的排列、配制和充填方式，即矿物集合体之间的各种岩石特征。

岩石的结构和构造通常可分为以下几种。

（1）岩浆岩常见的结构与构造

① 岩浆岩的结构：其主要结构有全晶等粒、隐晶质、斑状、玻璃质（非结晶质）等。

全晶等粒结构——岩石中矿物晶粒在肉眼或放大镜下可见，且晶粒大小一致，如花岗岩。

隐晶质结构——岩石中矿物全为结晶质，但晶粒很小，肉眼或放大镜看不出。

斑状结构——岩石中矿物颗粒大小不等，有粗大的晶粒和细小的晶粒，或隐晶质甚至玻璃质（非晶质）者。大晶粒为斑晶，其余的为石基，如花岗斑岩。

② 岩浆岩的构造：侵入岩多为块状构造，喷出岩多见流纹状、杏仁状构造及块状构造。

块状构造——岩石中矿物的排列完全没有秩序，为侵入岩的特征，如花岗岩、闪长岩、辉长岩均为块状。

流纹状构造——岩石中可以看到岩浆冷凝时遗留下来的纹路，为喷出岩的特征，如流纹岩。

气孔状构造——岩石中具有大小不一的气孔，为喷出岩的特征，如气孔构造的玄武岩。

杏仁状构造——喷出岩中的气孔内被次生矿物所填充，其形状如杏仁，常见的填充物有蛋白石、方解石等。

（2）沉积岩的结构与构造

① 沉积岩常见的结构：碎屑结构、化学结构和生物结构。其中，碎屑结构是碎屑岩特有的结构，按颗粒直径大小可分为砾状结构（颗粒＞2 mm）、砂粒状结构（颗粒2～0.05 mm）、粉砂状结构（颗粒0.05～0.005 mm）、泥状结构（颗粒＜0.005 mm）；按颗粒形状特征可分为砾状、角砾状结构。化学结构是化学岩特有的结构，是从溶液中沉淀的晶粒所构成的岩石结构。生物结构是生物遗体及其碎片（多已石化）组成的结构，常在某些生物灰岩、硅质岩中出现，如珊瑚灰岩、贝壳灰岩。

② 沉积岩常见的构造：沉积岩的构造有层理构造、层面构造，沉积岩的最大特征是具层理构造。其中，层理构造是指按先后顺序沉积下来的沉积物因颗粒大小、形状、物质成分和颜色不同而显示出来的成层现象；层面构造是指各种地质作用在沉积岩层面上保留下来的痕迹，主要层面构造有波痕、泥裂（龟裂）、雨痕、足迹、生物化石、结核等。

（3）变质岩的结构与构造

① 变质岩常见的结构：全晶质粗粒（中粒、细粒）变晶结构、全晶质鳞片状变晶结构、全晶质隐晶变晶结构、变余结构和碎裂结构。

变质岩多半具有结晶质，其结构含义与岩浆岩相似，为了区别特加上“变晶”二字，如等粒变晶、斑状变晶、隐晶变晶。

② 变质岩常见的构造：变质岩的构造受温度、压力两个因素影响较大，主要构造是片理构造，它是由片状或柱状矿物按一定方向排列而成，根据变质程度的深浅、矿物结晶颗粒大小及排列的情况不同，主要有块状构造、片理构造（根据变质深浅进一步分为板状构造、千枚状构造、片状构造、片麻状构造）、条带状构造、变余构造。

板状构造——变质较浅，变晶不全，劈开成薄板，片理较厚，如板岩。

千枚状构造——能劈开成薄板，片理面光泽很强，变晶不大，在断面上可以看出是由许多极薄的层所构成的，故称千枚，如千枚岩。

片状构造——能劈开成薄片，片理面光泽强烈，矿物晶粒粗大，为显晶变晶。

片麻状构造——片状、柱状、粒状矿物呈平行排列，显现深浅相间的条带状，如片麻岩。

块状构造或层状构造——矿物重结晶后成粒状或隐晶质，一般情况下肉眼很难看出其片理构造，而成块状或保持原来的层状构造，如大理岩、石英岩。

### （二）主要成土岩石的成分、结构与构造

（1）花岗岩：为岩浆岩酸性岩类的深成侵入岩。其矿物成分主要含有石英、正长石和黑云母，另外有少量角闪石、辉石、黄铁矿和磁铁矿等次要成分。二氧化硅含量在65%以上。为全晶质等粒结构，块状构造。

（2）流纹岩：为岩浆岩酸性岩类的喷出岩。其矿物成分与花岗岩相似，属玻璃或隐晶结构，因有流纹构造而得名。

（3）正长岩：为岩浆岩半碱性岩类的深成侵入岩。其矿物成分几乎全是正长石，副成分以角闪石和少量云母为主。含二氧化硅 52% ~ 65%。属全晶质等粒结构，块状构造。

（4）粗面岩：为岩浆岩半碱性岩类的喷出岩。其矿物成分与正长岩相似。手感较粗，结晶颗粒小，呈隐晶结构，颜色为淡红色、淡黄色或灰色，块状构造。

（5）闪长岩：为岩浆岩中性岩类的深成侵入岩。其主要矿物成分为斜长石和角闪石，次要矿物成分有辉石、云母及黄铁矿等。为中性岩。全晶质似斑状结构，块状构造。

（6）辉长岩：为岩浆岩基性岩类的深成侵入岩。主要矿物成分为辉石和斜长石，辉石居多，次要矿物成分有角闪石和云母。含二氧化硅 45% ~ 52%。为基性岩。全晶质似斑状结构，块状构造。

（7）玄武岩：为岩浆岩基性岩类的喷出岩，其矿物成分与辉长岩相似。其特点是比重大、细致、有气孔或块状构造、色深暗。

（8）砾岩：为沉积岩的碎屑岩类，有砾石（直径大于 2 mm），含量在 50%以上，经胶结而成。具碎屑结构，层理构造。

（9）砂岩：为沉积岩的碎屑岩类，由 0.1 ~ 2 mm 的砂粒胶结而成，主要成分为石英。颗粒比页岩粗些，砂状结构，层理构造。

（10）页岩：为沉积岩的黏土岩类，黏土经压实脱水和胶结作用硬化形成。颗粒细小，为泥状结构，呈一页一页的薄片状，页理构造。

（11）石灰岩：为沉积岩的化学岩类，由碳酸钙沉积胶结而成。其特点为：很细致，滴稀盐酸放出二氧化碳泡沫。质纯者一般色浅，含有机质及其他杂质时则呈浅红色、灰黑色或黑色。含二氧化硅多时称硅质灰岩，含黏土多时称泥质灰岩。具化学结构，层理构造。

（12）花岗片麻岩：为变质岩类，由花岗岩经高温高压变质而成。主要矿物与花岗岩相似，柱状与粒状矿物黑白相间，呈断续条带状排列，即片麻状构造。全晶质粗粒变晶结构。

（13）板岩：为变质岩类，由泥质页岩变质而来。较硬且脆，敲击时石声悦耳。板状构造，隐晶变晶结构。

（14）石英岩：为变质岩类，由砂岩变质而来。极为坚硬，呈全晶质变晶结构，块状构造。石英岩与石灰岩的区别在于：用较小的力气轻轻敲打即能打开的是石灰岩，用岩石大力捶打，冒火星的是石英岩；用稀盐酸测试，冒泡的是石灰岩，不冒泡的是石英岩。

（15）大理岩：为变质岩类，由石灰岩变质而来，因产于云南大理而得名。质纯者多为白色，因含有其他杂质而呈灰、绿、红、浅黄等颜色。用稀盐酸测试有泡沸反应。

### （三）主要成土岩石的特征

主要成土岩石的特征如表 11–3 所示。

表 11-3　主要成土岩石的特征

| 盐类 | 岩石名称 | 矿物名称 | 颜色 | 结构构造 | 风化特点和分解产物 |
|---|---|---|---|---|---|
| 岩浆岩 | 花岗岩 | 钾长岩、石英为主，少量斜长石、云母、角闪石 | 灰白、肉红 | 全晶等粒结构，块状构造 | 抗化学风化能力强，易物理风化，风化后石英成砂粒，长石变成黏粒，且钾素来源丰富，形成砂黏适中的母质 |
| | 闪长岩 | 斜长石、角闪石为主，其次为黑云母、辉石 | 灰、灰绿 | 全晶等粒结构，块状构造 | 易风化，形成的土壤母质黏粒含量高 |
| | 辉长岩 | 斜长石、辉石为主，其次为角闪石、橄榄石 | 灰、黑 | 全晶等粒结构，块状构造 | 易风化，生成富含黏粒、养料丰富的土壤母质 |
| | 玄武岩 | 与辉长岩相同 | 黑绿、灰黑 | 隐晶质，斑状结构，常有气孔状、杏仁状或块状构造 | 与辉长岩相似 |
| 沉积岩 | 砾岩 | 由各种不同成分的砾石被胶结而成 | 取决于砾石和胶结物 | 砾状结构（由粒径>2 mm 的砾石胶结而成），层状构造 | 风化成砾质或砂质的母质，土壤养分贫乏 |
| | 砂岩 | 主要由石英、长石砂粒胶结而成 | 红、黄、灰 | 砂粒结构（颗粒直径 0.1 ~ 2 .0 mm），层状构造 | 风化的难易视胶结物而定，石英砂岩养分含量较少，长石砂岩养分含量较多 |
| | 页岩 | 黏土矿物为主 | 黄、紫、黑、灰 | 泥质结构（颗粒粒径＜0.01 mm），页理构造 | 易破碎，风化产物为黏粒，养分含量较多 |
| | 石灰岩 | 方解石为主 | 白、灰、黑、黄 | 隐晶状、鲕状结构，层状构造，有碳酸盐反应 | 易受碳酸水溶解，风化产物质地黏重，富含钙质 |
| 变质岩 | 板岩 | 泥页岩浅变质而来 | 灰、黑、红 | 结构致密板状构造(能劈开成薄板) | 比页岩坚硬而较难风化，风化后形成的母质和土壤与页岩相似 |
| | 千枚岩 | 由含云母等的泥质岩变质而来 | 浅红、灰、灰绿 | 隐晶结构，千枚状构造，断面上常有极薄层片体，表面具有绢丝光泽 | 易风化，风化产物黏粒较多，并含钾素较多 |

续表

| 盐类 | 岩石名称 | 矿物名称 | 颜色 | 结构构造 | 风化特点和分解产物 |
|---|---|---|---|---|---|
| 变质岩 | 片麻岩 | 多由花岗岩变质而来 | 灰、浅红 | 粒状变晶结构，片麻状构造（黑白相间，呈条带状） | 与花岗岩相似 |
| | 石英岩 | 由硅质砂岩变质而来，矿物成分主要为石英 | 白、灰 | 粒状、致密状结构，块状构造 | 质坚硬，极难化学风化，物理破碎后成砾质母质 |
| | 大理岩 | 方解石、白云石为主，多由石灰岩变质而来 | 白、灰、绿、红、黑、浅黄 | 等粒变晶结构，块状构造，与10% HCl反应剧烈 | 与石灰岩相似 |

## 四、设备及药品

岩石标本、矿物标本、化石标本、条痕板、摩氏硬度计、回形针、玻璃片、小刀、锉、放大镜、稀盐酸。

### 【思考题】

1. 鉴定矿物主要依据矿物的哪些性质？
2. 三大类岩石的主要区别是什么？
3. 主要成土矿物、岩石的性质是什么？

# 实习 11.2　野外土壤样品的采集

## 一、目的意义

土壤分析样品的采集与处理是土壤分析工作中的一个重要环节，是关系到分析结果及结论是否正确、可靠的先决条件。为使分析的少量样品能反映一定范围内土壤的真实情况，必须根据分析目的的不同，采用不同的采样和处理方法，正确采集与处理土样。土壤样品采集的目的主要有以下几类。

（1）研究土壤的基本质量和性质：这类研究通常是不定期对土壤肥力性质进行系统测定，包括测定大量和微量养分状况、pH 值、有机质及一些土壤物理性质等。

（2）编制地图：这类样品必须按土壤类型和剖面的发生层次采取，分析的项目通常包括土壤化学性质、土壤矿物性质及生物和物理性状。为了编制土壤地图，通常需要挖一系列土坑或用土钻获得心土和某一土层土样，有时需要采集原状土样。

（3）某种法律或法规的仲裁需要：如为确定某一地区或地点的土壤是否受到人为物质的污染、污染程度、污染范围及污染物质的确切来源时，需要进行土样采集。这类采样需事先确定采样地点及样点密度，一般只采取表土，并且只分析特定的物质或元素。

（4）鉴定评审环境质量：为确定某一地区现在和将来的使用及开发前景而进行的土壤取样分析，如对无公害食品或绿色食品生产基地的评定等。

## 二、土壤样品采集的原则

土壤是一个不均一体，由于受自然因素（母质、地形、时间等）和人为因素（耕作、施肥等）的影响，土壤的不均一性普遍存在。为使分析的少量样品能反映一定范围内土壤的真实情况，必须正确采集与处理土样。土壤样品采集要坚持代表性的原则，即所采土壤样品的各种性质能最大限度地反映所代表区域或田块的实际情况。一个土壤样品只能代表一种土壤条件，由两种差异极大的土壤混合而成的混合样品，所得分析结果不能代表两种情况下土壤性质的平均值，在这种情况下，必须分别取样。

土壤性状具有空间（水平方向、垂直方向）和时间（季节性、年际间）的变异性。在确定采样方法时，最好能先了解采样区或田块的变异可能，包括自然变异（土壤成土过程中造成的变异）和人为变异（土壤耕作、施肥等田间管理措施等人为因素造成的变异），以便根据分析目的不同而采用不同的采样和处理方法。

## 三、土壤样品的采集

### （一）采样时期和工具

1. 采样时期

土壤中有效养分的含量随季节的改变有很大的变化。分析土壤养分供应情况时，一般在晚秋或早春采样。同一时间内采取的土样的分析结果才能相互比较。基于其他目的的土壤采样时间，则按情况需要而定。

2. 采样工具

常用的采样工具：小土铲、管形土钻和普通土钻、铁锹、削面刀、尺子、文件夹、罗盘、海拔仪、纸盒、pH 指示剂、pH 比色卡、10%盐酸、铅笔、橡皮、白瓷板、橡皮筋、塑料袋、布袋（盐碱土需用油布袋）、标签、记载表、土筛、广口瓶、天平、胶塞（或圆木棍）、木板（或胶板）等（图 11-1）。

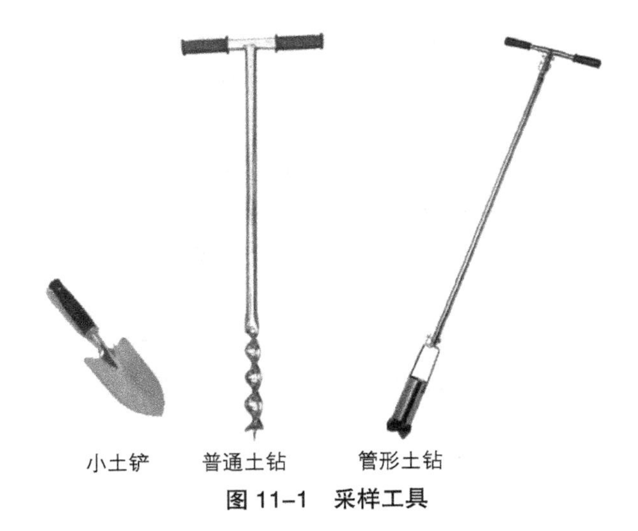

图 11-1　采样工具

（1）小土铲：在任何情况下都可应用，但比较费工。多点混合采样时，往往因费工而不常用。

（2）管形土钻：下部系一圆形开口钢管，上部系柄架，根据工作需要可采用不同管径的管形土钻。将土钻钻入土中，在一定土层深度处取出一均匀土柱。管形土钻取土速度快，混杂少，特别适用于大面积多点混合样品的采取，但不太适用于砂性大的土壤或干硬的黏重土壤。

（3）普通土钻：普通土钻使用起来比较方便，但一般只适用于湿润的土壤，不适用于很干的土壤，同样不适用于砂性大的土壤。另外，普通土钻容易混杂，亦系其缺点。

### （二）采样的方法

采样的方法因分析目的的不同而异。

1. 土壤剖面样品

研究土壤基本理化性质，必须按土壤发生层次采样。

（1）土壤剖面地点的选择：①要有代表性。根据地形，自然植被或农业利用特点，母质、水文地质等条件分析判断，确定在适当位置挖掘在一定范围内有代表性的土壤剖面，剖面代表范围的大小要根据土壤调查比例尺及调查目的而定。②要有稳定的土壤发育条件。例如，在山地丘陵区，一般要选择在坡面缓平处，排水良好，不受侵蚀、坡面物质堆积及自然崩塌影响的地方。③不宜在渠、路、沟、村、粪坑及建筑物附近布设土壤剖面，以避免干扰或污染。

（2）土壤剖面的挖掘：首先在具有代表性的地点划一个 1 m × 1.5 m 或 1 m × 2 m 的长方形（宽边尽量面向太阳或垂直田垄），依次向下挖掘，每挖约 30 cm 留一个台阶，挖出的土要按层次分别放置。丘陵地深度要到达母质或母岩；平原地至地下水，若地下水位较深，1.5 m 下用土钻取土，然后观察描述；稻田尽量在排干期挖掘。观察结束后应先填底土，后填心土，表土仍覆在上面。

（3）土壤剖面样品的采集

① 根据土壤剖面的颜色、结构、质地、松紧度、湿度、植物根系分布等，自上而下划分土层，仔细观察，描述记载于剖面记载本上。

② 自下而上采取土样，放入布袋或塑料袋内，一般采取 1 kg 左右，土袋内外应附上标签，写明采样地点、剖面号数、土层深度、采集日期和采集人等（图 11–2）。

如果采集盐碱土剖面样品，研究盐分在剖面中的分布和变动时，则结合发育层次采样，并按 0 ~ 2、2 ~ 5、5 ~ 10、10 ~ 20、20 ~ 30、30 ~ 50、50 ~ 70、70 ~ 100 cm 等层次采集分析样品。盐结皮应另采。一般挖至地下水，对地下水的采集需将采集的水样装入玻璃瓶或塑料瓶中，塞紧瓶口，瓶外需拴两个标签，注明剖面号码及采样地点等（图 11–3）。

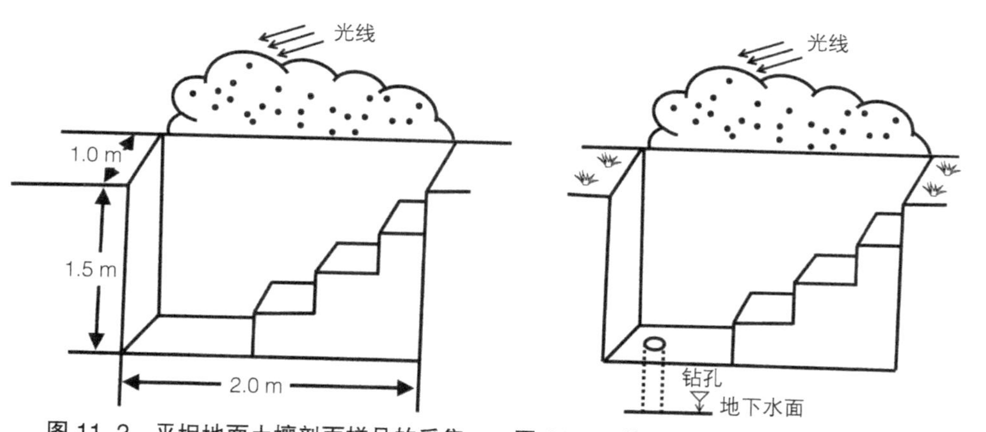


图 11–2　平坦地面土壤剖面样品的采集　　图 11–3　盐碱土土壤剖面坑及土壤钻孔的位置

2. 耕层混合样品的采集

采集耕层混合样品是为了了解植物生长期间土壤耕层养分的供应和分布状况，为合理施肥提供依据。把多个样点的土样等量混合均匀，组成一个混合样品进行测定。为了使样品具有最大的代表性，在采集与制备样品的过程中，按“随机”“多点”“均匀”的方法进行操作。采样要求和方法如下。

（1）选点与布点：一般应根据不同的土壤类型、地形、前茬及肥力状况，分别选择典型地块采集混合土样，切不可在肥料堆或路边选点。混合样品实际上相当于一个平均数，以减少土壤差异，提高样品的代表性。

（2）采样点数：依地块大小、地形、肥力状况而定。一般采样点至少 5 点以上，通常为 5 ~ 20 点。

（3）采样深度：常直接采集耕层 20 cm 左右的混合土样，对于作物根系较深的作物，如小麦，应适当增加深度，果园土壤样品在耕层 40 cm 处采集。

（4）样点布置方式：根据地形、样点数量和地力均匀程度布置采样点。样点分布方式一般有以下 3 种，如图 11-4 所示。

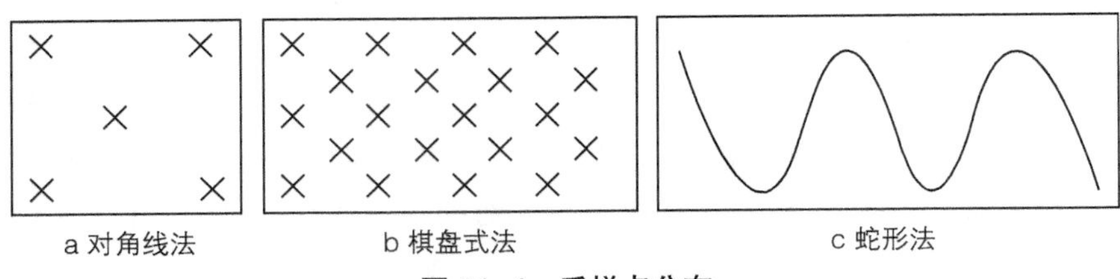


图 11-4　采样点分布

① 对角线法：适合于地块小、肥力均匀、地势平坦的田块，采样点约为 5 点。

② 棋盘式法（方格取样法）：适合于地块大小中等、肥力不匀、地势较平坦的田块，采样点为 10 点以上。

③ 蛇形法（折层取样法）：适合于地块面积较大、肥力不匀、地势不太平坦的田块，采样点数较多。

（5）采样时间：为了解决随时出现的问题，应在需要进行土壤测定时随时采样；为了摸清土壤养分变化和作物生长规律，需按作物生育期定期取样；为了制订施肥计划而进行土壤测定时，在前作物收获后或施基肥前进行采样；若要了解施肥效果，则在作物生长期间、施肥的前后进行采样。

（6）采土：采土时应除去地面落叶杂物，可用土钻或小土铲进行（图 11-5）。打土钻时一定要垂直至采样深度。若用小铁铲取土，应挖一个一铁铲宽、20 cm 深的小坑，坑壁一面修光，然后从光面用小铁铲切下约 1 cm 厚的土片（土片厚度上下应一致），然后集中、混匀。量多时（大于 1 kg）可用四分法弃去，具体方法是：将采集的土壤样品弄碎混合并铺成四方形，划分对角线分成四等份，取其对角的两份，其余两份弃去，如果所得的样品仍然很多，可再用四分法处理，直到达到所需数量为止（图 11-6）。

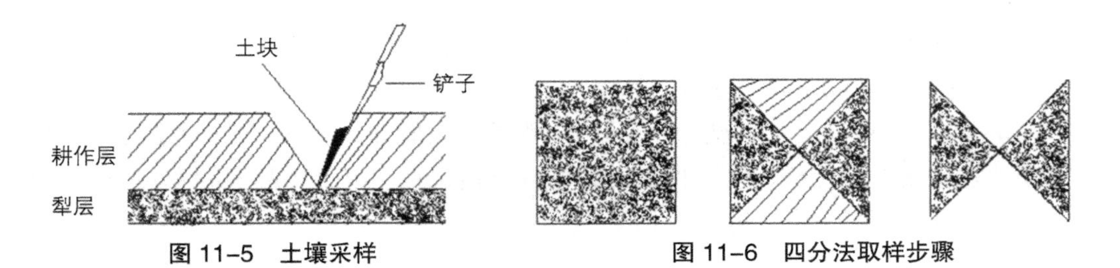


图 11-5　土壤采样　　图 11-6　四分法取样步骤

（7）装袋与填写标签：采好后的土样装入布袋中，立即写标签，一式两份，一份系在布袋外，一份放入布袋内，标签写明采样地点、深度、样品编号、日期、采样、土样名称等。同时将此内容登记在专门的记载本上备查。

3. 土壤物理性状样品的采集

为了研究土壤物理性质而进行土壤样品测定时，应将土壤保持原状。例如，采集土壤结构的分析样品时，应注意土壤的湿度，不宜过干或过湿，最好在不沾铲的情况下采取；测定土壤容重和空隙度等物理性质，其样品可直接用测定容器在各层中取样。应保持土块不受挤压，不使样品变形，并需剥去土块外面直接与土铲接触而变形的部分，保持原状土样。然后将所取样品放入铝盒或普通饭盒中写好标签带回。可用环刀、大铝盒、大饭盒等扣入土中取原状土样。

4. 土壤养分动态样品

为研究土壤养分的动态而进行土壤采样时，可根据研究的要求进行布点采样。例如，为研究某种肥料在土壤中的移动性，前述土壤混合样品的采法显然是不合适的。如果这种肥料是以条状集中施肥的，为研究其水平移动距离，则应以施肥沟为中心，在沟的一侧或左右两侧按水平方向每隔一定距离采样，将同一深度所取的相应同位置土样进行多点混合。同样，在研究其垂直方向的移动时，应以施肥层为起点，向下每隔一定距离作为样点，以相同深度土样组成混合土样。

5. 土壤盐分动态样品

盐分的差异性是盐碱土的重要性质。盐碱土中盐分的变化比土壤养分含量的变化还要大。土壤盐分分析不仅要了解土壤中盐分的多少，而且要常了解盐分的变化情况。在这样的情况下，也不能采用混合样品。

盐碱土中盐分的变化垂直方向更为明显。由于淋洗作用和蒸发作用，土壤剖面中的盐分随季节变化很大，而且不同类型的盐土，其盐分在剖面中的分布又不一样。例如，南方滨海盐土的底土中含盐分较多，而内陆次生盐渍土中的盐分一般都积聚在表层。根据盐分在土壤剖面中的变化规律，应分层采取土样。分层采取土样时，不必按发生层次取样，可以自地表起每 10 cm 或 20 cm 采集一个样品，盐结皮应另采，一般挖至地下水。对地下水的采集需将采集的水样装入玻璃瓶或塑料瓶中，塞紧瓶口，瓶外需拴两个标签，注明剖面号码及采样地点等。

## 四、土壤样品的处理

### （一）取样及编号

将田间取回的原始样品经仔细核对后，编好分析号码。

### （二）样品风干

将采回的土样放在木板或塑料布上，捏碎大块，摊成 2 cm 厚的土层，置于室内阴凉、干燥、通风处风干。风干期间注意防尘、酸碱等污染，切忌在阳光下直接暴晒。应随时翻动，捏碎大的土块，剔除根茎叶、虫体、新生物、侵入体等，经过 5 ~ 7 d 后可达风干要求。

### （三）样品处理

需长期保存的土样，将一半保持原样（土块小于黄豆粒大），装入广口瓶密封，贴好标签。另一半土样若含石砾、石灰结核较多，应先称出土样总重，然后挑出石砾等，称其重量，并计算其百分含量：特殊物 =（特殊物质质量 / 土样质量）× 100%。

若特殊物质量分数较少，可忽略不计。

### （四）研磨过筛

根据测定项目要求将土样全部通过一定孔径的筛子（表 11-4）。

表 11-4　不同测定项目需要的土筛孔径

| 土筛号 / 目 | 土筛孔径 / mm | 测定项目 |
| --- | --- | --- |
| 10 | 2.0 | 盐碱土 |
| 18 | 1.0 | 黏粒、代换量、pH 值 |
| 35 | 0.5 | 速效氮、磷、钾 |
| 60 | 0.25 | 碳酸盐 |
| 100 | 0.149 | 有机质、全氮、全磷、全钾 |

取适量风干土样，平铺在木板或塑料板上，用木棍或玻璃瓶辗碎（不可用金属制品），然后根据测定项目要求将土样全部通过一定孔径的筛子。过筛时先通过大孔径筛（根据分析项目确定），筛上部分重新研磨直至全部通过，混匀，铺成四方形，采用四分法分成两部分，一部分装瓶待用，另一部分继续研磨至全部通过小孔径筛后混匀装瓶。

0.149 mm 土样是由通过 1 mm 筛孔的土样铺成薄层，划成许多方格，用药匙多点取样后（约 20 g）在玛瑙钵中小心研磨，至全部通过 0.149 mm 孔径土筛。测定硝态氮、铵态氮、亚铁等项目的样品要尽快处理，最好采用新鲜样品进行测定，尤其是水稻土。采用新鲜样品进行测定时，要将样品充分混匀、捏碎。最好通过 6 mm 筛孔，水稻土、下湿土可在采样后直接混匀测定。

## 五、样品贮存

（1）一般将样品装入磨砂广口瓶中。

（2）瓶内外均有铅笔写的标签。标签上应有编号、采样地点、处理方法、深度（部位）、采样日期、采样人、筛孔孔径等。

（3）编号次序写在记录本上。

（4）样品放在干燥、阳光晒不到的地方。

## 【思考题】

1. 土样采集包括哪些环节？多余的土样如何处理？

2. 采样点数量对分析结果的准确性有什么影响？

3. 在采集土壤混合样品时，需要遵循什么原则？

4. 混合样品采集时样点布置方式有哪些？每种方式需大约采多少点？

5. 在采集土样过程中，为什么要强调代表性？它与室内分析数据可靠性有何关系？

# 实习 11.3　土壤剖面观察及土体构造评价

## 一、目的要求

观察土壤剖面能了解土壤内在物质的转化，是研究土壤的形成，以及识别和评价土壤的重要方法之一。掌握土壤剖面观察方法和技术，就能准确地鉴别土壤类型，找出土壤性状对农业生产的有利因素，为制定合理的利用和改良土壤措施提供依据。

通过实习，基本掌握土壤剖面坑的设置、挖掘和观察记载的一般技术。要求学会分析土壤剖面的形态与土壤发生发展的关系，以及对农业生产的影响，能根据观察分析结果对土体构造进行评价，提出土壤的利用和改良措施。

## 二、主要仪器

铁锹、土铲、锄头、剖面刀、放大镜、铅笔、钢卷尺、小刀、橡皮擦、白瓷比色板、土壤剖面记载表。

## 三、试剂

10% 盐酸、酸碱混合指示剂、赤血盐。

## 四、操作步骤

### （一）土壤剖面的设置与挖掘

1. 土壤剖面的设置

剖面位置的选择一定要有代表性。对某类土壤来说，只有在地形、母质、植被等成土因素一致的地段上设置剖面点，才能准确地反映出土壤的各种性状。除此之外，避免在路旁、田边、沟渠边及新垦搬运过的地块上设坑。

2. 土壤剖面的挖掘

在选好剖面坑点的位置后，先在坑点上划出剖面的轮廓，然后挖土。剖面观察坑的规格一般为长 1.5 m、宽 0.8 m、深 1.5 m。深度不足 1 m 的，挖至母岩、砾石层或地下水面为止。观察面要垂直向阳，其上方禁止堆土和踩踏。观察面的对面要挖成阶梯状，以便于观察时上下和减少挖土量。所挖出的土要将表土和底土分别堆在土坑的两侧，以便观察面能看到垄背、垄沟的表层变化。在作物生长季节，要尽量保护作物。土壤剖面挖掘如图 11-7 所示。

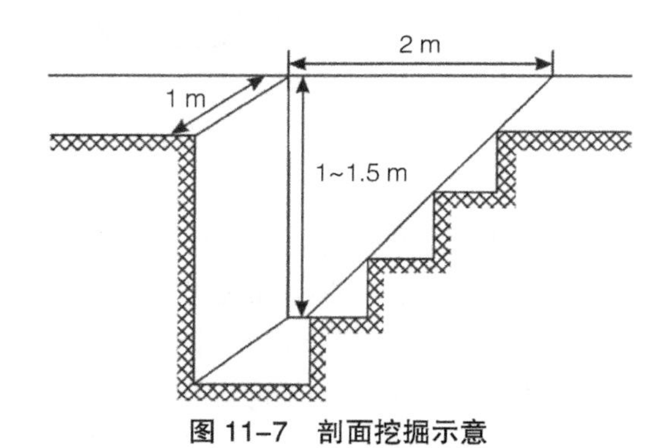


图 11-7　剖面挖掘示意

剖面挖成后，将剖面的观察面分成两半，一半用土壤剖面刀自上而下地整理成毛面；另一半用铁铲削成光面，以便观察时相互进行比较。

### （二）土壤剖面性态的观察与记载

1. 剖面层次的划分

研究土壤剖面首先要划分土壤的层次。自然土壤剖面是按发生层次划分土层，一般划分为 $A_0$（枯枝落叶层）、$A_1$（腐殖质层）、A（淋溶层）、B（淀积层）、C（底土层）

等层次。耕型土壤剖面层次大体上划分为A（耕作层）、P（犁底层）、B（心土层）、C或D（底土层或母岩层）。水稻土剖面层次一般分为A（耕作层）、P（犁底层）、W（潴育层）、E（漂洗层）、G（潜育层或青泥层）、C（底土层）。在一定条件下，有些层次并非在同一剖面中出现。

2. 土壤剖面性态观察记载

观察记载的内容很多，但一般要观察以下几个项目。

（1）土壤颜色：土壤颜色有黑、白、红、黄4种基本色，但实际出现的往往是复色。观察时，先确定主色，后确定次色，次色记在前面，主色记在后面。例如，某土壤的颜色为红棕色，即主色为棕色，次色为红色。确定土壤颜色时，旱田土壤以干状态时为准，水田土壤以观察时土壤所处状态为准。

（2）土壤质地：野外测定土壤质地一般用手测法，其中有干测法和湿测法两种，可相互补充，一般以湿测法为主。

（3）土壤结构：观察土壤结构的方法是用挖土工具把土挖出，让其自然落地散碎或用手轻捏，使土块分散，然后观察被分散开的个体形态的大小、硬度、内外颜色及有无胶膜、锈纹、锈斑等，最后确定结构类型。

（4）松紧度：野外鉴定土壤松紧度大小的方法是根据小刀插入土体的深浅和阻力大小来判断。

松：小刀随意插入，深度大于10 cm；

散：稍加力，小刀可插入土体7 ~ 10 cm；

紧：用较大的力，小刀才能插入土体4 ~ 7 cm；

紧实：用力大，小刀才能插入土体2 ~ 4 cm；

坚实：用很大力，小刀才能插入土体1 ~ 2 cm。

（5）土壤干湿度：按各土层的自然含水状态分级，其标准如下。

干：土壤呈干土块，手试无凉感，嘴吹时有尘土扬起。

润：手试有凉感，嘴吹无尘土扬起。

湿润：手试有潮湿感，可捏成土团，但自然落地即散开，放在纸上能使纸变湿。

潮湿：放在手上使手湿润，能握成土团，但无水流出。

（6）新生体：新生体不是母质固有的，而是在土壤形成过程中产生的物质，如铁子、铁锰结核、石灰结核等，它们能够反映土壤形成过程中物质的转化情况。

（7）侵入体：不是母质固有的，也不是土壤形成过程中的产物，而是外界侵入土壤中的物体，如瓦片、砖渣、炭屑等。它们的存在与土壤形成过程无关。

（8）根系：反映作物根系分布状况，其分级标准如下。

多量：每厘米有10条根以上的。

中量：每厘米有5 ~ 10条根。

少量：每厘米有2条根左右。

无根：见不到根痕。

（9）石灰质反应：用 10% 稀盐酸直接滴在土壤上，观察气泡产生情况，估计其石灰含量。

无石灰质：无气泡、无声音，估计含量为 0。

少石灰质：徐徐产生小气泡，可听到响声，估计含量为 1% 以下。

中量石灰质：明显产生大气泡，但很快消失，估计含量为 1% ~ 5%。

多石灰质：发生剧烈沸腾现象，产生大气泡，响声大，历时较久，估计含量为 5% 以上。

（10）亚铁反应：用赤血盐直接滴加测定。

（11）土壤酸碱度：采用混合指示剂法。

（12）土壤地下水位：地下水位是指出现地下连续水面与地表的距离。各种作物对地下水位的要求不同，其高低分级如下，仅供参考。

高位：地下水位小于 30 cm。

中位：地下水位为 30 ~ 60 cm。

低位：地下水位大于 60 cm。

土壤剖面观察记载事项如表 11-5 所示。

**表 11-5　土壤剖面观察记载事项**

<table>
<tr><td rowspan="2">剖面编号</td><td rowspan="2"></td><td colspan="4">土壤名称</td><td colspan="4">剖面地点</td><td colspan="2">调查时间</td></tr>
<tr><td colspan="4"></td><td colspan="4"></td><td colspan="2"></td></tr>
<tr><td rowspan="2">土壤剖面环境条件</td><td>地形</td><td colspan="2">成土母质</td><td>海拔</td><td>自然植被</td><td>农业利用方式</td><td>当季作物</td><td colspan="2">排灌条件</td><td>耕作制度</td><td>病虫情况</td></tr>
<tr><td></td><td colspan="2"></td><td></td><td></td><td></td><td></td><td colspan="2"></td><td></td><td></td></tr>
<tr><td rowspan="2">土壤剖面性状</td><td>剖面图</td><td>层次</td><td>厚度</td><td>颜色</td><td>土壤质地</td><td>土壤结构</td><td>新生体</td><td>干湿度</td><td>松紧度</td><td>pH 值</td><td>侵入体</td></tr>
<tr><td></td><td></td><td></td><td></td><td></td><td></td><td></td><td></td><td></td><td></td><td></td></tr>
<tr><td rowspan="2">土壤生产性能</td><td>宜种作物</td><td>发棵性</td><td>产量</td><td>施肥水平</td><td>施肥效果</td><td>保水性</td><td>保肥性</td><td></td><td></td><td></td><td></td></tr>
<tr><td></td><td></td><td></td><td></td><td></td><td></td><td></td><td></td><td></td><td></td><td></td></tr>
<tr><td>土壤剖面综合评价</td><td colspan="11"></td></tr>
</table>

## 五、土体构造评价的结果与分析

调查结束后，应对调查获得的资料进行系统整理和全面分析，客观地进行评价，并按以下要求写出实习报告。

（1）土体构造的构型、各土层的特征特性及利用现状，或自然植被种类、覆盖度。

（2）对照高产旱田标准，结合调查情况，分析土体构造的优缺点。

（3）针对土体构造现状和存在的问题，提出改良利用这种土壤的主要途径与措施。尤其要注重土壤的利用方式，是宜农、宜牧，还是宜林？提出挖掘土壤生产潜力的措施。

# 实习 11.4 当地主要土壤类型及其肥力性状调查

## 一、目的与要求

认识土壤、了解土壤性质是正确评价土壤的基础，同时为合理利用和改良、培肥土壤提供了可靠依据。

了解当地成土条件，鉴定土壤的性质和类型，找出低产土壤的障碍因素，总结高产土壤的培育经验，是因地种植、合理施肥、熟化土壤，保证稳产高产不可缺少的基础工作。

通过实习，要求学生能正确识别当地主要土壤的类型，掌握其主要性质，并根据土壤中存在的问题提出科学的改良和利用措施。

## 二、准备工作

### （一）组织准备

将全班学生分为几个小组，每组确定组长 1 人。

### （二）物质准备

备好锄头、土铲、米尺、剖面刀、放大镜、铅笔、白瓷比色板、土壤剖面记载表、10% 盐酸、酸碱混合指示剂、比色卡、土色卡及 1.5% 赤血盐等。

### （三）现场准备

根据实际情况，选择好实习现场，既有荒山、林地，又有水田、旱田的场地最为适宜，以便在较短的时间内认识较多的土壤类型和成土条件。

## 三、调查内容与方法

首先在实习现场内选择一定路线进行概查，然后选择有代表性的土壤类型进行调查，其主要内容如下。

### （一）成土因素的调查与研究

1. 地形

对照地形分类标准，查明调查区内的大、中、小地形类型。对山地要查明高度、坡度及坡向；对丘陵地要注明丘顶，上、中、下坡或沟谷；对水面还应根据小地形的差异，进一步划分为滩田、坪田、冲田、排田和高岸田。

2. 植被

调查自然植被和人工植被的种类、覆盖度及其对土壤肥力的影响。

3. 母质

调查当地成土母质的类型及其与形成土壤类型的关系。当剖面深度 60 ~ 70 cm 内出现两种不同母质时，可按出现的先后顺序记入剖面表中。

4. 气候

通过当地气象部门，搜集降雨量、温度、无霜期、蒸发量等气象资料，分析其对成土过程及土壤性质的影响。

5. 土壤侵蚀情况

调查土壤被侵蚀的类型、侵蚀强度及被侵蚀的原因，并总结保持水土的经验与教训。

6. 地下水与水质

调查地下水位、灌溉水源类型及水质。

7. 农业生产活动

通过座谈和访问，了解当地土壤的耕作、施肥、灌溉、轮作、改土等农业技术措施及其对土壤肥力变化的影响。

### （二）土壤剖面的观察

1. 剖面的设置

根据地形、母质、植被、土类等，选择有代表性的各种土类分别设置主剖面点，以便进行土壤观察与分类。按照要求挖掘剖面，坑宽 0.8 m、长 1.5 m、深 1 ~ 1.5 m，若土层厚度不足 1 m，则以挖至母岩为准。具体挖掘方法同剖面层次观察。

2. 土壤剖面的观察

首先根据土壤颜色、松紧度、质地、根系多少、新生体的有无、石灰反应等特征，划分出土壤层次，其次根据土壤剖面观察的内容、方法，分层逐项进行观察并记载。有关观察项目如表 11–6 所示。

3. 土壤标本和样品的采集

（1）纸盒标本

供室内土壤比较、识别、分类和陈列使用。每一种土类应采集 1 ~ 2 个纸盒标本。

（2）分析样品

供系统分析土壤理化性质使用。一般采集耕作层（或表土层）混合样品。

4. 改良利用现状

通过座谈和访问，结合现场调查，了解各类土壤近 3 年来的改良和利用情况。

（1）作物种植制度

各种作物适种性与生长情况，如既发小苗又发老苗，或只发小苗不发老苗等。

（2）施肥与产量情况

土壤择肥性、施肥种类、数量、方法及肥效，作物产量水平。

（3）耕作与管理情况

耕作质量、宜耕期长短、管理水平等。

（4）改良措施

包括已采取的措施和今后的打算。

## 四、调查结果与报告

通过野外土壤调查，对各种调查资料加以整理、分析并写出调查报告，其内容包括：①调查的目的与要求、方法与经过、完成情况；②调查区域内的成土条件；③土壤类型及面积；④分析土壤类型的理化性质；⑤对各种土类的利用现状及存在的问题加以分析归纳，提出切实可行的改良利用措施。

表 11-6　耕作土壤基本情况

地点：县______乡______村______组______丘

剖面野外编号______ 室内编号______

调查时间：________年____月____日

土壤名称（当地名称）____________________

（最后定名）____________________

| 代表面积 | 组名 |
| --- | --- |
|  |  |

（一）土壤剖面环境

1. 地形____________________

2. 海拔____________________

3. 成土母质____________________

4. 自然植被____________________

5. 农业利用方式____________________

6. 灌溉方式____________________

7. 排水条件____________________

8. 地下水水位____________________

9. 抗旱能力____________________

10. 地下水水质____________________

11. 侵蚀情况____________________

（二）土壤生产性能记载

1. 耕作制度：

2. 农作物常年 667 $m^2$ 产量近 3 年平均作物产量水平：

小麦____________________kg

玉米____________________kg

水稻____________________kg

花生____________________kg

大豆____________________kg

皮棉____________________kg

小麦玉米 667 $m^2$ 产________kg

3. 全年施肥水平：

有机肥________________kg/667 $m^2$

氮素化肥______________kg/667 $m^2$（折成硫铵）

磷肥__________________kg/667 $m^2$

钾肥__________________kg/667 $m^2$

4. 常年产量水平：

早稻__________________kg/667 $m^2$

晚稻__________________kg/667 $m^2$

5. 作物生长表现：

6. 土壤供肥保肥能力：

7. 耕作性能：

8. 存在何种障碍因素：

9. 土壤肥力等级：

（三）土壤剖面位置略图

（四）土壤剖面性态描述及野外理化测定

| | 土壤剖面图 | 层次代号 | 深度/cm | 质地 | 新生体 | | | 紧实度 | 植物根系 | 侵入体 | 孔隙度 |
|---|---|---|---|---|---|---|---|---|---|---|---|
| | | | | | 类别 | 形态 | 数量 | | | | |
| 10 | | | | | | | | | | | |
| 20 | | | | | | | | | | | |
| 30 | | | | | | | | | | | |
| …… | | | | | | | | | | | |
| 80 | | | | | | | | | | | |

| | 土壤剖面图 | 层次代号 | 深度/cm | 亚铁反应 | 石灰反应 | pH值 | 全氮/% | 碱解氮/（mg/kg） | 速效磷/（mg/kg） | 速效钾/（mg/kg） | 有机质/% |
|---|---|---|---|---|---|---|---|---|---|---|---|
| 10 | | | | | | | | | | | |
| 20 | | | | | | | | | | | |
| 30 | | | | | | | | | | | |
| …… | | | | | | | | | | | |
| 80 | | | | | | | | | | | |

（五）土壤剖面综合评述

（六）土壤剖面构型代号

# 实习 11.5　当地中低产田改良利用调查

## 一、目的与要求

中低产田是指在一定时限和一定地域内，由于受某些障碍因素制约，作物产量低于某一规定指标的耕地。根据中低产田形成原因，采取针对性措施对中低产田进行改良，是提高耕地产出能力和农作物整体产量水平的重要途径。本实习的目的在于运用所学理论认识，在调查研究的基础上，分析中低产田土壤产量低且不稳定的原因，总结当地群众在改良中低产田土壤、提高中低产田作物产量方面的经验，为本地区作物生产的全面均衡增产提供合理建议。

## 二、准备工作

### （一）现场准备

在调查前，指导教师应深入典型单位或农户了解农业生产情况并确定调查地点。

### （二）组织准备

根据人数将全班学生分为若干小组，以组为单位分别拟出调查提纲，确定调查内容，每组确定组长1人，负责本组的调查工作。同时，指导教师要介绍前期工作情况，讲明调查的目的要求及调查的内容和方法等。

## 三、调查内容

### （一）旱田土壤

（1）土壤产量不高的原因或土壤障碍因素，如土层浅薄、漏水漏肥、黏瘦、多砾石、干旱等。

（2）各种类型中低产土壤的面积及分布情况。

（3）各种类型中低产土壤的成土条件，如母质、地形、气候、地下水等。

（4）各种类型中低产土壤的作物种类、生长状况及产量水平等。

（5）各种类型中低产土壤的主要理化性状，如土壤结构、质地、pH值、有机质和速效养分的含量、盐碱状况、抗旱能力等。

（6）当地群众改良利用经验。

### （二）水田土壤

（1）中低产土壤类型，如潜育型、黏沙型、矿毒型、板结型、缺水型等。

（2）各种类型水田面积及分布情况。

（3）各种水稻土主要理化性质，如土壤结构、质地、pH值、氧化还原状况、有机质和速效养分的含量、耕性、生产性能及保肥保水能力等。

（4）各种类型水稻土的水稻生长状况、产量水平及管理措施。

（5）当地群众改良利用经验。

## 四、调查方法

### （一）现场调查

主要了解土壤的成土条件，观察作物种类、生长状况和产量水平，并通过对改良前后的土壤剖面进行观察和速测，了解土壤主要理化性状的变化情况，从而找出其存在的问题。

### （二）座谈访问

请当地乡镇、村干部、农业技术人员或有经验的种植户全面介绍有关情况，然后深入有关农户，根据改良利用前后的变化，讨论其土壤特性、生产状况及改良利用措施。

## 五、调查总结报告

根据调查与访问资料进行分组讨论，分析其低产原因，制定针对性的改良利用措施。每人针对不同土壤类型，写出调查报告，其内容包括调查过程、基本情况、低产原因和改良利用措施。

# 第十二章　肥料学教学实习

## 实习 12.1　作物营养缺素症的观察

在植物的生长发育过程中，若某种营养元素不足或过多，都会导致植物生长发育不良，使植株外形出现特殊病症。利用植株外形特征，诊断其营养丰缺状况，是土壤与植物营养诊断中一种简便易行的方法。

### 一、目的意义

作物营养诊断包括形态诊断、植株化学速测和施肥诊断等，可用来判断作物营养丰缺状况，具有快速、简便、有一定准确度等优点。其目的在于查明病因，确诊症状，及时准确地判断作物营养状况和土壤水分供应水平，为合理施肥和采取其他农业技术措施提供参考依据。

通过实验，要求掌握当地几种主要作物中主要营养元素营养状况的形态诊断方法，并能结合当地实际情况，对症下药，指导生产。

### 二、方法原理

植物的外部形态是植物体内复杂生理过程的反映。当缺乏某种营养元素时，引起植物营养状况失调，致使营养器官及生殖器官的生长发育受到阻碍，外形则表现出特殊病态，这就为外形识别缺素症提供了依据。因此，应认真观察植株形态特征，注意由于缺乏某种营养元素所引起的根、茎、叶等营养器官或花、果实等生殖器官表现出的特殊病症，仔细区分缺乏大量营养元素与缺乏微量元素的外部特征，以及症状最易发生的部位、时期等现象。

## 三、作物形态诊断

### （一）诊断依据

作物需要各种营养元素，某些元素缺乏或过量，往往在外表形态上表现出一定的症状。由于各种营养元素的作用和功能不同，因而外观症状也不同。通过形态诊断，可以大致了解作物缺少哪种营养元素。作物缺乏营养元素的一般形态及缺素症状检索标准如表 12–1 所示。

表 12–1 植株缺乏营养元素的一般形态

| 元素 | 植株形态 | 叶 | 根、茎 | 生殖器官 |
| --- | --- | --- | --- | --- |
| 氮 | 生长受到抑制，植株矮小、瘦弱。地上部分受影响严重 | 叶片薄而小，整个叶片呈黄绿色，严重时下部老叶呈黄色，干枯死亡 | 茎细小，多木质。根瘦，受抑制，较细小。分蘖（禾本科）或分枝少（双子叶） | 花果穗发育迟缓，不正常的早熟。种子少而小，千粒重低 |
| 磷 | 植株矮小，生长缓慢。地下部分严重受影响 | 叶片暗绿，无光泽或呈紫红色。从下部叶片开始表现出症状至逐渐死亡脱落 | 茎细小，多木质。根发育不良，主根瘦长，次生根极少或无 | 花少、果少，果实迟熟。易出现秃尖、脱落或落花落蕾。种子小而不饱满，千粒重下降 |
| 钾 | 植株较小且较柔弱，易感染病虫害 | 开始从老叶尖端沿叶缘逐渐变黄，严重时干枯死亡。叶缘似烧焦状，有时出现斑点状褐斑，或叶卷曲显皱纹 | 茎细小柔弱，节间短，易倒伏 | 分叶多但结穗少，果子瘦小，果肉不饱满，有棱角，籽粒干瘪，皱缩 |
| 钙 | 植株矮小，组织坚硬。病态先发生于根部和地上幼嫩部分，未老先衰 | 幼叶卷曲，脆弱，叶缘发黄，逐渐枯死，叶尖有枯化现象 | 茎、根尖的分生组织受损，根尖生长不好，茎软下垂，根尖细胞易腐烂、死亡。有时根部出现枯斑或裂伤 | 结实不好或很少结实 |
| 镁 | 变态发生在生长后期。黄化，植株大小没有明显变化 | 首先从下部老叶开始缺绿。但只有叶肉变黄，叶脉仍保持绿色，以后叶肉组织逐渐变褐而死亡 | 变化不大 | 开花受抑制，花的颜色变苍白 |
| 硫 | 植株普遍缺绿，后期生长受抑制 | 幼叶开始发黄，叶脉先缺绿，严重时老叶变黄白色，但叶肉仍为绿色 | 茎细小，根稀疏，支根少。豆科作物根瘤少 | 开花结实期延迟，果实减少 |

续表

| 元素 | 植株形态 | 叶 | 根、茎 | 生殖器官 |
|---|---|---|---|---|
| 铁 | 植株矮小，黄化，失绿症状首先表现在顶端幼嫩部分 | 新出叶叶肉部分开始缺绿，逐渐黄化，严重时叶片枯黄或脱落 | 茎、根生长受抑制。果树长期缺铁时，顶部新稍易死亡 | 果实小 |
| 硼 | 植株矮小，病态首先出现在幼嫩部分。植株尖端发白，茎及枝条的生长点死亡 | 新叶粗糙、淡绿色，常呈烧焦状斑点。叶片变红，叶柄（脉）易折断 | 茎脆，分生组织退化或死亡。根粗短，根系不发达。生长点常有死亡 | 花、蕾或子房脱落，果实或种子不充实，甚至花而不实(油菜)，果实畸形，果肉有木栓化现象 |
| 锰 | 植株矮小，缺绿病态 | 幼叶叶肉失绿，但叶脉仍保持绿色，呈白条状。叶上常有杂色斑点 | 茎生长势衰弱，多木质 | 花少，果实质量减轻 |
| 铜 | 植株矮小，出现失绿现象，易感染病害 | 禾谷类作物叶尖失绿而黄化，之后干枯、脱落。果树（梨）上部叶片畸形、变色，新稍萎缩 | 发育不良，果树茎上常排出树胶 | 谷类作物穗和花发育不全，有时大量分叶而不抽穗，种子不易成形 |
| 锌 | 植株矮小，水稻常表现为缩苗 | 果树除叶片失绿外，在枝条尖端常出现小叶、畸形。枝条节间缩短成簇生状。玉米缺锌常出现白苗 | 严重时枝条死亡，根系生长差 | 果实小或变形，核果、浆果的果肉有紫斑 |
| 钼 | 植株矮小，生长缓慢，易受病虫危害 | 幼叶黄绿，叶脉间出现缺绿。老叶变厚，呈蜡质，叶脉间肿大，并向下卷曲。严重时叶片枯萎以至坏死 | 豆科植物根瘤发育不良，瘤小而少 | 豆科作物有效分枝和豆荚减少，百粒重下降。棉花蕾铃脱落。小麦灌浆差，成熟延迟，籽粒不饱满 |

### （二）典型缺素症状认识

先观察图 12-1，对缺素症状进行观察、比较、分析。

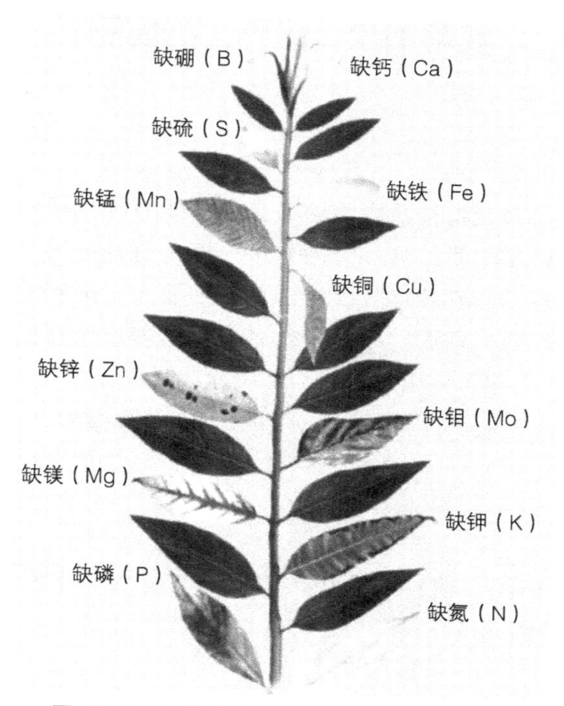


图 12-1　植物缺素症状示意（见书末彩插）

### （三）诊断方法

诊断时对提供的植株标本或作物生长现场要进行详细观察，然后对照作物缺素症状及检索表进行综合分析。

## 四、注意事项

（1）进行作物形态诊断时，要注意对作物的生长习性和作物生长的环境条件（如气候、土壤等）做全面的调查和分析，避免诊断错误。

（2）同时缺乏各种养分的症状不多见，一般是先表现出最易缺乏的养分症状。

（3）不要和病虫害症状相混淆。

（4）养分元素不能横向移动，所以有时可以看到植株的一侧或叶片的一半出现更典型的症状。

# 实习 12.2　培养土的配制

## 一、目的意义

室内及温室花卉大多栽植在盆内。由于花盆体积有限，植株生长期又长，一方面要求培养土有足够的营养物质；另一方面要求培养土有良好的结构，大小孔隙配合适当，有一定的保水功能及良好的通气性，因此，需要人工配制混合土壤，这种土壤被称为培养土。园林植物种类繁多，生长习性各异，培养土应根据园林植物习性和材料的性质配制。

本实习要求为一盆木本花卉、一盆草本花卉及一盆预播种花卉各配制一盆培养土。

## 二、实验材料

园土、腐叶土、山泥、河沙、泥炭、草木灰、骨粉、木屑、苔藓等基本物质材料，以及火炉、锅、40% 福尔马林。

## 三、操作步骤

### （一）选材

（1）园土：普通的栽培土，因经常施肥耕作，肥力较高，富含腐殖质，团粒结构好，是培养土的主要成分，用作栽培月季、石榴及一般草花效果良好。但其缺点是干时表层易板结，湿时通气透水性差，不能单独使用。

（2）腐叶土：利用各种植物叶子、杂草等掺入园土，加水和人粪尿发酵而成的培养土。pH 值呈酸性，暴晒后使用。

（3）山泥：由树叶腐烂而成的天然腐殖质土。特点是疏松透气，呈酸性，适合兰花、栀子、杜鹃、山茶等喜酸性土壤的花卉。

（4）河沙：可选用一般粗沙，是培养土的基础材料。掺入一定比例的河沙有利于花卉通气排水。

（5）泥炭：又叫草炭、泥煤，是古代埋藏在地下未完成腐烂分解的植物体，加入泥炭有利于改良土壤结构，可混合或单独使用。含丰富的有机质，呈酸性，适用于栽植耐酸性植物，泥炭本身有防腐作用，不易产生霉菌，且含有胡敏酸，有刺激插条生根的作用。

（6）草木灰：是稻壳等作物秸秆烧后的灰，富含钾元素。加入培养土中，使其排水良好，土壤疏松。

（7）骨粉：动物骨磨碎发酵而成，含大量磷元素。加入量不超过 1%。

（8）木屑：木屑经发酵后掺入培养土，能改变土壤的松散度和吸水性。
（9）苔藓：苔藓晒干后掺入培养土，可使土壤疏松，通水、透气良好。

### （二）配制比例

（1）一般草花：腐叶土 30%、园土 50%、河沙 20%。
（2）木本花卉：腐叶土 40%、园土 50%、河沙 10%。
（3）播种用土：腐叶土 50%、园土 30%、河沙 20%。
（4）室内花卉：腐叶土 40%、园土 40%、河沙 20%。

### （三）制作堆肥土

（1）堆肥土也是栽种盆花的一种常用培养土。它是用枯枝、落叶、青草、果皮、粪便、毛骨、内脏等为原料，加上换盆旧土、炉灰、园土，分层敷放，加以堆积，再于上面浇灌入畜粪便，最后再在四周和上面敷盖园土。经过半年以上贮放让其发酵腐烂，再经拨开、混合、打碎、过筛后的细土，即堆肥土。其余的残渣再行堆积贮放，制作下次用的堆肥土。

（2）在制作堆肥土时应注意不要使堆积的土内过湿，以便让好气细菌有足够的空气，进行有机物分解，生成氮化物和硫化物。如果过湿，则嫌气细菌会将有机物腐化成氨气和硫化氢等散失在空气中，减低肥效。

（3）制成的堆肥土与沙土各一半混合种花，既肥沃又利于排水，效果非常好。堆肥土与泥炭土混合种兰花、山茶花、杜鹃等名贵花木效果亦佳。

### （四）调整酸碱度

（1）种植花卉的土壤酸碱度（pH 值）对花卉生长有很大的影响。酸碱度不合适，会严重阻碍花卉的生长发育，影响养分的吸收，引起一些病害的发生等。

（2）大多数花卉在中性偏酸性（pH 值为 5.5 ~ 7.0）土壤里生长发育良好。高于或低于这一界限，有些营养元素即处于不可吸收的状态，从而导致某些花卉发生营养缺乏症，特别是喜酸性土壤的花卉，如兰花、茶花、杜鹃、栀子、含笑、桂花、夜合花等适宜在 pH 值为 5.0 ~ 6.0 的土壤中生长，否则易发生缺铁黄化病。强酸性或强碱性土壤都会影响花卉的正常生长发育。

（3）改变土壤酸碱度的方法较多。酸性过高时，可在盆土中适当掺入一些石灰粉或草木灰；降低碱性可加入适量的硫黄、硫酸铝、硫酸亚铁、腐殖质肥等。对少量培养土，可以增加其中腐叶或泥炭的泥合比例。例如，为满足喜酸性土壤花卉的需要，盆花可浇灌 1 ∶ 50 的硫酸铝（白矾）水溶液或 1 ∶ 200 的硫酸亚铁水溶液；另外，施用硫黄粉也见效快，但作用时间短，需每隔 7 ~ 10 d 施一次。

### （五）消毒

土壤常用的消毒方法有蒸煮消毒法、福尔马林消毒法和二硫化碳消毒法等。

（1）蒸煮消毒法：把已配制好的栽培用土放入适当的容器中，隔水在锅中蒸煮消毒。这种方法只限于小规模栽培少量用土时应用。也可将蒸汽通入土壤消毒，要求蒸汽温度在 100 ~ 120 ℃，消毒时间 40 ~ 60 min。这是最有效的消毒方法之一。

（2）福尔马林消毒法：在每立方米的栽培用土中均匀洒上 40% 福尔马林 400 ~ 500 mL，然后把土堆积起来，上盖塑料薄膜。经过 48 h 后，福尔马林化为气体，除去堆上所盖的薄膜，摊开土堆。待福尔马林全部化为气体，消毒即完成。

### （六）改良排水、通气性

（1）花木一般都要在排水、通气良好的土壤条件下生长。这样的环境有利于根系生长发育，花木才能枝繁叶茂、开花不绝。在一些土质黏重的地区，花木很难长好，因此，需要采取措施来改良土壤排水、通气性。

（2）木屑质轻疏松，空隙度大，是改良黏质土的良好材料。使用前在木屑中放入一些饼肥或鸡鸭粪，在缸中加水发酵腐熟，以后挖出晾至半干。然后在土中掺入 1/3 的木屑，并进行均匀混合，这样可增加土壤的通透性。经 1 ~ 2 个月，木屑又会被土壤中的好气性细菌分解为腐殖质，从而也可提高土壤的肥力。同时，木屑还能不同程度地中和土壤的酸碱度，有利于花木的生长。

### （七）用木屑代替盆土

（1）木屑（锯末）具备盆栽花卉土壤要求的全部条件，可单独使用，但单独使用不能固定植株，因此多和其他材料混合使用，增加排水透气性能。锯木屑呈中性，可种君子兰、苏铁、牡丹、月季等；松木、杉木的木屑带酸性，可种含笑、栀子、杜鹃、茉莉、兰花等。

（2）锯木屑可经过发酵制成培养土，办法是将锯木屑装入桶或塑料袋中浇足水，密闭放置在高温处，经过 2 个月将底部倒上来，再经过一个夏季，锯木屑即成黑褐色，可作培养土使用。为了防治虫病应增加铁质，可在栽种前浇施硫酸亚铁水溶液，按每千克锯木屑用 10 g（1%）的比例施用。

（3）锯木屑质轻、透气、保水，是代替盆土的好材料，使用时最好用已发酵过的锯木屑，按重量 5% 的饼粉或人畜肥作底肥。花苗在生长期，与盆土种花一样，每 1 ~ 2 周施用稀薄肥液一次。

# 实习 12.3　化学肥料的定性鉴定

## 一、目的意义

许多化肥外形相似，在运输或贮存过程中常因包装不好或改换容器而造成混杂，以致外观上很难区别，造成误用。因此，必须鉴定其中主要的物理、化学特征，方能确定其属于何种肥料，以利于区别保管和正确使用，否则会造成施用上的错误，降低肥效，甚至发生肥害。

通过本实验：①熟悉各种常见肥料的物理特性，并能够通过物理特征区分各种常见肥料。②掌握肥料的主要化学鉴定方法及其原理，并能够通过简单的化学方法鉴定各类常见肥料。

## 二、方法原理

各种化学肥料都有其特殊的外观形态、物理和化学性质，因此可以通过外表观察、溶解于水的程度、在火上灼烧的反应和化学分析检验等方法，鉴定出化肥的种类、成分和名称。

## 三、主要仪器

酒精灯、电炉、试管、铁片、小烧杯、石蕊试纸、小勺。

## 四、试剂

（1）2.5%氯化钡溶液：称氯化钡（分析纯）2.5 g 溶解于蒸馏水中，然后稀释至 100 mL，摇匀备用。

（2）1%硝酸银溶液：将 1.0 g 硝酸银（分析纯）溶解于蒸馏水中，然后稀释至 100 mL，贮于棕色瓶中。

（3）钼酸铵 – 硝酸溶液：将 15 g 钼酸铵溶于 100 mL 蒸馏水中，再将此溶液缓慢倒入 100 mL 硝酸中（比重 1.2 $g \cdot cm^{-3}$），不断搅拌至白色钼沉淀溶解，放置 24 h 备用。

（4）20%亚硝酸钴钠溶液。将 20 g 亚硝酸钴钠［$Na_3Co(NO_2)_6$］溶解于蒸馏水中，并稀释至 100 mL。

（5）稀盐酸溶液：取浓盐酸 42 mL，加蒸馏水稀释至 500 mL，配成约 1 $mol \cdot L^{-1}$ 的稀盐酸溶液。

（6）0.5%硫酸铜溶液：将 0.5 g 硫酸铜溶于蒸馏水中，然后稀释至 100 mL。

（7）10%氢氧化钠溶液。将 10 g 氢氧化钠溶于蒸馏水中，冷却后稀释至 100 mL。

## 五、操作步骤

### （一）外表观察

对各种化肥进行外表观察，如结晶与否、颜色、气味。

现将常用化肥的结晶与否、酸碱性、气味分类如下，以供参考。

（1）结晶与否：结晶类的常用化肥有碳酸氢铵、尿素、硝酸铵、硫酸铵、硝酸钠、硝酸钾、硫酸钙、氯化钾、硫酸钾、钾镁肥、磷酸铵类肥料；有色粉末类的常用化肥有石灰氮、过磷酸钙、沉淀过磷酸钙、钙镁磷肥、骨粉、钢渣磷肥、窑灰钾肥等。

（2）酸碱性：某些化肥有明显的酸碱性，如碳酸氢铵、石灰氮、窑灰钾肥、磷酸氢二铵、钢渣磷肥、钙镁磷肥等呈碱性，而过磷酸钙呈酸性，磷矿粉呈中性。

（3）气味：某些化肥有特殊的气味，如石灰氮有电石气味，过磷酸钙有酸味，碳酸氢铵和磷酸氢二铵有强烈的氨臭。

### （二）加水溶解

在用外表观察分辨不出化肥品种时，可以用水溶解的方法加以识别。准备 1 只烧杯或玻璃杯，内放半杯蒸馏水或凉开水，将一小匙化肥样品慢慢倒入杯中，并用玻棒充分搅拌，静止一会儿后观察其溶解情况，以鉴别化肥的品种。

（1）全部溶解在水中的有硫酸铵、硝酸铵、氯化铵、尿素、硝酸钠、氯化钾、硫酸钾、磷酸铵、硝酸钾等。

（2）部分溶解在水中的有过磷酸钙、重过磷酸钙和硝酸铵钙等。

（3）不溶解或绝大部分不溶解在水中的有钙镁磷肥、沉淀磷酸钙、钢渣磷肥、脱氟磷肥和磷矿粉等。

（4）绝大部分不溶解在水中，还发生气泡并能闻到电石气味的是石灰氮。

### （三）加碱性物质混合

将样品与石灰或其他碱性物质（如烧碱）混合，如闻到氨臭味，则可确定其为铵态氮肥或含铵态的复合肥料或混合肥料。

用以上几种方法能帮助我们区别几种化肥类型，而要识别各种化肥品种，还须用灼烧与化学等检验做进一步的鉴定。

### （四）灼烧检验

取各种化肥样品一小勺（豆粒大小，约 1 g），直接放在铁片或烧红的木炭上燃烧，先观察化肥灼烧后是否分解、有无响声、分解快慢、爆炸发火与否、残留物颜色等特有性状，同时仔细观察烟雾颜色，并用手挥动烟雾，闻其烟气，是否有氨臭或硝烟味

（氧化氮类物质），因分解或升华往往在一瞬间完成，不易立即判别，故宜反复测试。

（1）大量冒白烟，有氨臭，无残渣，为碳酸氢铵。

（2）逐渐熔化并出现“沸腾”状，大量冒白烟，有氨味和刺鼻的二氧化硫味，残留物冒黄泡，为硫酸铵。

（3）迅速溶解时冒白烟，有氨味，为尿素。

（4）不易熔化，但白烟甚浓，又闻到氨味和盐酸味，无残渣，为氯化铵。

（5）边熔化边燃烧，冒白烟，有氨味，为硝酸铵。

（6）无变化但有爆裂声，没有氨味，为硫酸钾或氯化钾。

（7）遇火熔化并发出“嗞嗞”声，火焰呈黄色，有灰色残余物，为硝酸钠；燃烧出现带紫色火焰，为硝酸钾。

（8）在火上不燃烧、无变化的为过磷酸钙、钙镁磷肥、磷矿粉。

### （五）化学检验

取少量化肥样品放在干净的试管中，将试管放在酒精灯上燃烧，观察其现象。

（1）结晶在试管中逐渐熔化、分解，能嗅到氨味，用湿的红色石蕊试纸试一下能变成蓝色，为硫酸铵。

（2）结晶在试管中不熔化，而固体像升华一样，在试管壁冷的部分生成白色薄膜，为氯化铵。

（3）结晶在试管中迅速熔化、沸腾，用湿的红色石蕊试纸在管口试一下能变成蓝色，但继续加热，试纸又由蓝色变成红色，为硝酸铵。

（4）结晶在试管中加热后立即熔化，能产生氨臭味，并且很快挥发，在试管中留有残渣，为尿素。

（5）取少量肥料在试管中，加水 5 mL，待其完全溶解后，加入 2.5% $BaCl_2$ 溶液 5 滴，产生白色沉淀；当加入稀盐酸呈酸性时，沉淀不会溶解，证明含有硫酸根。

（6）取少量肥料在试管中，加水 5 mL，待其完全溶解后，加入 1% $AgNO_3$ 溶液 5 滴，产生白色絮状沉淀，证明有氯根。

（7）取少量肥料在试管中，加水 5 mL 使其溶解，如溶液混浊，则需过滤，取清液鉴定。于滤液中加入钼酸铵－硝酸溶液 2 mL，摇匀后，如出现黄色沉淀，证明是水溶性磷肥。

（8）取少量肥料（加碱性物质不产生氨味的样品）放在试管中，加水使其完全溶解，滴加亚硝酸钴钠 3 滴，用玻璃棒搅匀，产生黄色沉淀，证明是含钾的化肥。

（9）取肥料约 1 g 放在试管中，在酒精灯上加热熔化，稍冷却，加入蒸馏水 2 mL 及 10%氢氧化钠 5 滴，再加 0.5%硫酸铜溶液 3 滴，如出现紫色，证明是尿素。

化学肥料系统鉴定如图 12-2 所示。

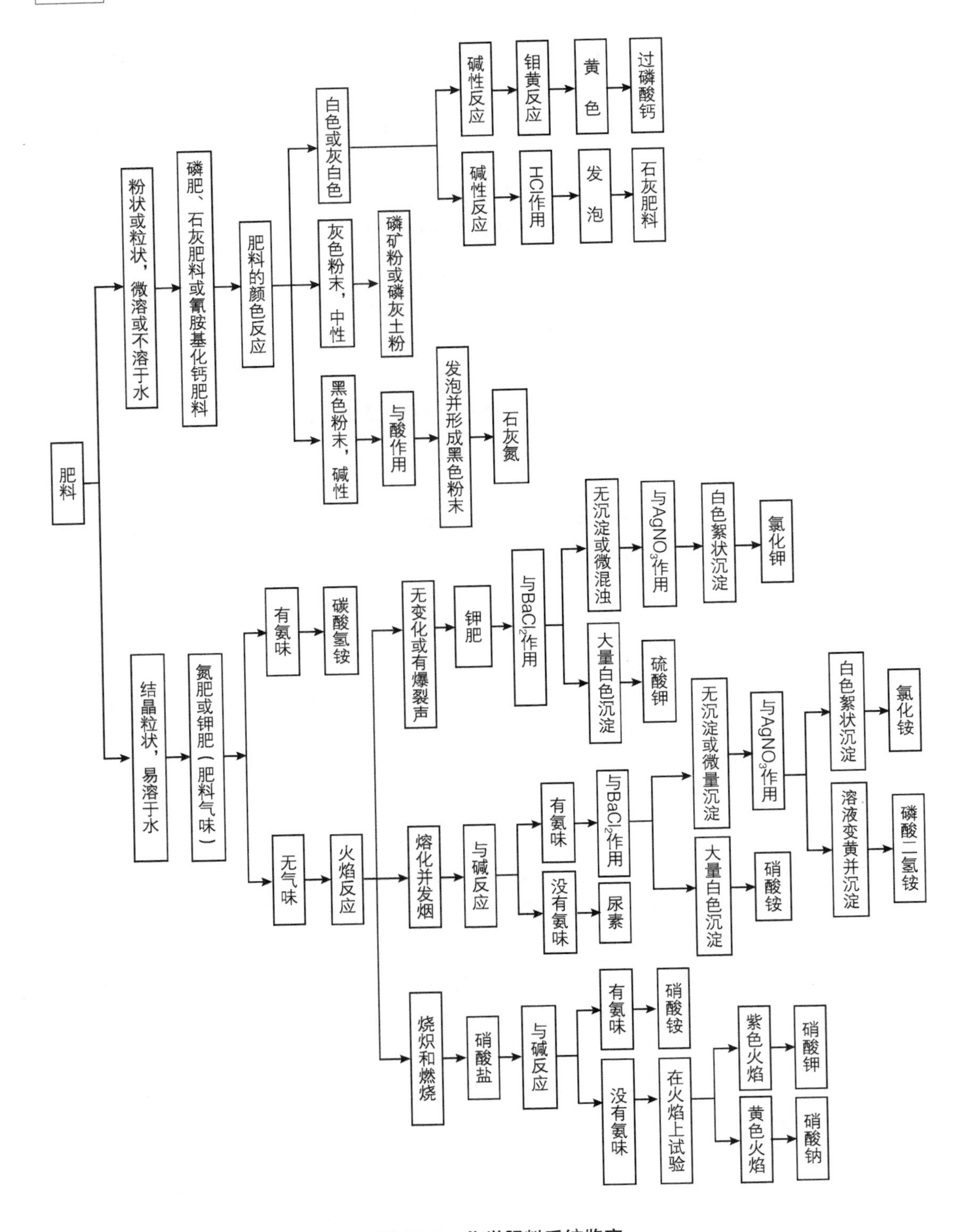


图 12-2　化学肥料系统鉴定

## 六、化肥定性鉴定结果

将化肥定性鉴定结果填入表12–2中。

表12–2　化肥定性鉴定结果

| 代号 | 外形 | 颜色 | 气味 | 溶解性 | 灼烧反应 | 化学反应 | 化肥名称 |
|---|---|---|---|---|---|---|---|
| 1 | | | | | | | |
| 2 | | | | | | | |
| 3 | | | | | | | |
| 4 | | | | | | | |
| 5 | | | | | | | |
| 6 | | | | | | | |
| 7 | | | | | | | |
| 8 | | | | | | | |

# 实习12.4　农家肥的调查及高温堆肥

## 一、目的要求

农家肥的来源极为广泛，品种繁多，几乎一切含有有机物质并能提供多种养分的材料都可以用来制作有机肥料。我国直到20世纪50年代初，有机肥料几乎是土壤养分的唯一来源。有机肥料不但可以为植物提供多种养分，而且其中的有机成分还可以保持土壤中的速效养分，改善土壤的孔隙性、结构性、耕性等物理性状，调节土壤的酸碱性、缓冲性等化学性质，提高土壤的生物活性、生化活性及自净能力。

为加强植物栽培中对有机肥料的充分合理利用，要求学生能够对各种有机肥料有所认知，了解其来源、组成、积制与施用方法。

## 二、考核内容

（1）根据调查表统计当地农家肥的种类、数量、利用方向，总结出主要农家肥的适宜用途、用量。

（2）堆制一个规模为3 m × 3 m × 2 m的堆肥肥堆。

## 三、实验材料与仪器

（1）场地选择：要求地势平坦、水源和运输方便的场所。

（2）材料准备：各类秸秆、落叶、杂草等有机物质，人畜粪尿，草木灰或石灰，干细土或污泥，速效氮肥尿素或者碳酸氢铵或者相应数量的饼肥。

（3）仪器用具：锄头、粪桶、铡刀、铁锹等。

## 四、方法步骤

### （一）农家肥的调查

有机肥料没有统一规范的分类标准，目前主要根据其来源、特性及积制方法对其进行简单的归类，一般分为以下几类。

（1）粪尿肥类：包括人粪尿、家畜粪尿、家禽粪尿、蚕沙等；

（2）堆沤肥类：包括堆肥、沤肥、秸秆直接还田及沼气池肥等；

（3）绿肥类：包括栽培绿肥和野生绿肥；

（4）杂肥类：主要包括城市生活垃圾、泥土肥、草木灰、草炭、腐殖酸肥料及各种饼肥等。

根据表 12-3 对当地农家肥的品种、数量及利用情况进行调查与统计。

表 12-3　当地主要农家肥品种、数量及利用情况

| 种类 | | 数量/（吨/年） | 利用方向 | 用量/（吨/公顷） |
|---|---|---|---|---|
| 粪尿肥类 | 人粪尿 | | | |
| | 家畜粪尿 | | | |
| | 家禽粪尿 | | | |
| | 蚕沙 | | | |
| 堆沤肥类 | 堆肥 | | | |
| | 沤肥 | | | |
| | 秸秆直接还田 | | | |
| | 沼气池肥 | | | |
| 绿肥类 | 栽培绿肥 | | | |
| | 野生绿肥 | | | |

续表

| 种类 | | 数量/（吨/年） | 利用方向 | 用量/（吨/公顷） |
|---|---|---|---|---|
| 杂肥类 | 城市生活垃圾 | | | |
| | 泥土肥 | | | |
| | 草木灰 | | | |
| | 腐殖酸肥料 | | | |
| | 饼肥 | | | |
| | 其他 | | | |

注：利用方向指用于何种作物。

## （二）堆肥的积制

1. 堆制原理

堆肥是利用秸秆、杂草、绿肥、泥炭、落叶、生活垃圾及其他废弃物为主要原料，加入人畜粪尿进行堆腐而成的有机肥。堆肥根据其配料中有机质含量、堆制过程中的最高温度可以分为普通堆肥和高温堆肥。普通堆肥有机质含量低，堆制时间长，有害物质处理不彻底；高温堆肥堆制时间段，腐熟快，对杀灭其中的病菌、虫卵及杂草种子均有良好效果。

堆制过程是一系列微生物对秸秆、粪尿等有机物质进行矿质化和腐殖化的作用过程。堆制初期以矿化分解为主，后期则以腐殖化作用占优势，主要是积累腐殖质。通过堆制可以使有机质的碳氮比变小，有机质中的养分得以释放，高温堆肥在高温阶段积累起来的 60 ~ 70 ℃的高温，可以减少以至杀灭堆肥材料中的病菌、虫卵及杂草种子等有害物质。因此，堆肥的腐熟过程既是有机质的分解和再合成过程，也是一个无害化处理过程。

2. 堆制方法

（1）场地的选择

制肥场地应选择地势平坦、靠近水源的背风向阳处，一年四季均可露天制作。

（2）材料的准备（以 1 t 干秸秆为例）

① 作物秸秆 1000 kg。

② 饼粉 20 kg。花生饼、豆饼、棉籽饼、菜籽饼等均可，无饼粉可用 10 kg 尿素或者 30 kg 碳酸氢铵代替。

③ 快速发酵菌剂 1 kg。

（3）制作方法

① 把作物秸秆（如玉米秆）用粉碎机粉碎或用铡草机切断，一般长度以 1 ~ 3 cm 为宜（麦秸、稻草、树叶、杂草、花生秧、豆秸等可直接使用，但粉碎后发酵效果更佳）。

② 把粉碎或切断后的秸秆用水浇湿、渗透，秸秆含水量一般掌握在 70% 左右。

③ 用 20 kg 饼粉同 1 kg 菌种拌匀，用手均匀地把拌有菌种的饼粉撒在用水浇过的秸秆表面。用铁锹等工具翻拌一遍，堆成宽 2 m、高 1.5 m、长度不限的长条，用塑料布盖严或者进行泥封即可。

（4）腐化过程

① 升温阶段：从常温升到 50 ℃，一般只需 1 d。

② 高温阶段：升至 50 ~ 70 ℃，一般只需 2 d。

③ 降温阶段：从高温降到 50 ℃以下，一般需 10 d 左右，此时堆肥积制过程基本完成，肥料可直接施用。

（5）腐熟标志

① 秸秆变成褐色或黑褐色，湿时用手握之柔软有弹性，干时很脆容易破碎。

② 腐熟后堆体比刚堆时塌陷 1/3 或 1/2。

（6）施用

堆肥一般用作基肥，可潮湿施用。做追肥应覆土。半腐熟的肥料施用于生长期较长的作物，腐熟度高的秸秆肥施用于生长期较短的瓜果蔬菜等作物。砂性地用半腐熟的肥料，黏土地最好施用腐熟度高的肥料。

堆肥中有机质十分丰富，氮、磷、钾等养分较为均衡，还含有各种微量元素，是各种作物、各种土壤都适宜的常用肥料，具有提高产品品质、增加产量的显著效果。

## 实习 12.5 绿肥作物的栽培及生育习性田间观察

### 一、实习目的

（1）认识和了解几种主要绿肥的植物学形态特征、生长发育特性及其生长条件。

（2）了解绿肥作物主要栽培技术要点及其经济合理利用方法。

（3）掌握绿肥作物田间观察记载项目及其标准。

### 二、实习方法

结合课堂讲授，通过整地、播种、田间管理和观察记载，以及调查访问等过程，达到上述目的。

## 三、绿肥作物栽培技术要点

通过播种冬季绿肥紫云英和夏季绿肥柽麻，了解绿肥高产栽培技术要点，掌握整地、播种、拌根瘤细菌、施肥和田间管理技术的基本技能（其栽培技术要点可参阅土壤肥料学教材）。

## 四、田间观察记载项目和标准

### （一）基本情况

（1）绿肥作物品种和来源。
（2）土壤名称和理化性质。
（3）前茬作物的种类、产量、施肥种类和用量等。

### （二）田间管理

包括中耕、除草、灌排、防治病虫害、施肥、防寒防冻等。

### （三）绿肥作物的植物学形态特征

按植物学科区分为豆科与非豆科，叙述其根、茎、叶、花、果、种子等的形态和着生状况。豆科绿肥还应注意观察根瘤的数量大小、重量、颜色、形态及其分布状况。

### （四）绿肥作物生长发育习性

是一年生或多年生，是草本或木本，是直立、蔓生或匍匐生，分枝习性、再生能力，以及适应不同气候、土壤条件的抗逆性等，其抗逆性表现在耐寒、耐热、耐湿、耐旱、耐瘠、耐酸碱、耐荫和抗病虫害的能力。对多年生绿肥，还应注意观察落叶期和萌发期再生能力。

### （五）绿肥作物观察记载标准

1. 苗期
（1）出苗初期：全田有 10% 以上幼苗出土的日期。
（2）出苗期：全田有 50% 以上幼苗已出土的日期。
（3）齐苗期：全田有 90% 以上幼苗已出土的日期。
2. 实苗数
在大部分幼苗第一叶真叶展开后进行记载。选择有代表性的样段 2 ~ 5 处，数出样段内的植株。样段面积，撒播的以 0.1 ~ 0.2 $m^2$ 为宜，以株/m 表示；条播的每样段 1 m，以株/m 表示；点播的每点取 5 ~ 10 穴，以株/穴表示。

3. 分枝期及分枝数

分枝初期：10% 以上的植株开始出现分枝的日期。

分枝盛期：50% 以上的植株开始出现分枝的日期。

分枝数：冬季绿肥在越冬前后与收获期、春夏绿肥在收获期分别取样 10 株，数分枝数并取平均数，求得每株平均分枝数。

茎叶比例：夏季绿肥一般应测茎、叶比，在小区内取 100 ~ 200 g 植株，分别测定茎、叶的重量，求出茎、叶比例。

4. 伸长期

全田有 50% 以上植株主茎已开始生长，并出现明显节间的日期为伸长期。

5. 株高增长情况

（1）株高增长情况：于入冬前后，早春、现蕾、盛花和收种期分别记栽植株高度一次。固定 5 ~ 6 个点，每点测定 10 株，从地面量至植株最高叶片尖端或花序顶端，以厘米表示。

（2）株重增长情况：分别于冬前、冬后、早春、初花期、盛花期（或刈草期）测定，随机取样 2 ~ 3 点，每点 20 株，称重后取平均值，即每株鲜重，再经晒干（或 60 ~ 70 ℃烘干）测其干重。

6. 受害情况

植株遭受冻害、病虫危害或旱涝等情况，分别按一级最轻、五级最重记录。

7. 花蕾期

（1）现蕾期：有 50% 以上茎枝出现花蕾的日期。

（2）初花期：有 25% 以上茎枝出现第一花序开花的日期。

（3）盛花期：有 75% 以上茎枝已开花的日期。

（4）终花期：有 75% 以上茎枝停止开花的日期。

8. 结荚期

（1）结荚期：有 25% 以上开始结荚的日期。

（2）成熟期：有 75% 以上种子荚壳呈现黑褐色的日期。

9. 产量测定

（1）产草量：按各绿肥品种的适刈期进行，测定时齐泥刈草称重，折算成每亩产量，面积大的可取 3 ~ 5 个点，每点 1 ~ 2 $m^2$；面积小的全部收割称重。

（2）产种量：收种后风干、扬净、称重，折算成每亩产量。

10. 根系

（1）根重：在刈草的同时，取样点 2 ~ 3 个，每点 0.1 $m^2$。先刈去地上部分，再挖取耕层（15 ~ 20 cm）土壤，洗去泥土，将根先净称鲜重或风干称重，折算每亩产量。

（2）根系分布深度：从土壤剖面上观察记载主要根系在土层中分布的深度。

（3）根瘤情况：记载根瘤着生部位、大小、色泽及有效根瘤的多少等。

11. 再生力

在刈后 10 天记载再生情况，如分枝数和株高等。

12. 考种

（1）每分枝结荚花序数：取样 10 ~ 20 个分枝，记录其结荚花序数，取平均值。

（2）每花序结荚数：取样检查 10 ~ 20 个分枝。

（3）始荚节位高度：从地面至枝茎上最低结荚的高度，以厘米表示。

（4）每荚种子数：取 20 ~ 50 个荚，检查平均每荚种子数。

（5）千粒重：取晒干种子 1000 粒，测出每千粒平均重量，以克表示。

（6）裂荚性：在成熟期测定，分良（成熟后不炸荚）、中（成熟后在晴天用手振动即有部分炸荚）和不良（成熟时大部分自然炸荚）等三级。

# 主要参考文献

[1] 鲍士旦．土壤农化分析［M］.3 版．北京：中国农业出版社，2000.
[2] 林大仪．土壤学实验指导［M］．北京：中国林业出版社，2004.
[3] 陆欣．土壤肥料学［M］．北京：中国农业大学出版社，2003.
[4] 南京农业大学．土壤农化分析［M］.2 版．北京：中国农业出版社，1996.
[5] 骆洪义．土壤学实验［M］．成都：成都科技出版社，1995.
[6] 农业部全国土壤肥料总站肥料处．肥料检测实用手册［M］．北京：农业出版社，1990.
[7] 鲁如坤．土壤农业化学分析方法［M］．北京：中国农业科技出版社，1999.
[8] 中国科学院南京研究所．土壤理化分析［M］．上海：上海科学技术出版社，1978.
[9] 中国科学院南京土壤研究所微量元素组．土壤和植物中微量元素分析方法［M］．北京：科学出版社，1979.
[10] 中国土壤学会．土壤农业化学分析方法［M］．北京：中国农业科技出版社，2000.
[11] 中国农科院土肥所．土壤肥料分析［M］．北京：农业出版社，1978.
[12] 毛达如．有机肥料［M］．北京：农业出版社，1981.
[13] 北京农业大学．农业化学知识［M］．北京：农业出版社，1984.
[14] 浙江农业大学．植物营养与肥料［M］．北京：农业出版社，1990.
[15] 浙江农业大学．农业化学［M］．上海：上海科学技术出版社，1990.
[16] 南京农学院．土壤农化分析［M］．北京：农业出版社，1980.
[17] 北京农业大学．土壤与肥料［M］．北京：农业出版社，1984.
[18] 何念祖．肥料制造与加工［M］．上海：上海科学技术出版社，1998.
[19] 楼书聪．化学试剂配制手册［M］．南京：江苏科学技术出版社，1993.
[20] 于天仁．土壤分析化学［M］．北京：科学出版社，1988.
[21] 李酉开．土壤农业化学常规分析法［M］．北京：科学出版社，1983.
[22] 吕贻忠，李保国．土壤学实验［M］．北京：中国农业出版社，2010.
[23] 卢淑昌．土壤肥料学实验教程［M］．北京：中国农业出版社，2019.

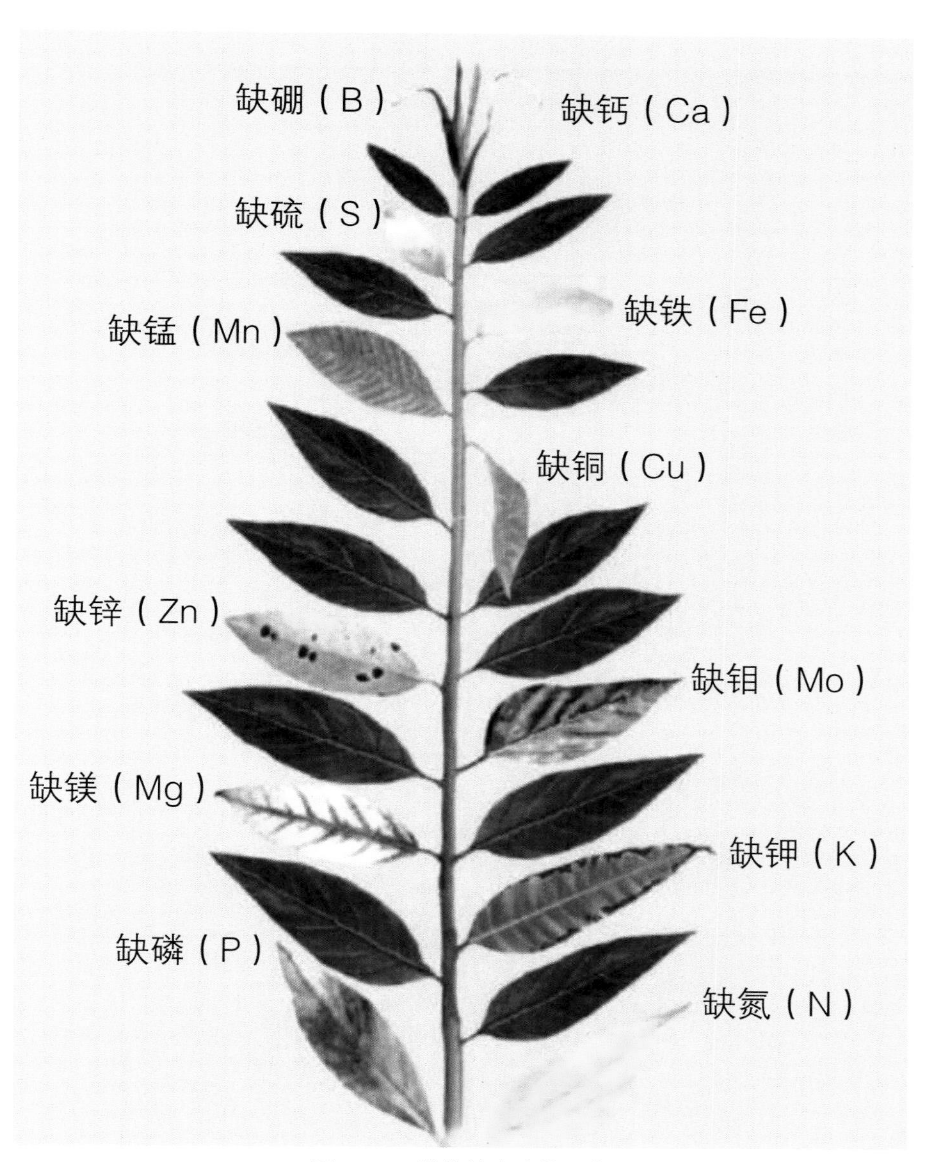


图 12-1　植物缺素症状示意